HTML5+CSS3
+JavaScript >>
从入门到精通

王 征 李晓波◎著

中国铁道出版社有限公司
CHINA RAILWAY PUBLISHING HOUSE CO., LTD.

内 容 简 介

本书从初学者的角度出发，通过通俗易懂的语言、丰富多彩的实例，详细介绍了HTML5+CSS3+JavaScript前端开发技术。本书共21章，第1章讲解Web前端开发快速入门；第2章到第7章讲解HTML网页中的文本、图像、表格等；第8章到第11章讲解CSS的基础知识、字体样式、段落样式等；第12章到第21章讲解JavaScript的基础知识、判断结构、循环结构等。

在讲解过程中既考虑读者的学习习惯，又通过具体实例剖析讲解HTML5+CSS3+JavaScript前端开发技术中的热点问题、关键问题及种种难题。

本书适合大中专学校的师生和有编程梦想的初高中生阅读，更适合培训机构的师生、编程爱好者、网页设计人员、网络程序开发人员及维护人员阅读参考。

图书在版编目（CIP）数据

HTML5+CSS3+JavaScript从入门到精通/王征，李晓波著.—北京：中国铁道出版社有限公司，2020.1
ISBN 978-7-113-26416-1

Ⅰ.①H… Ⅱ.①王… ②李… Ⅲ.①超文本标记语言－程序设计②网页制作工具③JAVA语言－程序设计④HTML5⑤CSS3 Ⅳ.①TP312.8②TP393.092.2

中国版本图书馆CIP数据核字（2019）第249620号

书　　名：HTML5+CSS3+JavaScript从入门到精通
作　　者：王　征　李晓波

责任编辑：张亚慧　　　　　　　　读者热线电话：010-63560056
责任印制：赵星辰　　　　　　　　封面设计：宿　萌

出版发行：中国铁道出版社有限公司（100054，北京市西城区右安门西街8号）
印　　刷：北京鑫正大印刷有限公司
版　　次：2020年1月第1版　2020年1月第1次印刷
开　　本：787 mm×1 092 mm　1/16　印张：26.25　字数：524千
书　　号：ISBN 978-7-113-26416-1
定　　价：79.00元

PREFACE
前　言。————————————————————————————

　　Internet是世界上最大、信息资源最丰富的网络，已经融入我们的工作和生活。电子邮件、Web页地址、网上购物、网上股市、网上评书、网上图书馆等被越来越多的人熟悉和使用。因此网站前端开发成为一个相当热门的行业，许多电脑爱好者和程序设计专业人士也加入网站前端开发队伍中来。

　　HTML5、CSS3和JavaScript技术既是网站前端开发的精髓，也是前端网站工程师的必备技术。本书对HTML5+CSS3+JavaScript前端网站开发中所需要的基础知识和网页文档结构、建立超链接、建立表单、音频和视频、美化图片样式、美化网页菜单、JavaScript程序控制结构和语法、函数、内置对象等专业知识加以详细介绍，可以让您在实战中成为HTML5+CSS3+JavaScript网站前端开发高手。

本书结构

本书共21章，具体章节安排如下：

- 第1章：讲解Web前端开发快速入门，即什么是Web、Web的分类、Web的工作过程、Web前端开发语言（HTML5+CSS3+JavaScript）、Web前端集成开发软件（Sublime Text）的下载安装及使用。
- 第2章到第4章：讲解HTML网页中的文本、图像、表格、框架、表单等元素。
- 第5章到第7章：讲解HTML网页中的canvas绘图、音频、视频、Flash动画等元素。
- 第8章到第11章，讲解CSS的基础知识、字体样式、段落样式、边框样式、背景样式、图像样式、盒子模型、定位布局、浮动布局、圆角效果、渐变色效果、阴影效果、2D转换动画、3D转换动画、animation动画等内容。
- 第12章到第16章：是JavaScript编程基础篇，主要讲解JavaScript中的变量、基本数据类型、数据类型的转换、运算符的应用、语法规则、判断结构、循环结构、函数、正则表达式、对象编程等内容。
- 第17章到第19章：是JavaScript编程应用篇，主要讲解JavaScript在表单验证、Cookie处理、文字特效、图像特效、时间特效、鼠标事件特效、菜单特效、窗口操作、提示对话框操作、询问对话框操作和输入对话框操作等方面的应用。
- 第20章到第21章：讲解JavaScript的DOM编程和框架库jQuery。

本书特色

本书的特色归纳如下：

（1）实用性：本书首先着眼于Web前端开发语言（HTML5+CSS3+JavaScript）在编程中的实战应用，然后再探讨深层次的技巧问题。

（2）详尽的例子：本书附有大量的例子，通过这些例子介绍知识点。每个例子都是作者精心选择的，初学者反复练习，举一反三，就可以真正掌握Web前端开发语言（HTML5+CSS3+JavaScript）编程中的实战技巧，从而学以致用。

（3）全面性：本书包含了Web前端开发语言编程中几乎所有的知识，分别是Web基础知识，HTML基础知识，HTML中的文本、图像、表格、框架、表单、canvas绘图、音频、视频、布局元素，CSS的基础知识、字体样式、段落样式、边框样式、背景样式、图像样式、盒子模型、定位布局、浮动布局、圆角效果、渐变色效果、阴影效果、2D转换动画、3D转换动画、animation动画，JavaScript的基础知识、判断结构、循环结构、函数、正则表达式、对象编程、表单验证、Cookie处理、网页特效、Windows窗口、提示对话框、询问对话框、输入对话框、DOM编程、框架库jQuery。

本书适合的读者

本书适合大中专学校的师生、有编程梦想的初高中学生阅读，更适合培训机构的师生、编程爱好者、网页设计人员、网络程序开发人员及维护人员阅读参考。

创作团队

本书由王征、李晓波编写，以下人员对本书的编写提出过宝贵意见并参与了部分编写工作，他们是周凤礼、周俊庆、张瑞丽、周二社、张新义、周令、陈宣各。

由于时间仓促，加之水平有限，书中的缺点和不足之处在所难免，敬请读者批评指正。

编　者
2019年11月

| 目 录 |
CONTENTS

第 1 章
Web 前端开发快速入门

Web 前端开发技术包括三种，分别是 HTML、CSS 和 JavaScript。这三种前端开发语言的特点是不同的，对代码质量的要求也不同，但它们之间又有着千丝万缕的联系。

本章主要内容包括：

➤ 什么是 Web 及其分类

➤ Web 的工作过程

➤ URL 统一资源定位器

➤ HTML 标记语言

➤ CSS 样式

➤ JavaScript 脚本语言

➤ Sublime Text 概述、下载和安装

➤ 利用 Sublime Text 3 创建 HTML 文档

1.1 初识 Web

在进行 Web 前端开发之前，首先要明白什么是 Web、Web 的分类及 Web 是如何工作的。

1.1.1 什么是 Web

我们嘴边常常挂着"Internet"和"WWW"，有的人以为，Internet 就是 WWW，WWW 也就是 Internet，其实这种认识是错误的。

Internet，中文译名因特网，它是一个全球计算机互联网络，是物理的网络。而 WWW 是 internet 所提供的一种极其重要的服务，在因特网的发展过程中，WWW 的出现使得因特网成为一种易于使用、直观便捷的工具，在因特网的发展过程中立下了汗马功劳。

WWW 即 World Wide Web，简称 Web，是蜘蛛网的意思，倒是很形象。WWW 主要以 Web 为表现形式，或者说 Web 是 Web 页的载体。

1.1.2 Web 页的分类

Web 页即网页，可分为两类，分别是静态网页与动态网页。

静态网页，即 Web 前端开发的网页，主要开发语言包括三种，分别是 HTML、CSS、JavaScript。静态网页可以包含图片、各种文字、按钮、动画、多媒体等。

动态网页，即 Web 后端开发的网页，主要开发语言有 ASP、PHP、JSP 等。动态网页是对 Web 服务器的增强，让以前那种仅仅由浏览器从服务器取得 Web 页面的工作方式有所改变，它可以让 Web 服务器接收来自浏览器的信息。即通过数据库技术动态生成页面与超链接，这样修改网页时，只需修改数据库中的信息即可。

1.1.3 Web 的工作过程

Web 是以客户机 / 服务器方式工作的。具体来说，它的工作是由三个部分协调工作共同完成的，分别是客户机、服务器、HTTP 协议。

客户机：就是家庭及企业单位中所使用的计算机。

服务器：一般我们是看不见的，它可以设置在世界各地。

HTTP 协议：又称超文本传送协议，客户机与服务器根据这个协议来传送文本信息。

Web 的工作从客户机开始，客户机通过 Web 浏览器向 Web 服务器发送一个请求，并从 Web 服务器上得到一个响应与回答，根据这个回答，可以继续或停止这次查询。Web 服务器负责对来自客户机的请求做出回答，并且负责管理信息，找到信息和传递信息。一个 Web 服务器除了提供它自身的独特信息范围外，还"指引"着存放在其他 Web 服务器上的信息。那些服务器又指向更多的 Web 服务器。最后得到信息后返回最初的 web 服务器。这样在世界各地的信息服务器就交织而形成信息网了。

1.1.4 URL 统一资源定位器

互联网上的资源非常丰富，该如何查找需要的信息呢？这就用到 URL 统一资源定位器 (Uniform Resource Locations)。你可以把 URL 看成一个指针，用来指定互联网上一个具体的网络空间地址。它提供了统一的寻找与存取信息的方法。在实际应用或编程中，它就是我们常说的网址，例如，http://www.runoob.com/csharp/csharp-tutorial.html。下面来分析一下网址，它可以分成四个部分：方式 // 主机名 / 地点 / 文件名。

1. 方式

方式用来说明数据传输的方式，所以也可以称为协议。常用的协议有 http、mailto、file、news、ftp 等。就是网址中开头的部分 http:。

2. 主机名

主机名是指机器地址，可以是 IP 地址或域名地址，IP 地址由 4 个数字部分组成，每部分不大于 256。域名地址，由字母表示，与 IP 地址具有一定的逻辑关系，它由四部分组成，分别是机器名、单位名、单位类别、国家简称。就是网址中的 www.runoob.com。

3. 地点

地点是指在 Web 服务器信息资源所在的目录，就是网址中的 csharp。

4. 文件名

文件名是指要访问网页的具体名字，就是网址中的 csharp-tutorial.html。

1.2 Web 前端开发语言

下面先来简单了解一下 Web 前端开发语言，即 HTML、CSS、JavaScript。

1.2.1　HTML 标记语言

HTML（Hypertext Marked Language）即超文本标记语言，是一种用来制作超文本文档的简单标记语言。用 HTML 编写的超文本文档称为 HTML 文档，它能独立于各种操作系统平台（如 Unix、Linux、Windows 等）。

自 1990 年以来，HTML 就一直被用作 World Wide Web 的信息表示语言，用于描述 Homepage 的格式设计和它与 WWW 上其他 Homepage 的连接信息。使用 HTML 语言描述的文件，需要通过 WWW 浏览器显示出效果。

所谓超文本，可以加入图片、声音、动画、影视等内容，因为它可以从一个文件跳转到另一个文件，与世界各地主机的文件连接。

下面利用 Windows 系统自带的记事本编写一个简单的 HTML 文档。

双击桌面上的记事本图标，打开记事本软件，然后输入如下代码：

```
<!DOCTYPE html>
<html>
<head>
    <meta  charset="gb2312">
    <title> 第一个 HTML5 程序！</title>
</head>
<body text="#990000" bgcolor="#FFFFCC">
    开始学习 HTML5！
</body>
</html>
```

> **提醒：** HTML 代码是不区分大小写的。

下面来简单解读一下代码。

"<!DOCTYPE html>"是一个注释，是为了帮助浏览器了解文章所遵循的 HTML 版本信息。

开始与结束标记分别是"<html></html>"。HTML 文档开始的标记是 <html>，它告诉浏览器下面的内容都是 HTML 文档，在 HTML 文档结束处要加上 </html> 标记。

头部标记是"<head>"……"</head>"。头部标记中的内容并不能在浏览效果看到，一般用来为服务器提供参考信息，如标题、网页功能描述、网页主题、网页作者信息、刷新设置。charset="gb2312"表示编码方式为简体中文。

标题标记是"<title>"……"</title>"。这两个标记间的内容就是 Web 页面的标题，它在头部标记之间。标题会显示在 Web 浏览器最上面的标题栏中。本实例的标题是"第一个 HTML5 程序！"。

主体标记是"<body>"……"</body>"。Web 页面显示的内容都在这两个标记之间。利用该标记还可以设置 Web 页的背景色、文字颜色等。本实例在网页中显示的内容是"开始学习 HTML5！"。

单击菜单栏中的"文件 / 保存"命令或按下键盘上的"Ctrl+S"组合键,弹出"另存为"对话框,如图 1.1 所示。

图 1.1 另存为对话框

保存位置为"C 盘",文件名为"web1-1.html",保存格式选择"所有文件",然后单击"保存"即可。

打开 360 安全浏览器,然后在浏览器的地址栏中输入"file::/// C:\web1-1.html",然后按回车键,效果如图 1.2 所示。

图 1.2 HTML 标记语言

file::/// 表示使用 File 协议。File 协议主要用于访问本地计算机中的文件。C:\web1-1.html 是要打开的文件位置。

在这里可以看到网页的标题是"第一个 HTML5 程序!",网页显示的内容是"开始学习 HTML5!"。

1.2.2 CSS 样式

CSS 全名为"Cascading Style Sheets",中译名称为"层阶式样表"。CSS 是 W3C

为了弥补传统 HTML 功能之不足所开发的一种新的网页格式标准，有很多很棒的功能，例如，可以精确地设置文字大小、文字的间距，更加入了重叠图层、区块变化及绝对定位和相对定位的功能等。通过 CSS 可以让我们更容易掌握排版、制作出更专业、更多样化的网页。

下面利用 Windows 系统自带的记事本编写一个带有 CSS 样式的 HTML 文档。

双击桌面上的记事本图标，打开记事本软件，然后输入如下代码：

```
<!DOCTYPE html>
<html>
<head>
    <style type="text/css">
            H1.style {border-width:1; border:solid;
                    text-align:center;      color:blue}
    </style>
    <title> 第一个 CSS 程序！</title>
</head>
<body>
    <H1 class="style"> 使用了 CSS 样式！</H1>
    <H1> 没有使用 CSS 样式！</H1>
</body>
</html>
CSS 样式是在 <head></head> 中定义的，语法格式如下：
<Style type="text/css">
......
</style>
```

在这里定义 H1 的样式是文字居中、颜色为红色、加边框、边框宽度为 1。

CSS 样式是在"<body>"……"</body>"中使用的，具体代码如下：

```
<H1 class="style"> 使用了 CSS 样式！</H1>
```

按下键盘上的"Ctrl+S"组合键，把文件保存在 C 盘，文件名为"web1-2.html"。

打开 360 安全浏览器，然后在浏览器的地址栏中输入"file:/// C:\web1-2.html"，然后按回车键，效果如图 1.3 所示。

图 1.3　CSS 样式

在这里可以看到一个标题使用了 CSS 样式，另一个没有使用 CSS 样式。

1.2.3　JavaScript 脚本语言

JavaScript 是一种基于对象 (Object) 和事件驱动 (Event Driven) 并具有安全性能的

脚本语言。使用它是与 HTML 超文本标记语言、Java 脚本语言（Java 小程序）一起实现在一个 Web 页面中链接多个对象，与 Web 客户交互作用，从而可以开发客户端的应用程序等。它是通过嵌入或调入在标准的 HTML 语言中实现的。它弥补了 HTML 语言的缺陷，是 Java 与 HTML 折中的选择，具有 6 个基本特点，分别是一种脚本编写语言、基于对象的语言、简单性、安全性、动态性和跨平台性，如图 1.4 所示。

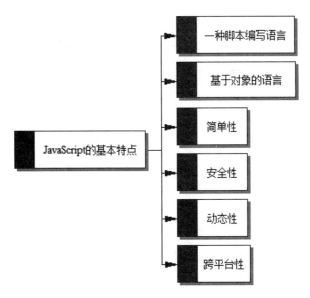

图 1.4　JavaScript 的基本特点

1. 一种脚本编写语言

JavaScript 是一种脚本语言，它采用小程序段的方式实现编程。像其他脚本语言一样，JavaScript 同样是一种解释性语言，它提供了一个相对容易的开发过程。

JavaScript 的基本结构形式与 Java、C、C++、VB 非常相似。但它不像这些语言一样，需要先编译，而是在程序运行过程中被逐行地解释。它与 HTML 标识结合在一起，从而方便用户的使用操作。

2. 基于对象的语言

JavaScript 是一种基于对象的语言，同时也可以看作一种面向对象的语言。这意味着它能运用自己已经创建的对象。因此，许多功能可以来自脚本环境中对象与脚本的相互作用。

3. 简单性

JavaScript 的简单性主要体现在：首先它是一种基于 Java 基本语句和控制流之上的简单而紧凑的设计，对于学习 Java 是一种非常好的过渡。其次它的变量类型是采用弱类型，并未使用严格的数据类型。

4．安全性

JavaScript 是一种安全性语言，它不允许访问本地的硬盘，不能将数据存入服务器，不允许对网络文档进行修改和删除，只能通过浏览器实现信息浏览或动态交互，从而有效地防止数据丢失。

5．动态性

JavaScript 是动态的，它可以直接对用户或客户输入做出响应，无须经过 Web 服务程序。它对用户的反映响应是采用以事件驱动的方式进行的。所谓事件驱动就是指在主页 (Home Page) 中执行了某种操作所产生的动作，称为"事件"（Event）。比如按下鼠标、移动窗口、选择菜单等都可以视为事件。当事件发生后，可能会引起相应的事件响应。

6．跨平台性

JavaScript 依赖浏览器本身，与操作环境无关，只要能运行浏览器的计算机，并支持 JavaScript 的浏览器即可正确执行。从而实现了"编写一次，走遍天下"的梦想。实际上 JavaScript 最杰出之处在于可以用很小的程序做大量的事。无须有高性能的电脑，仅需一个字处理软件及一个浏览器，无须 Web 服务器通道，通过自己的电脑即可完成所有的事情。

总之，JavaScript 是一种描述语言，它可以被嵌入 HTML 的文档之中。JavaScript 语言可以做到回应使用者的需求事件，而不用任何的网络来回传输资料，所以当一位使用者输入一项资料时，它不用经过传给服务器端 (server) 处理再传回来的过程，而直接可以被客户端 (client) 的应用程序处理。

下面利用 Windows 系统自带的记事本编写一个带有 JavaScript 脚本语言的 HTML 文档。

双击电脑桌面上的记事本图标，打开记事本软件，然后输入如下代码：

```
<!DOCTYPE html>
<html>
<head>
    <meta  charset="gb2312">
    <title> 第一个 JavaScript 程序！</title>
    <script Language="JavaScript">
                var x;
        x=prompt("请输入变量 x 的值:","10");
            if  (x>0)
        {
            document.write("x=",x,", 是正数！");
            }
        else if (x<0)
        {
            document.write("x=",x,", 是负数！");
        }
```

```
        else
        {
            document.write("x是零! ");
        }
    </script>
</head>
<body>
</body>
</html>
```

需要注意的是，JavaScript 脚本语言是在头部标记 <head>，结尾标记 </head>。

JavaScript 脚本语言开始标记是'<script Language="JavaScript">'，结束标记是"</script>"。

首先定义一个变量，然后调用 prompt() 函数，显示一个提示对话框，让用户利用键盘动态输入一个数，然后利用 if 语句判断该数是正数、负数，还是零。

prompt() 函数的使用格式为：

```
prompt(message,[defaultText]);
```

其中，message 指定对话框中显示的提示信息，可选项 defaultText 指定文本框中显示的初始内容，省略时显示"undefined"。

还需要注意，JavaScript 脚本语言中显示信息使用的是 document.write() 函数。

按下键盘上的"Ctrl+S"组合键，把文件保存在 C 盘，文件名为"web1-3.html"。

打开 360 安全浏览器，然后在浏览器的地址栏中输入"file:/// C:\web1-3.html"，然后按回车键，就会弹出提示对话框，如图 1.5 所示。

图 1.5　提示对话框

如果输入"8"，单击"确定"按钮，这时网页效果如图 1.6 所示。

在网页的空白处单击鼠标右键，这时弹出右键菜单，如图 1.7 所示。

图 1.6　输入 8 的网页效果

图 1.7　右键菜单

在弹出的右键菜单中单击"刷新"命令，就会再弹出提示对话框，如果输入"−16"，然后单击"确定"按钮，这时网页效果如图 1.8 所示。

同样，再刷新一下网页，然后在弹出的提示对话框中输入"0"，然后单击"确定"按钮，这时网页效果如图 1.9 所示。

图 1.8　输入"−16"的网页效果　　　　图 1.9　输入"0"的网页效果

1.3　Web 前端集成开发软件

工欲善其事，必先利其器。我们在 Web 前端开发时，同样需要一款功能强大的集成开发软件。Web 前端集成开发软件有很多，如 Sublime Text、Dreamweaver、Eclipse、Editplus、Notepad++、Vim。在这里推荐使用 Sublime Text。

1.3.1　Sublime Text 概述

Sublime Text 是一款具有代码高亮、语法提示、自动完成且反应快速的编辑器软件，不仅具有华丽的界面，还支持插件扩展机制。不论是难于上手的 Vim、浮肿沉重的 Eclipse，还是体积轻巧启动迅速的 Editplus、Notepad++，在 SublimeText 面前均大显失色。Sublime Text 当前最新版本是 Sublime Text 3 并已升级到 3.2 版，可以免费下载、安装和使用。

1.3.2　Sublime Text 3 的下载

在浏览器的地址栏中输入"http://www.sublimetext.cn"，然后按回车键，进入 Sublime Text 的网站首页面，如图 1.10 所示。

单击导航栏中的"下载"超链接，进入 Sublime Text 3 的下载页面，如图 1.11 所示。

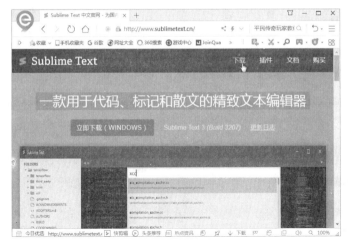

图 1.10　Sublime Text 的网站首页面

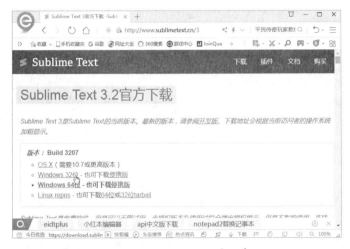

图 1.11　Sublime Text 3 的下载页面

单击"Windows 32 位"超链接，就会弹出"新建下载任务"对话框，如图 1.12 所示。

单击"下载"按钮，开始下载。下载完成后，可以在桌面看到 Sublime Text Build 3207 Setup.exe 安装文件图标，如图 1.13 所示。

图 1.12　新建下载任务对话框　　　图 1.13　Sublime Text Build 3207 Setup.

exe 安装文件图标

1.3.3 Sublime Text 3 的安装

Sublime Text Build 3207 Setup.exe 安装文件下载成功后，双击桌面上的安装文件图标，弹出"Setup- Sublime Text 3"对话框，如图 1.14 所示。

默认情况下安装到"C:\Program Files (x86)\Sublime Text 3"。在这里要安装到"E:\Sublime"，所以要单击"Browse"按钮，这时弹出"Browse For Folder"对话框，选择"E:\Sublime"，如图 1.15 所示。

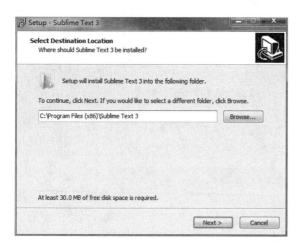

图 1.14　Setup- Sublime Text 3 对话框　　　图 1.15　Browse For Folder 对话框

单击"OK"按钮，就成功设置好安装位置，如图 1.16 所示。

然后单击"Next"按钮，进入准备安装状态，如图 1.17 所示。

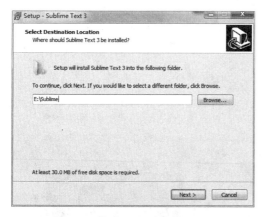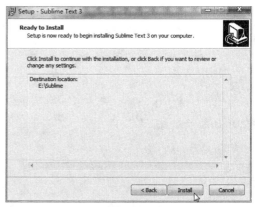

图 1.16　成功设置好安装位置　　　　　图 1.17　准备安装状态

单击"Install"按钮，开始安装，安装速度很快。安装成功后，显示如图 1.18 所示的提示对话框。

最后，单击"Finish"按钮即可。Sublime Text 3 安装成功后，会在桌面上看到其快捷图标，如图 1.19 所示。

图 1.18　安装成功提示对话框　　　　图 1.19　Sublime Text 3 快捷图标

1.3.4　利用 Sublime Text 3 创建 HTML 文档

Sublime Text 3 安装成功后，双击桌面上的快捷图标，就可以打开软件，如图 1.20 所示。

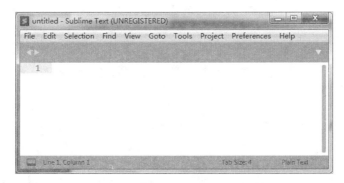

图 1.20　打开 Sublime Text 软件

然后输入如下代码：

```
<!DOSTYPE html>
<html>
    <head>
            <meta charset="utf-8">
            <title>利用 Sublime Text 创建 HTML 文档</title>
    </head>
    <body>
            利用 Sublime Text 创建 HTML 文档。
    </body>
</html>
```

UTF-8 是一种针对 Unicode 的可变长度字符编码，用在网页上可以统一页面显示中文简体繁体及其他语言（如英文、日文、韩文）。

单击菜单栏中的"File/Save"命令或按下键盘上的"Ctrl+S"组合键，弹出"另存为"

对话框，如图 1.21 所示。

图 1.21　另存为对话框

在这里把文件保存在"E:\Sublime"，文件名为"web1-4.html"。

打开 360 安全浏览器，然后在浏览器的地址栏中输入"file:/// E:\Sublime \web1-4. html"，然后按回车键，效果如图 1.22 所示。

图 1.22　利用 Sublime Text 3 创建 HTML 文档

第 2 章

HTML 网页中的文本和图像

在 HTML 网页中，最基本的元素是文本和图像，当然也是最常用的元素。本章就来详细讲解一下 HTML 网页中的文本和图像。

本章主要内容包括：

➤ 标题元素、段落元素和水平线元素　　➤ 文本的超链接及实例

➤ 元素的属性及实例　　➤ 图像元素及实例

➤ 文本元素及实例　　➤ 列表元素及实例

2.1 HTML 中的元素

HTML 元素是指从开始标签到结束标签的所有代码。HTML 网页整体就是一个元素，开始标签是"<html>"，结束标签是"</html>"，开始标签和结束标签之内的所有代码都是元素的内容。

HTML 网页可以分为两部分，分别是网页的头部元素和网页的主体元素。

网页的头部元素，开始标签为"<head>"，结束标签为"</head>"。网页的头部元素并不在浏览器中显示，主要是为服务器提供参考信息的，例如标题、网页主题等。

网页的主体元素，开始标签为"<body>"，结束标签为"</body>"。网页的主体元素就是浏览器中显示的内容。

下面来讲解一下 HTML 网页中 3 个常用元素，即标题元素、段落元素和水平线元素。

2.1.1 标题元素

标题元素的开始标签是"<H>"，结束标签是"</H>"。标题元素共有 6 种，分别是 H1、H2、H3、H4、H5、H6。标题元素用来表示文档中的各级标题，标题号越大，表示的字体越小。具体如下：

H1：黑体，特大字体，上下各有两行空行。

H2：黑体，大字体，上下各有一到两行空行。

H3：黑体，大字体，左端稍缩进，上下各空一行。

H4：黑体，普通文字，比 H3 更多缩进，上空一行。

H5：黑体，与 H4 缩进相同，上空一行。

H6：黑体，与正文缩进相同，上空一行。

2.1.2 段落元素和水平线元素

段落元素的开始标签是"<p>"，结束标签是"</p>"。需要注意的是，浏览器会自动地在段落的前后添加空行。

水平线元素，是一个单标签，即"
"。注意没有结束标签。

2.1.3　实例：在网页中排版一首古诗

双击桌面上的 Sublime Text 快捷图标，打开软件，然后单击菜单栏中的"File/New File"命令（快捷键：Ctrl+N），新建一个文件，然后输入如下代码：

```
<!DOSTYPE html>
<html>
    <head>
            <meta charset="utf-8">
            <title>在网页中排版一首古诗</title>
    </head>
    <body>
            <h1>元日</h1>
            <h4>作者：王安石</h4>
            <hr>
            <p>爆竹声中一岁除，春风送暖入屠苏。</p>
            <p>千门万户瞳瞳日，总把新桃换旧符。</p>
    </body>
</html>
```

按下键盘上的"Ctrl+S"组合键，把文件保存在"E:\Sublime"，文件名为 web2-1.html。

打开 360 安全浏览器，然后在浏览器的地址栏中输入"file:/// E:\Sublime \web2-1.html"，然后按回车键，效果如图 2.1 所示。

图 2.1　在网页中排版一首古诗

2.2　元素的属性

HTML 中的元素大多都拥有属性，属性的作用是为元素提供更多信息。

2.2.1　属性的语法格式

属性的语法格式如下：

```
<标签 属性1="" 属性2="" ……>
```

· 17

需要注意标签与属性之间有一个空格，属性与属性之间也有一个空格。

适用于大多数 HTML 元素的属性有 4 个，具体如下：

class：为 html 元素定义一个或多个类名 (类名从样式文件引入)。

id：定义元素的唯一 id。

style：定义元素的行内样式。

title：描述了元素的额外信息 (作为工具条使用)。

下面来看一下元素的对齐属性，即 align 属性，其属性值有 3 种情况，分别是 left (居左，是默认值)、right (居右)、center (居中)。

2.2.2　实例：对网页中的古诗进一步排版

双击桌面上的 Sublime Text 快捷图标，打开软件，然后单击菜单栏中的 "File/New File" 命令 (快捷键：Ctrl+N)，新建一个文件，然后输入如下代码：

```
<!DOSTYPE html>
<html>
    <head>
            <meta charset="utf-8">
            <title>在网页中排版一首古诗</title>
    </head>
    <body>
            <h1>元日 </h1>
            <h4>作者：王安石 </h4>
            <hr>
            <p>爆竹声中一岁除，春风送暖入屠苏。</p>
            <p>千门万户瞳瞳日，总把新桃换旧符。</p>
    </body>
</html>
```

按下键盘上的 "Ctrl+S" 组合键，把文件保存在 "E:\Sublime"，文件名为 "web2-2.html"。

打开 360 安全浏览器，然后在浏览器的地址栏中输入 "file:/// E:\Sublime \web2-2.html"，然后按回车键，效果如图 2.2 所示。

图 2.2　对网页中的古诗进一步排版

2.3 文本元素

下面来讲解一下常用的文本元素。

2.3.1 常用的文本元素

加粗文本元素，开始标签为""，结束标签为""。

强制换行元素，是一个单标签元素，其标签为"
"。

倾斜文本元素，开始标签为"<i>"，结束标签为"</i>"。

下画线文本元素，开始标签为"<u>"，结束标签为"</u>"。

删除文本元素，开始标签为"<del>"，结束标签为"</del>"。

加粗强调文本元素，开始标签为""，结束标签为""。

倾斜强调文本元素，开始标签为""，结束标签为""。

下画线强调文本元素，开始标签为"<ins>"，结束标签为"</ins>"。

删除强调文本元素，开始标签为"<s>"，结束标签为"</s>"。

小号字体元素，开始标签为"<small>"，结束标签为"</small>"。

添加下标元素，开始标签为"_{"，结束标签为"}"。

添加上标元素，开始标签为"^{"，结束标签为"}"。

计算机代码元素，开始标签为"<code>"，结束标签为"</code>"。

引用内容元素，实际上就是给内容加上引号，开始标签为"<q>"，结束标签为"</q>"。

文本缩写元素，开始标签为"<abbr>"，结束标签"</abbr>"。

突出文本元素，实际上是给文本添加一个黄色背景，开始标签为"<mark>"，结束标签为"</mark>"。

日期时间元素，开始标签为"<time>"，结束标签为"</time>"。

2.3.2 实例：文本元素的应用

双击桌面上的 Sublime Text 快捷图标，打开软件，然后单击菜单栏中的"File/New File"命令（快捷键：Ctrl+N），新建一个文件，然后输入如下代码：

```
<!DOSTYPE html>
<html>
    <head>
            <meta charset="utf-8">
            <title> 文本元素 </title>
    </head>
    <body>
            <h1 align="center"> 文本元素 </h1>
            <hr>
```

```
        <b> 加粗文本 </b><br>
        <i> 倾斜文本 </i><br>
        <u> 下画线文本 </u><br>
        <del> 删除文本 </del><br>
        <strong> 加粗强调文本 </strong><br>
        <em> 倾斜强调文本 </em><br>
        <ins> 下画线强调文本 </ins><br>
        <s> 删除强调文本 </s><br>
        <small> 我是小号字题 </small><br>
        上标的应用：100cm<sup>2</sup><br>
        下标的应用：H<sub>2</sub>O<br>
        计算机代码元素：<code>var num ;</code><br>
        <q> 引用内容 </q><br>
        <abbr>WTO:</abbr> 的全写是 World Trade Organization。<br>
        <mark> 突出文本元素，实际上是给文本添加一个黄色背景。</mark><br>
        当前日期是：<time>2019-7-30</time>
    </body>
</html>
```

按下键盘上的"Ctrl+S"组合键，把文件保存在"E:\Sublime"，文件名为"web2-3.html"。

打开 360 安全浏览器，然后在浏览器的地址栏中输入"file:/// E:\Sublime \web2-3.html"，然后按回车键，效果如图 2.3 所示。

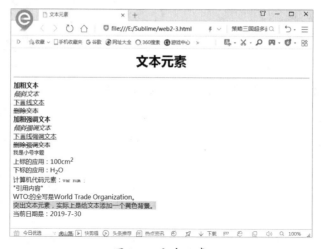

图 2.3　文本元素

2.4　文本的超链接

使用超链接可以在某个页面上访问其他任何一个文件，可以下载文件、可以听音乐等。一个超链接由两部分组成，一是被指向的目标，另一个是指向目标的链接主体，可以是文本、图像、图像的一部分、动画、表单元素等。下面具体讲解一下超链接所用到的相关知识点。

2.4.1　相对地址与绝对地址

地址是指某个文件存放的位置，是超链接中最重要的链接对象。链接对象的位置及表示方式有两种方法。第一种方法是，链接对象与链接的主体文件在同一台机器的同一个硬盘的同一个分区中，这也是应用最多的一种方式，链接引用的地址称为相对地址。第二种方法是，绝对地址，即链接对象及链接主体不在同一台机器中，或在同一台机器的不同硬盘分区中。

2.4.2　超链接元素及其属性

超链接元素的开始标签是"<a>"，结束标签是"</a>"。超链接元素的常用属性及意义如下：

1．herf 属性

herf 属性用来设置链接目标的 URL，例如要链接到网易网站，herf 属性的设置是 href="http://www.163.com"。

2．target 属性

target 属性用来设置链接目标的显示位置，注意如果超链接元素没有 herf 属性，就不能使用 target 属性。

target 属性的属性值及意义如下：

_blank：在新的浏览器窗口中打开链接的文档，同时保持当前窗口不变。

_parent：将链接的文档载入该链接所在框架的父框架或父窗口。如果包含链接的框架不是嵌套框架，则所链接的文档载入整个浏览器窗口。

_self：将链接的文档载入链接所在的同一框架或窗口。此目标是默认的，所以通常不需要指定它。

_top：将链接的文档载入整个浏览器窗口，从而删除所有框架。

3．download 属性

download 属性用来指定下载链接目标。

4．id 属性

id 属性可用于创建在一个 HTML 文档书签标记。使用 id 属性，要设置一对。一是设定 id 的名称，二是设定一个 href 指向这个 id：

```
<a href="#C1"> 第一章 </a>
<a id="C1"><h2> 第 1 章 </h2></a>
```

id 属性通常用于创建一个大文件的各部分的目录。每个部分都建立一个链接，放在文件的开始处，每个部分的开头都设置 id 属性。当用户单击某个部分的链接时，这个部分的内容就显示在最上面。如果浏览器不能找到 Name 指定的部分，则显示文件的开头，不报错。

5. title 属性

可以让鼠标悬停在超链接上的时候，显示该超链接的文字注释。

2.4.3 实例：超链接的应用

双击桌面上的 Sublime Text 快捷图标，打开软件，然后单击菜单栏中的"File/New File"命令（快捷键：Ctrl+N），新建一个文件，然后输入如下代码：

```
<!DOSTYPE html>
<html>
    <head>
            <meta charset="utf-8">
            <title> 超链接的应用 </title>
    </head>
    <body>
            <h1 align="center"> 超链接的应用 </h1>
            <hr>
            <a href="http://www.163.com"> 网易 </a><br>
            <a href="file:///E:/Sublime/web2-2.html"> 本地网页的超链接 </a><br>
            <a href="file:///E:/Sublime/web2-2.html" target="_blank"> 本地网页的超
链接，注意是一个新窗口打开 </a><br>
    </body>
</html>
```

按下键盘上的"Ctrl+S"组合键，把文件保存在"E:\Sublime"，文件名为"web2-4. html"。

打开 360 安全浏览器，然后在浏览器的地址栏中输入"file:/// E:\Sublime \web2-4. html"，然后按回车键，效果如图 2.4 所示。

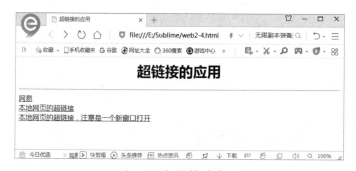

图 2.4　超链接的应用

单击"网易"超链接，就会打开网易网站首页。注意网易网站首面已把我们前面打开的网页覆盖。单击浏览器中的 按钮，就可以返回 file:/// E:\Sublime \web2-4.html 页面。

单击"本地网页的超链接"超链接，效果如图 2.5 所示。

图 2.5　本地网页的超链接

单击浏览器中的 ⟨ 按钮，就可以返回 file:/// E:\Sublime \web2-4.html 页面。再单击"本地网页的超链接，注意是一个新窗口打开"超链接，就会以新的窗口方式打开本地网页的超链接，效果如图 2.6 所示。

图 2.6　新窗口打开超链接

2.4.4　实例：文件下载链接

双击桌面上的 Sublime Text 快捷图标，打开软件，然后单击菜单栏中的"File/New File"命令（快捷键：Ctrl+N），新建一个文件，然后输入如下代码：

```
<!DOSTYPE html>
<html>
    <head>
            <meta charset="utf-8">
            <title> 文件下载链接 </title>
    </head>
    <body>
            <h2 align="center"> 文件下载链接 </h2>
            <hr>
            <a href="python3.3.zip" download="python3.3.zip"> 文件下载 </a><br>
    </body>
</html>
```

需要注意，要下载的文件 python3.3.zip 要与当前 HTML 文件保存在同一个文件夹中。

按下键盘上的"Ctrl+S"组合键，把文件保存在"E:\Sublime"，文件名为"web2-5.html"。

打开360安全浏览器，然后在浏览器的地址栏中输入"file:/// E:\Sublime \web2-5.html"，然后按回车键，效果如图2.7所示。

图 2.7　文件下载链接

单击"文件下载"超链接，就会弹出"新建下载任务"对话框，如图2.8所示。

图 2.8　新建下载任务对话框

2.4.5　实例：锚链接

双击桌面上的 Sublime Text 快捷图标，打开软件，然后单击菜单栏中的"File/New File"命令（快捷键：Ctrl+N），新建一个文件，然后输入如下代码：

```html
<!DOSTYPE html>
<html>
    <head>
        <meta charset="utf-8">
        <title> 锚链接 </title>
    </head>
    <body>
        <h2 align="center">锚链接 </h2>
        <hr>
        <br>
        <a href="#C1" title=" 跳转到第一章 "> 第一章 </a>  
        <a href="#C2" title=" 跳转到第二章 "> 第二章 </a>  
        <a href="#C3" title=" 跳转到第三章 "> 第三章 </a>  
        <a href="#C4" title=" 跳转到第四章 "> 第四章 </a>  
        <a href="#C5" title=" 跳转到第五章 "> 第五章 </a>  
        <a href="#C6" title=" 跳转到第六章 "> 第六章 </a>
        <br>
        <hr>
        <a id="C1"><h2> 第 1 章 </h2></a>
        <a id="C2"><h2> 第 2 章 </h2></a>
        <a id="C3"><h2> 第 3 章 </h2></a>
        <a id="C4"><h2> 第 4 章 </h2></a>
```

```
                <a id="C5"><h2>第 5 章</h2></a>
                <a id="C6"><h2>第 6 章</h2></a>
        </body>
</html>
```

按下键盘上的"Ctrl+S"组合键,把文件保存在"E:\Sublime",文件名为"web2-6.html"。

打开 360 安全浏览器,然后在浏览器的地址栏中输入"file:/// E:\Sublime \web2-6.html",然后按回车键,效果如图 2.9 所示。

图 2.9　锚链接

鼠标指向"第三章",这时会显示提示信息"跳转到第三章",单击"第三章",就会直接跳转到第三章,如图 2.10 所示。

图 2.10　直接跳转到第三章

还需要注意,这时的网址后面加了一个"#C3"。

2.5　图像元素

在 HTML 网页中灵活地应用图像,不但可以使网页更加美观、形象、生动,而且也能使网页中的内容更加丰富多彩。图像元素的开始标签是"<img>",结束标签是"</img>"。

在 HTML 网页中中常用到的图像格式有三种:GIF、JPEG 和 PNG。前两种格式的图像能被绝大多数的浏览器完全支持，PNG 格式是一种矢量图形格式，现在也能被所有的浏览器支持，并且该类图像所占空间很小。

2.5.1 GIF 格式

GIF 格式在网页中使用得最普遍、最广泛。其英文全名为 "Graphics Interchanger Format"，中文意思是可交换的图像格式。另外，GIF 可以实现动画效果，在网上看到的很多小型动画，大多为 GIF 格式。GIF 格式图像的优点具体如下：

第一，最大支持 256 色，所以能在大多数浏览器中显示。

第二，GIF 格式的图像颜色使用少、压缩效率高、因此它所占用的空间较小。

第三，GIF 格式的图像支持 1bit 透明度，因此可以制作背景透明的文字与图像。

第四，可以制作成动画。

第五，可以对该图像交叉下载，在下载过程中即可呈现图像内容。

2.5.2 JPEG 格式

JPEG 格式是另一种使用很普遍的图像格式，文件后缀是 ".jpg"，该类图像有渐变色彩、颜色比较细腻。但所占的空间大。JPEG 格式支持高压缩率。因此该类图像下载速度也很快。下面来看一下该类图像的优点。

第一，支持 24 位图像，能很好地表现照片等全彩色的图像。

第二，可以生成类似 GIF 格式的交错关联图像——渐变 JPEG。

第三，可以制作透明的 JPEG 图像。

2.5.3 图像元素的属性

图像元素是单标签元素，标签是 "<img>"。图像元素的常用属性及意义如下：

1. src 属性

src 属性指明了所要链接的图像文件地址，这个图像文件可以是本地机器上的图像，也可以是位于远端主机上的图像。使用格式如下：

```
<img src="url">
```

url 表示图像的路径和文件名。例如 url 可以是 "http://www.blabla.cn/images/1.gif"，也可以是一个相对路径 "../images/1.gif"。

2. alt 属性

alt 属性，英文为 "alternate text"。在图像未显示出来或显示不出来时，浏览器就会转而显示 alt 属性的值。

3. align 属性

使用 align 属性，可以改变图像的垂直 (居上、居中、居下) 对齐方式和水平对齐方式 (居左、居中、居右)。

4. height 属性

使用 height 属性，可以设置图像的高度。

5. width 属性

使用 width 属性，可以设置图像的宽度。

6. hspace 属性

使用 hspace 属性，可以设置文字、图像与图像左右之间的距离。

7. vspace 属性

使用 vspace 属性，可以设置文字、图像与图像上下之间的距离。

8. border 属性

使用 border 属性，可以设置图像的边框

9. id 属性

使用 id 属性，可用创建一个 HTML 文档书签标记。

10. title 属性

可以让鼠标悬停在图像上的时候，显示该图像的文字注释。

2.5.4 实例：图像的显示

双击桌面上的 Sublime Text 快捷图标，打开软件，然后单击菜单栏中的 "File/New File" 命令（快捷键：Ctrl+N），新建一个文件，然后输入如下代码：

```
<!DOSTYPE html>
<html>
    <head>
            <meta charset="utf-8">
            <title> 图像的显示 </title>
    </head>
    <body>
            <h1> 图像的显示 </h1>
            <hr>
            GIF 格式图像的显示: <img src="1.gif">
            <br>
            JPG 格式图像的显示: <img src="2.jpg">
            <br>
            PNG 格式图像的显示: <img src="3.png" height="200" width="300" >
    </body>
</html>
```

首先要把三张图像 1.gif、2.jpg、3.png 放到 E:\Sublime 文件夹中。

按下键盘上的"Ctrl+S"组合键，把文件保存在"E:\Sublime"，文件名为"web2-7.html"。

打开360安全浏览器，然后在浏览器的地址栏中输入"file:/// E:\Sublime \web2-7.html"，然后按回车键，效果如图2.11所示。

图2.11 图像的显示

2.5.5 实例：图像的大小和对齐方式

双击桌面上的Sublime Text快捷图标，打开软件，然后单击菜单栏中的"File/New File"命令（快捷键：Ctrl+N），新建一个文件，然后输入如下代码：

```html
<!DOSTYPE html>
<html>
    <head>
            <meta charset="utf-8">
            <title>图像的大小和对齐方式</title>
    </head>
    <body>
            <h1>图像的大小和对齐方式</h1>
            <hr>
            图像的上对齐：<img src="1.gif" alt="GIF小图像" title="我是GIF小图像"
width="30" height="30" align="top" border="10">
            <br>
            图像的中间对齐：<img src="1.gif" alt="GIF中等图像" title="我是GIF中等
图像" width="100" height="100" align="middle" hspace="100">
            <br>
            图像的下对齐：<img src="1.gif" alt="GIF大图像" title="我是GIF大图像"
width="200" height="200" align="bottom" >
    </body>
</html>
```

按下键盘上的"Ctrl+S"组合键，把文件保存在"E:\Sublime"，文件名为"web2-8.html"。

打开 360 安全浏览器，然后在浏览器的地址栏中输入"file:/// E:\Sublime \web2-8.html"，然后按回车键，效果如图 2.12 所示。

图 2.12　图像的显示

2.5.6　图像的超链接

不仅文字可以实现超链接，图像也可以实现超链接。下面举例说明。

双击桌面上的 Sublime Text 快捷图标，打开软件，然后单击菜单栏中的"File/New File"命令（快捷键：Ctrl+N），新建一个文件，然后输入如下代码：

```
<!DOSTYPE html>
<html>
    <head>
            <meta charset="utf-8">
            <title>图像的超链接</title>
    </head>
    <body>
            <h1>图像的超链接</h1>
            <hr>
            GIF 格式图像的超链接: <a href="1.gif" target="_blank"><img src="1.gif"
width="50" height="50" ></a>
            <br>
            JPG 格式图像的超链接: <a href="2.jpg" target="_blank"><img src="2.jpg"
width="50" height="50" ></a>
            <br>
            PNG 格式图像的超链接: <a href="3.png" target="_blank"><img src="3.png"
width="50" height="50" ></a>
    </body>
</html>
```

按下键盘上的"Ctrl+S"组合键，把文件保存在"E:\Sublime"，文件名为"web2-9.html"。

打开 360 安全浏览器，然后在浏览器的地址栏中输入"file:/// E:\Sublime \web2-9.html"，然后按回车键，效果如图 2.13 所示。

图 2.13　图像的超链接

单击不同的图像，就会打开一个新的网页，显示该图像的大图效果，在这里单击 PNG 格式图像，效果如图 2.14 所示。

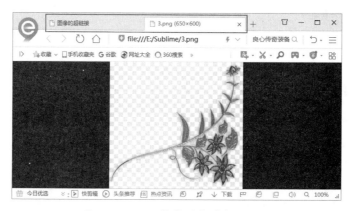

图 2.14　PNG 格式图像的大图效果

2.6　列表元素

列表用于列举事实，将文本作为列表上的一个项目来显示。常用列表格式有三种，分别是无序列表、有序列表和定义列表。列表标记是由列表起止标记和列表条目标记共同组成的。

2.6.1　无序列表元素

无序列表元素是指带有一个项目符号的列表，其开始标签是"<ul>"，结束标签是"</ul>"。每一列表的条目用 li 元素引出。在这里还可以利用 type 属性设置符号形状。具体属性值与意义如下：

circle：表示以空心圆圈作为项目符号标识。

disc：表示以实心圆点作为项目符号标识，是默认值。

square：表示以方块作为项目符号标识。

2.6.2　有序列表元素

有序列表与无序列表的使用方法相同。有序列表元素的开始标签是"<ol>"，结束标签是"</ol>"。用"<li>"引导列表条目。具体设置与无序列表相同。唯一不同的是，默认值是以阿拉伯数字表示的项目符号。

2.6.3　定义列表元素

定义列表元素用于对列表的条目进行简短说明。定义列表元素的开始标签是"<dl>"，结束标签是"</dl>"。用 dt 元素引出列表条目，再用 dd 元素来引出列表条目的说明。其中 dt 元素与 dd 元素都是单标签元素。

2.6.4　列表元素的应用

双击桌面上的 Sublime Text 快捷图标，打开软件，然后单击菜单栏中的"File/New File"命令（快捷键：Ctrl+N），新建一个文件，然后输入如下代码：

```
<!DOSTYPE html>
<html>
    <head>
            <meta charset="utf-8">
            <title>列表元素</title>
    </head>
    <body>
            默认实心圆形无序列表
            <ul>
                    <li>黄色</li>
                    <li>蓝色</li>
                    <li>绿色</li>
            </ul>
            空心圆形无序列表
            <ul type="circle">
                    <li>黄色</li>
                    <li>蓝色</li>
                    <li>绿色</li>
            </ul>
            方块无序列表
            <ul type="square">
                    <li>黄色</li>
                    <li>蓝色</li>
                    <li>绿色</li>
            </ul>
            有序列表
            <ol>
                    <li>黄色</li>
                    <li>蓝色</li>
```

```
                    <li>绿色 </li>
            </ol>
            定义列表
            <dl>

                <dt>邓亚萍 <dd>一个超级乒乓球巨星！
                <dt>乔丹 <dd>一个超级篮球巨星！
            </dl>
    </body>
</html>
```

按下键盘上的"Ctrl+S"组合键，把文件保存在"E:\Sublime"，文件名为"web2-10.html"。

打开360安全浏览器，然后在浏览器的地址栏中输入"file:/// E:\Sublime \web2-10.html"，然后按回车键，效果如图 2.15 所示。

图 2.15　列表元素的应用

第 3 章

HTML 网页中的表格和框架

表格在 Web 网页中是一种用途非常广泛的工具，不仅表现在它可以有序排列数据，还表现在它可以精确地定位文本、图像、动画或其他网页元素，使它们的水平位置、垂直位置发生细小的变化，这在简单网页版面布局方面是很重要的。框架最常见的用途就是导航。一组框架通常包括一个含有导航条的框架和另一个显示主要内容页面的框架。

本章主要内容包括：

➤ 表格外框、表格的行、表格的单元格　　➤ 表格列的美化

➤ 表格的标题和列头　　➤ 框架组元素和框架元素

➤ 表格的合并单元格及属性　　➤ 窗口的名称和链接

➤ 表格的表头、主体和页脚元素　　➤ 内联框架元素

3.1 HTML 中的表格

表格是 HTML 网页中的一项非常重要的功能，利用其多种属性能够设计出多样化的表格。

3.1.1 表格的三个基本元素

在 HTML 网页中，表格有三个基本元素，分别是表格外框、表格的行、表格的单元格。

表格外框的开始标签是"<table>"，结束标签是"</table>"，表格的其他元素都包含在 table 标签中。

表格行的开始标签是"<tr>"，结束标签是"</tr>"。

表格单元格的开始标签是"<td>"，结束标签是"</td>"。

下面举例创建一个表格。

双击桌面上的 Sublime Text 快捷图标，打开软件，然后单击菜单栏中的"File/New File"命令（快捷键：Ctrl+N），新建一个文件，然后输入如下代码：

```
<!DOSTYPE html>
<html>
    <head>
            <meta charset="utf-8">
            <title>表格</title>
    </head>
    <body>
            <h1 align="center">表格</h1>
            <hr>
            <table border="3" align="center">
                    <tr>
                            <td>星期一</td><td>星期二</td><td>星期三</td><td>星
期四</td><td>星期五</td>
                    </tr>
                    <tr>
<td> </td><td> </td><td> </td><td> </td><td> </td>
                    </tr>
                    <tr>
<td> </td><td> </td><td> </td><td> </td><td> </td>
                    </tr>
                    <tr>
<td> </td><td> </td><td> </td><td> </td><td> </td>
                    </tr>
                    <tr>
<td> </td><td> </td><td> </td><td> </td><td> </td>
                    </tr>
                    <tr>
<td> </td><td> </td><td> </td><td> </td><td> </td>
                    </tr>
```

```
                    <tr>
    <td> </td><td> </td><td> </td><td> </td><td> </td>
                    </tr>
        </table>
    </body>
</html>
```

这是一个很简单的表格，包括 7 行，第一行为行头，其他 6 行是空白行，用户可以在表格中填写信息。需要注意空格的代码是 " "。还要注意这里设置表格的边框属性值为 3。

按下键盘上的 "Ctrl+S" 组合键，把文件保存在 "E:\Sublime"，文件名为 "web3-1.html"。

打开 360 安全浏览器，然后在浏览器的地址栏中输入 "file:/// E:\Sublime \web3-1.html"，然后按回车键，效果如图 3.1 所示。

图 3.1　表格的三个基本元素

3.1.2　表格的标题和列头

表格的标题元素，开始标签是 "<caption>"，结束标签是 "</caption>"。需要注意的是，表格的标题元素是表格的子元素，要放到 table 中。

表格的列头元素，开始标签是 "<th>"，结束标签是 "</th>"。表格的列头是黑体加粗，并居中显示的文字。

双击桌面上的 Sublime Text 快捷图标，打开软件，然后单击菜单栏中的 "File/New File" 命令（快捷键：Ctrl+N），新建一个文件，然后输入如下代码：

```
<!DOSTYPE html>
<html>
    <head>
            <meta charset="utf-8">
            <title>表格</title>
    </head>
    <body>
            <h1 align="center">表格</h1>
```

```
                <hr>
                <table border="3" align="center">
                        <caption> 小学生功课表 </caption>
                        <tr>
                                <th> 星期一 </th><th> 星期二 </th><th> 星期三 </th><th> 星
期四 </th><th> 星期五 </th>
                        </tr>
                        <tr>
        <td> </td><td> </td><td> </td><td> </td><td> </td>
                        </tr>
                        <tr>
        <td> </td><td> </td><td> </td><td> </td><td> </td>
                        </tr>
                        <tr>
        <td> </td><td> </td><td> </td><td> </td><td> </td>
                        </tr>
                        <tr>
        <td> </td><td> </td><td> </td><td> </td><td> </td>
                        </tr>
                        <tr>
        <td> </td><td> </td><td> </td><td> </td><td> </td>
                        </tr>
                        <tr>
        <td> </td><td> </td><td> </td><td> </td><td> </td>
                        </tr>
                </table>
        </body>
</html>
```

按下键盘上的"Ctrl+S"组合键，把文件保存在"E:\Sublime"，文件名为"web3-2. html"。

打开 360 安全浏览器，然后在浏览器的地址栏中输入"file:/// E:\Sublime \web3-2. html"，然后按回车键，效果如图 3.2 所示。

图 3.2　表格的标题和列头

3.1.3　表格的合并单元格

在制作表格时，经常会用到合并单元格。合并单元格分两种，分别是合并行单元格、合并列单元格。

　　合并行单元格，要用到单元格 <td> 的 rowspan 属性，该属性的取值是一个整数，但该整数一定要小于表格的行数。

　　合并列单元格要用到单元格 <td> 的 colspan 属性，该属性的取值是一个整数，但该整数一定要小于表格的列数。

　　双击桌面上的 Sublime Text 快捷图标，打开软件，然后单击菜单栏中的"File/New File"命令（快捷键：Ctrl+N），新建一个文件，然后输入如下代码：

```html
<!DOSTYPE html>
<html>
    <head>
            <meta charset="utf-8">
            <title>表格的合并单元格</title>
    </head>
    <body>
            <h1 align="center">表格的合并单元格</h1>
            <hr>
            <table border="3" align="center">
                    <tr>
                            <td colspan="6" align="center"><H3>小学生功课表</H3></td>
                    </tr>
                    <tr>
                            <th> </th><th>星期一</th><th>星期二</th><th>星期三</th><th>星期四</th><th>星期五</th>
                    </tr>
                    <tr>
                            <td rowspan="4">上午</td><td> </td><td> </td><td> </td><td> </td><td> </td>
                    </tr>
                    <tr>
            <td> </td><td> </td><td> </td><td> </td><td> </td>
                    </tr>
                    <tr>
            <td> </td><td> </td><td> </td><td> </td><td> </td>
                    </tr>
                    <tr>
            <td> </td><td> </td><td> </td><td> </td><td> </td>
                    </tr>
                    <tr>
                            <td rowspan="2">下午</td><td> </td><td> </td><td> </td><td> </td><td> </td>
                    </tr>
                    <tr>
            <td> </td><td> </td><td> </td><td> </td><td> </td>
                    </tr>
            </table>
    </body>
</html>
```

　　按下键盘上的"Ctrl+S"组合键，把文件保存在"E:\Sublime"，文件名为"web3-3.html"。

　　打开 360 安全浏览器，然后在浏览器的地址栏中输入"file:/// E:\Sublime \web3-3.html"，然后按回车键，效果如图 3.3 所示。

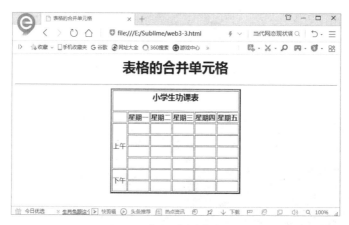

图 3.3　表格的合并单元格

3.1.4　表格的属性

表格的常用属性如下：

1．border 和 bordercolor 属性

border 属性是用来设置表格边框的宽度，单位是像素。常把该属性设为 0，表示无边框。bordercolor 属性用来设置边框的颜色，颜色的表示方法有三种，具体如下：

第一，利用英文描述颜色，如 red、green、blue、yellow 等。

第二，利用 16 进制数来表示，如："#FFFFCC"，其中前两位表示红色深浅，中间两位表示绿色深浅，后两位表示蓝色深浅。

第三，利用 RGB() 函数来设置颜色，如 RGB(125,125,125)，其中每个数字都是从 0 到 255，第一个数表示红色深浅，第二个数表示绿色深浅，第三个数表示蓝色深浅。

2．cellpadding 和 cellspacing 属性

cellpadding 属性用来设置单元格边框与内容之间的距离，默认值为 1 像素。

cellspacing 属性用来设置单元格之间的距离。其默认值也为 1 像素。

3．rules 属性

用来设置表格内边框的显示方式，其设置值与表示意义如下：

all：是默认值，表示在表格的每一行与列之间显示一条间隔线。

groups：在 tbody、thead、tfoot 等元素之间显示一条间隔线。

cols：在表格的每一对列之间显示一条间隔线。

rows：在表格的每一对行之间显示一条间隔线。

none：删除所有内部间隔线。

双击桌面上的 Sublime Text 快捷图标，打开软件，然后单击菜单栏中的"File/New File"命令（快捷键：Ctrl+N），新建一个文件，然后输入如下代码：

```
<!DOSTYPE html>
<html>
    <head>
            <meta charset="utf-8">
            <title>表格的属性</title>
    </head>
    <body>
            <h1 align="center">表格的属性</h1>
            <hr>
            <table border="3" align="center" bordercolor="red" cellpadding="15"
cellspacing="0" rules="all">
                    <tr>
                            <td colspan="6" align="center"><H3>小学生功课表</
H3></td>
                    </tr>
                    <tr>
                            <th> </th><th>星期一</th><th>星期二</th><th>星期
三</th><th>星期四</th><th>星期五</th>
                    </tr>
                    <tr>
                            <td rowspan="4">上 午</td><td> </
td><td> </td><td> </td><td> </td>
                    <tr>
            <td> </td><td> </td><td> </td><td> </td><td> </td>
                    </tr>
                    <tr>
            <td> </td><td> </td><td> </td><td> </td><td> </td>
                    </tr>
                    <tr>
            <td> </td><td> </td><td> </td><td> </td><td> </td>
                    </tr>
                    <tr>
                            <td rowspan="2">下 午</td><td> </td><td> </
td><td> </td><td> </td>
                    </tr>
                    <tr>
            <td> </td><td> </td><td> </td><td> </td><td> </td>
                    </tr>
            </table>
    </body>
</html>
```

按下键盘上的"Ctrl+S"组合键，把文件保存在"E:\Sublime"，文件名为"web3-4.html"。

打开 360 安全浏览器，然后在浏览器的地址栏中输入"file:/// E:\Sublime \web3-4.html"，然后按回车键，效果如图 3.4 所示。

图 3.4　表格的属性

3.1.5　表格的表头、主体和页脚元素

表格的表头元素，开始标签是"<thead>"，结束标签是"</thead>"。表格的主体元素，开始标签是"<tbody>"，结束标签是"</tbody>"。表格的页脚元素，开始标签是"<tfoot>"，结束标签是"</tfoot>"。

双击桌面上的 Sublime Text 快捷图标，打开软件，然后单击菜单栏中的"File/New File"命令（快捷键：Ctrl+N），新建一个文件，然后输入如下代码：

```
<!DOSTYPE html>
<html>
    <head>
          <meta charset="utf-8">
          <title>表格的属性</title>
    </head>
    <body>
          <h1 align="center">表格的属性</h1>
          <hr>
          <table border="3" align="center" bordercolor="red" cellpadding="15"
cellspacing="1" rules="groups">
                  <thead style="background:rgb(0,180,0)">
                          <tr>
                                  <td colspan="6" align="center"><H3>小学生功课
表</H3></td>
                          </tr>
                          <tr>
                                  <th> </th><th>星期一</th><th>星期二</
th><th>星期三</th>     <th>星期四</th><th>星期五</th>
                          </tr>
                  </thead>
                  <tbody style="background:rgb(200,200,200)">
                          <tr>
                                  <td rowspan="4">上　午</td><td> </
td><td> </td><td> </td><td> </td><td> </td>
```

```
                                </tr>
                                <tr>
                                        <td> </td><td> </td><td> </
td><td> </td><td> </td>
                                </tr>
                                <tr>
                                        <td> </td><td> </td><td> </
td><td> </td><td> </td>
                                </tr>
                                <tr>
                                        <td> </td><td> </td><td> </
td><td> </td><td> </td>
                                </tr>
                                <tr>
                                        <td rowspan="2">下 午</td><td> </
td><td> </td><td> </td><td> </td>
                                </tr>
                                <tr>
                                        <td> </td><td> </td><td> </
td><td> </td><td> </td>
                                </tr>
                        </tbody>
                        <tfoot style="background:rgb(30,220,100)">
                                <td>备注：</td><td colspan="5"> </td>
                        </tfoot>
                </table>
        </body>
</html>
```

按下键盘上的"Ctrl+S"组合键，把文件保存在"E:\Sublime"，文件名为"web3-5.html"。

打开 360 安全浏览器，然后在浏览器的地址栏中输入"file:/// E:\Sublime \web3-5.html"，然后按回车键，效果如图 3.5 所示。

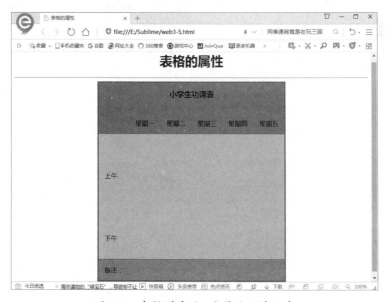

图 3.5　表格的表头、主体和页脚元素

3.1.6 表格列的美化

关于表格列的美化有 2 个元素，分别是 colgroup 元素和 col 元素。

利用 colgroup 元素可以组合列，该元素的 span 属性可以设置组合列的数目。需要注意的是，colgroup 元素是 table 的子元素，必须放在 caption 元素之后，放在 thead 元素之前。

col 元素用来设置具体某一列的属性。col 元素一般是作为 colgroup 元素的子元素使用。

双击桌面上的 Sublime Text 快捷图标，打开软件，然后单击菜单栏中的"File/New File"命令（快捷键：Ctrl+N），新建一个文件，然后输入如下代码：

```
<!DOSTYPE html>
<html>
    <head>
            <meta charset="utf-8">
            <title>表格列的美化</title>
    </head>
    <body>
            <h1 align="center">表格列的美化</h1>
            <hr>
            <table border="3" align="center" bordercolor="blue">
                    <tr>
                            <td colspan="6"  align="center"><H3>小学生功课表</H3></td>
                    </tr>
                    <colgroup span="1" style="width:80px;background:yellow"></colgroup>
                    <colgroup span="4" style="width:120px">
                            <col style="background:rgb(250,100,0)">
                            <col style="background:rgb(250,150,0)">
                            <col style="background:rgb(250,180,0)">
                            <col style="background:rgb(250,220,0)">
                    </colgroup>
                    <colgroup span="1" style="width:60px;background:pink"></colgroup>
                    <tr>
                            <th> </th><th>星期一</th><th>星期二</th><th>星期三</th><th>星期四</th><th>星期五</th>
                    </tr>
                    <tr>
                            <td rowspan="4">上午</td><td> </td><td> </td><td> </td><td> </td><td> </td>
                    </tr>
                    <tr>
            <td> </td><td> </td><td> </td><td> </td><td> </td>
                    </tr>
                    <tr>
            <td> </td><td> </td><td> </td><td> </td><td> </td>
                    </tr>
                    <tr>
            <td> </td><td> </td><td> </td><td> </td><td> </td>
                    </tr>
                    <tr>
                            <td rowspan="2">下午</td><td> </td><td> </td><td> </td><td> </td><td> </td>
                    </tr>
```

```
                    <tr>
    <td> </td><td> </td><td> </td><td> </td><td> </td>
                    </tr>
        </table>
    </body>
</html>
```

按下键盘上的"Ctrl+S"组合键，把文件保存在"E:\Sublime"，文件名为"web3-6.html"。

打开 360 安全浏览器，然后在浏览器的地址栏中输入"file:/// E:\Sublime \web3-6.html"，然后按回车键，效果如图 3.6 所示。

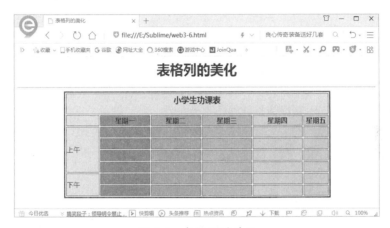

图 3.6　表格列的美化

3.2　HTML 中的框架

框架就是把一个浏览器窗口划分为若干个小窗口，每个窗口可以显示不同的 URL 网页。使用框架可以非常方便地在浏览器中同时浏览不同的页面效果，也可以非常方便地完成导航工作。

3.2.1　框架组元素

在 HTML 网页中，框架组元素的开始标签是"<frameset>"，结束标签是"</frameset>"。框架组元素的常用属性及意义如下：

1. border 属性
border 属性用来设置框架边框的宽度，默认为 5 像素。

2. bordercolor 属性
bordercolor 属性用来设置框架边框的颜色。

3. frameborder 属性

frameborder 属性用来指定是否显示边框："0"代表不显示边框，"1"代表显示边框。

4. cols 属性

cols 属性是用像素数或百分比分割左右窗口，其中"*"表示剩余部分。

5. rows 属性

rows 属性是用像素数或百分比分割上下窗口，其中"*"表示剩余部分。

6. framespacing 属性

framespacing 属性用来设置框架与框架间的保留空白的距离。

7. noresize 属性

noresize 属性用来设置框架是否能调整大小。

3.2.2　框架元素

在 HTML 网页中，框架元素的开始标签是"<frame>"，结束标签是"</frame>"。框架组元素用来划分框架，而每一个框架都需要用框架元素表示，框架元素用来声明其中框架页面的内容，并且必须放在框架组元素中。

框架组元素设置了几个子窗口就必须对应几个框架元素，而且每一个框架元素内还必须设定一个网页文件。

框架元素的常用属性及意义如下：

src 属性：指示加载的 url 文件的地址

name 属性：设定框架名称，是连接标记的 target 所需要的参数。

scorlling 属性：设置是否带滚动条，auto 根据需要自动出现，"Yes"为有，"No"为无。

marginwidth 属性：设置内容与窗口左右边缘的距离，默认为 1 像素。

marginheight 属性：设置内容与窗口上下边缘的边距，默认为 1 像素。

3.2.3　实例：窗口的上下设置

双击桌面上的 Sublime Text 快捷图标，打开软件，然后单击菜单栏中的"File/New File"命令（快捷键：Ctrl+N），新建一个文件，然后输入如下代码：

```
<!DOSTYPE html>
<html>
    <head>
```

```
            <meta charset="utf-8">
            <title>窗口的上下设置</title>
    </head>
            <frameset rows="300,*" cols="*" border=50px bordercolor="red">
                    <frame  src="http://www.163.com" ></frame>
                    <frame  src="http://www.qq.com"></frame>
            </frameset>
    </html>
```

提醒：框架组元素是 <html> 的子元素，不是 <body> 的子元素。

按下键盘上的"Ctrl+S"组合键，把文件保存在"E:\Sublime"，文件名为"web3-7.
html"。

打开 360 安全浏览器，然后在浏览器的地址栏中输入"file:/// E:\Sublime \web3-7.
html"，然后按回车键，效果如图 3.7 所示。

图 3.7　窗口的上下设置

在这里可以看到一个页面显示两个网站首页，并且当鼠标放到框架上时，鼠标变成，
这时按下鼠标左键，就可以上下调用框架的位置。

3.2.4　实例：窗口的左右设置

双击桌面上的 Sublime Text 快捷图标，打开软件，然后单击菜单栏中的"File/New
File"命令（快捷键：Ctrl+N），新建一个文件，然后输入如下代码：

```
<!DOSTYPE html>
<html>
    <head>
            <meta charset="utf-8">
            <title>窗口的左右设置</title>
    </head>
            <frameset rows="*" cols="200,200,*">
                    <frame  src="http://www.163.com" ></frame>
                    <frame  src="http://www.qq.com"></frame>
                    <frame  src="http://www.qingdaonews.com"></frame>
```

```
            </frameset>
    </html>
```

按下键盘上的"Ctrl+S"组合键，把文件保存在"E:\Sublime"，文件名为"web3-8.html"。

打开360安全浏览器，然后在浏览器的地址栏中输入"file:/// E:\Sublime \web3-8.html"，然后按回车键，效果如图3.8所示。

图 3.8　窗口的左右设置

3.2.5　实例：窗口的嵌套设置

双击桌面上的 Sublime Text 快捷图标，打开软件，然后单击菜单栏中的"File/New File"命令（快捷键：Ctrl+N），新建一个文件，然后输入如下代码：

```
<!DOSTYPE html>
<html>
    <head>
            <meta charset="utf-8">
            <title>窗口的嵌套设置</title>
    </head>
            <frameset rows="150, *" cols="*">
                    <frame  src="http://www.163.com" ></frame>
                    <frameset rows="*" cols="350, *">
                            <frame  src="http://www.qq.com"></frame>
                            <frame  src="http://www.qingdaonews.com"></frame>
                    </frameset>
            </frameset>
</html>
```

在这里把窗口上下分成两个窗口，上面的窗口显示网易网站首页，下面的窗口再分成左右两个窗口，分别显示腾讯网站首页和青岛新闻网首页。

按下键盘上的"Ctrl+S"组合键，把文件保存在"E:\Sublime"，文件名为"web3-9.html"。

打开360安全浏览器，然后在浏览器的地址栏中输入"file:/// E:\Sublime \web3-9.

html", 然后按回车键, 效果如图 3.9 所示。

图 3.9　窗口的嵌套设置

3.2.6　窗口的名称和链接

如果在窗口中要做链接, 就必须对每一个子窗口命名, 以便于被用于窗口间的链接。在超链接中还要设置 targe 属性, 用 targe 属性就可以将被链接的内容放置到想要放置的窗口内。

双击桌面上的 Sublime Text 快捷图标, 打开软件, 然后单击菜单栏中的"File/New File"命令（快捷键: Ctrl+N）, 新建一个文件, 然后输入如下代码:

```
<!DOSTYPE html>
<html>
    <head>
            <meta charset="utf-8">
            <title>网页导航栏</title>
    </head>
    <body>
            <h3>网页导航栏</h3>
            <hr>
            <br>
            <a href="file:///E:/Sublime/web3-1.html" target="myframe"> <p>表格的
三个基本元素</p></a>
            <a href="file:///E:/Sublime/web3-2.html" target="myframe"><p>表格的标
题和列头</p></a>
            <a href="file:///E:/Sublime/web3-3.html" target="myframe"><p>表格的合
并单元格</p></a>
            <a href="file:///E:/Sublime/web3-4.html" target="myframe"><p>表格的属
性</p></a>
            <a href="file:///E:/Sublime/web3-5.html" target="myframe"><p>表格的表
头、主体和页脚元素</p></a>
            <a href="file:///E:/Sublime/web3-6.html" target="myframe"><p>表格列的
美化</p></a>
            <a href="http://www.163.com" target="myframe"><p>网易</p></a>
            <a href="http://www.baidu.com" target="myframe"><p>百度</p></a>
            <a href="http://www.qingdaonews.com" target="myframe"><p>青岛新闻网
</p></a>
```

```
    </body>
</html>
```

这是一个导航栏页面，就是实现超链接功能，但需要注意的是，超链接的 target 属性值是一个框架子窗口的名称"myframe"。注意这个名字是用户自定义的。

按下键盘上的"Ctrl+S"组合键，把文件保存在"E:\Sublime"，文件名为"web3-10.html"。

再单击菜单栏中的"File/New File"命令（快捷键：Ctrl+N），新建一个文件，然后输入如下代码：

```
<!DOSTYPE html>
<html>
    <head>
            <meta charset="utf-8">
            <title>窗口的名称和链接</title>
    </head>
            <frameset rows="*" cols="180,*">
                    <frame  src="file:///E:/Sublime/web3-10.html"></frame>
                    <frame  src="http://www.qingdaonews.com" name="myframe"></frame>
            </frameset>
</html>
```

这里是含有两个左右子窗口的框架，左边的窗口用来显示导航栏中的信息。右边的窗口用来显示超链接页面信息，需要注意的是，其 name 属性值是 myframe。

按下键盘上的"Ctrl+S"组合键，把文件保存在"E:\Sublime"，文件名为"web3-11.html"。

打开360安全浏览器，然后在浏览器的地址栏中输入"file:/// E:\Sublime \web3-11.html"，然后按回车键，效果如图 3.10 所示。

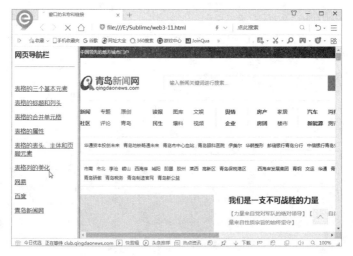

图 3.10　窗口的名称和链接

单击导航栏中的不同超链接，就会在右边窗品显示该超链接对应的页面信息。假如在这里单击"表格列的美化"超链接，这时效果如图 3.11 所示。

图 3.11　单击表格列的美化超链接后的效果

3.2.7　内联框架元素

在 HTML 网页中，内联框架元素的开始标签是"<iframe>"，结束标签是"</iframe>"。需要注意的是，内联框架元素是 <body> 元素的子元素，所以要放在 body 中使用。

内联框架元素的常用属性与框架元素相似，这里不再多说。

双击桌面上的 Sublime Text 快捷图标，打开软件，然后单击菜单栏中的"File/New File"命令（快捷键：Ctrl+N），新建一个文件，然后输入如下代码：

```
<!DOSTYPE html>
<html>
    <head>
            <meta charset="utf-8">
            <title> 内联框架元素 </title>
    </head>
    <body>
            <h1 align="center"> 内联框架元素 </h1>
            <hr>
            <p align="center">
            <a href="http://www.163.com" target="myframe"> 网易 </a>  
            <a href="http://www.baidu.com" target="myframe"> 百度 </a>  
            <a href="http://www.qq.com" target="myframe"> 腾讯 </a>  
            </p>
            <hr>
            <iframe src="http://www.qq.com" name="myframe" width="100%"
height="600px"></iframe>
    </body>
</html>
```

按下键盘上的"Ctrl+S"组合键，把文件保存在"E:\Sublime"，文件名为"web3-12. html"。

打开 360 安全浏览器，然后在浏览器的地址栏中输入"file:/// E:\Sublime \web3-12.

html", 然后按回车键, 效果如图 3.12 所示。

图 3.12　内联框架元素

单击导航栏中的不同超链接, 就会在下面窗口显示该超链接对应的页面信息。假如在这里单击"百度"超链接, 这时效果如图 3.13 所示。

图 3.13　单击百度超链接后的效果

第 4 章

HTML 网页中的表单

表单广泛应用到各种网站，是用来实现浏览网页用户与服务器之间信息交流的，即用户利用其可以得到的反馈信息，如用户登录界面、个人信息统计等。

本章主要内容包括：

➤ 初识表单

➤ 文本框控件和按钮控件

➤ 实例：用户登录界面

➤ 单选框控件和复选框控件

➤ 实例：个人信息统计

➤ 实例：下拉列表框和 datalist 控件的应用

➤ 电子邮箱控件和图像提交按钮

➤ 网址控件、number 控件和 range 控件

➤ 日期时间类控件

➤ 搜索控件、颜色控件和选择文件控件

➤ 多行文本框控件和 output 控件

➤ 进度条控件和度量条控件

➤ label 控件、button 控件、fieldset 控件和 legend 控件

4.1　初识表单

表单元素是与 Web 后台开发建立直接联系的元素。它可以从客户端浏览器收集信息，然后传递到服务器程序进行处理。

在 HTML 网页中，表单元素的开始标签是"<form>"，结束标签是"</form>"，其基本语法格式如下：

```
<form  name="form1" method="get/post" action="">

</form>
```

下面来讲解一下表单元素的常用属性的意义。

name 属性：是用来设置表单名。

method 属性：用来设置客户端与服务器端交换信息所使用的方式，共有两种值，post 和 get。post 传送方式的特点是传送的数据量大，但速度相对慢一点。get 传送方式的特点是传送量小、速度快、不易出错。

action 属性：用来设置提交上传的服务器的某个处理文件的地址，可以是相对地址，也可以是绝对地址。

4.2　表单中的常用控件元素

要接收用户的输入信息，可以在表单元素的开始标记和结束标记之间添加控件元素。下面讲解一下表单中的常用控件元素。

4.2.1　文本框控件

在表单中，常用的文本框控件共有两种，分别是单行文本框和密码文本框。

单行文本框允许用户输入一些简短的单行信息，size 与 maxlength 属性用来定义此种输入区域显示的尺寸大小与输入的最大字符数。value 属性是单行文本框中的默认内容，单行文本框的 type 属性为 text。单行文本框代码如下：

```
<input  type="text"  size="50"  maxlength="30" >
<input  type="text"  name="yourname" >
```

密码文本框主要用于一些保密信息的输入，比如密码。因为用户输入的时候显示的不

是输入的内容，而是黑点符号 "*"。 密码文本框的 type 属性为 password。密码文本框
代码如下：

```
<input type="password" name="pwd">
```

4.2.2　按钮控件

表单中输入的信息要通过按钮的动作才能上传到服务器。这里共有三种类型，
submit、reset 和 button。

submit 是提交按钮，是把用户输入的信息提交给服务器进行处理，不需要程序员写
代码。

reset 是重置按钮，是把表单中用户输入的信息进行清空，也不需要程序员写代码。

button 是按钮的基本类型，需要程序员写代码实现具体的功能。

按钮控件代码如下：

```
<input type="submit" name="submit" value=" 确定 ">
<input type="reset" name="submit2" value=" 取消 ">
<input type="button" name="submit3" value=" 按钮 ">
```

4.2.3　实例：用户登录界面

双击桌面上的 Sublime Text 快捷图标，打开软件，然后单击菜单栏中的 "File/New
File" 命令（快捷键：Ctrl+N），新建一个文件，然后输入如下代码：

```
<!DOSTYPE html>
<html>
    <head>
            <meta charset="utf-8">
            <title>用户登录界面 </title>
    </head>
    <body>
            <h2 align="center">用户登录界面 </h2>
            <hr><br><br>
            <form>
                    <p align="center"> 用 户 名:   <input type="text"
name="myname"></p>
                    <p align="center"> 密    码:   <input
type="password" name="pwd" maxlength="12"></p>
                    <p align="center"><input type="submit" name="b1">  
  <input type="reset" name="b2"></p>
            </form>
    </body>
</html>
```

按下键盘上的 "Ctrl+S" 组合键，把文件保存在 "E:\Sublime"，文件名为 "web4-1.
html"。

打开 360 安全浏览器，然后在浏览器的地址栏中输入 "file:/// E:\Sublime \web4-1.
html"，然后按回车键，效果如图 4.1 所示。

图 4.1　用户登录界面

在文本框中输入用户名和密码，注意密码是用 * 号显示的，密码最长不能超过 12 位。

输入用户名和密码后，单击"重置"按钮，可以清空两个文本框。

在这里用户名输入的是"李平"，密码输入的是"123456"，单击"提交"按钮，这时页面没有变化，但浏览器的地址栏中的网址会出现变化，如图 4.2 所示。

图 4.2　浏览器的地址栏中的网址出现变化

在这里可以看到，单击"提交"按钮后，上传的信息如下：

```
myname= 李平
pwd=123456
b1= 提交
```

这样服务器就可以接收这些信息，然后进行处理，处理后再返回到 Web 前端页面。

需要注意的是，上传信息到服务器的默认方式为"get"，这样上传信息，由于在地址栏中可以看到信息，所以不安全。下面修改表单元素的 method 属性为"post"，具体代码如下：

```
<form method="post">
```

这样，再单击"提交"按钮，在网页的地址栏中就不会再显示上传的信息了。

4.2.4　单选框控件

单选框是提供给用户一些可选的内容，只能选择一项。例如：

```
<input type="radio" name="radiobutton" value="男">
<input type="radio" name="radiobutton" value="女">
```

单选框控件的标识与类型是'<input type="radio">'。 name 属性是在提交表单时上传的参数，要注意同一个组的所有单选框的 name 属性值要一样。value 属性是上传的参数内容。

4.2.5　复选框控件

复选框是提供给用户一些可选的内容，你可以选择零项或多项。复选框控件代码如下：

```
<input type ="checkbox" name ="checkbox" value="足球" checked>
<input type="checkbox" name="checkbox2" value="篮球">
<input type="checkbox" name="checkbox3" value="计算机">
<input type="checkbox" name="checkbox4" value="看书">
```

复选框控件的标识与类型是'<input type="checkbox">'，在这里还要注意 name 属性，这是在提交表单时上传的参数。value 属性是上传的参数内容，如果添加了"checked"表示选择了该项。

4.2.6　实例：个人信息统计

双击桌面上的 Sublime Text 快捷图标，打开软件，然后单击菜单栏中的"File/New File"命令（快捷键：Ctrl+N），新建一个文件，然后输入如下代码：

```
<!DOSTYPE html>
<html>
    <head>
            <meta charset="utf-8">
            <title> 个人信息统计 </title>
    </head>
    <body>
            <h2 align="center"> 个人信息统计 </h2>
            <hr>
            <table align="center" cellspacing="20">
                    <form >
                    <tr>
                            <td> 用 户 名：</td><td align="center"><input
type="text" name="myname" size="10"></td>
                            </tr>
                    <tr>
                            <td> 性     别：</td><td
align="center"><input type="radio" name="mysex" value="男"> 男
                            <input type="radio" name="mysex" value="女"> 女</td>
                            </tr>
                    <tr>
                            <td> 爱     好：</td>
                            <td>
                                    <input type="checkbox" name="cb1" value=" 足
球 " checked> 足球
                                    <input type="checkbox" name="cb2" value=" 篮
球 "> 篮球
                                    <br>
                                    <input type="checkbox" name="cb3" value=" 计
算机 "> 计算机
```

```
                                        <input type="checkbox" name="cb4" value=" 看
书 ">看书
                        </td>
                    </tr>
                    <tr>
                        <td colspan="2" align="center"><input type="submit"
name="b1">    <input type="reset" name="b2"></td>
                    </tr>
                </form>
            </table>
    </body>
</html>
```

这里是利用表格进行页面布局的，这是一个 4 行 2 列的表格。

按下键盘上的"Ctrl+S"组合键，把文件保存在"E:\Sublime"，文件名为"web4-2. html"。

打开 360 安全浏览器，然后在浏览器的地址栏中输入"file:/// E:\Sublime \web4-2. html"，然后按回车键，效果如图 4.3 所示。

图 4.3　个人信息统计

4.2.7　下拉列表框控件

下拉列表框控件是用来创建一个下拉菜单列表选项，其开始标签是"<select>"，结束标签是"</select>"。下拉列表框控件需与"<option>"标记联合使用，因为下拉菜单中的每个选项要用"<option>"标记来定义。下拉列表框代码如下：

```
<select name="select">
    <option value=" 北京 " selected> 北京 </option>
    <option value=" 上海 "> 上海 </option>
    <option value=" 济南 "> 济南 </option>
</select>
```

下面来看一下下拉列表框控件的常用属性及意义：

name 属性：设定下拉式菜单的名称。

size 属性: 设定菜单框的高度，也就是一次显示几个菜单项，一般取默认值(size="1").

multiple 属性：设定为可以进行多选。

下面再来看一下 option 元素的常用属性及意义：

selected 属性：表示当前项被默认选中；

value 属性：表示该项对应的值在该项被中之后，该项的值就会被送到服务器进行处理。

4.2.8　datalist 控件

datalist 控件要与单行文本框一起使用。datalist 控件为文本框控件提供"自动完成"的特性。用户能看到一个下拉列表，里面的选项是预先定义好的，将作为用户的输入数据。datalist 控件代码如下：

```
<input  type="text" list="myl" name="myt">
        <datalist id="myl">
        <option value="C">
        <option value="C++">
        <option value="Java">
        <option value="HTML">
        </datalist>
```

4.2.9　实例：下拉列表框和 datalist 控件的应用

双击桌面上的 Sublime Text 快捷图标，打开软件，然后单击菜单栏中的"File/New File"命令（快捷键：Ctrl+N），新建一个文件，然后输入如下代码：

```
<!DOSTYPE html>
<html>
    <head>
        <meta charset="utf-8">
        <title>下拉列表框控件和 datalist 控件 </title>
    </head>
    <body>
        <h1 align="center">下拉列表框控件和 datalist 控件 </h1>
        <hr>
        <form>
            <p align="center">请选择你所在的省份：
                <select name="select">
                    <option value="北京 " selected>北京 </option>
                    <option value="上海 ">上海 </option>
                    <option value="济南 ">济南 </option>
                    <option value="山东 ">山东 </option>
                </select>
            </p>
            <p align="center">请输入或选择你喜欢的编程语言：<input  type=
"text" list="myl" name="myt">
                    <datalist id="myl">
                        <option value="C">
                        <option value="C++">
                        <option value="Java">
                        <option value="HTML">
                        <option value="CSS">
                        <option value="JavaScript">
                    </datalist>
            </p>
```

```
                    <p align="center">
                        <input type="submit" name="b1">    <
input type="reset" name="b2">
                    </p>
            </form>
    </body>
</html>
```

按下键盘上的"Ctrl+S"组合键，把文件保存在"E:\Sublime"，文件名为"web4-3.
html"。

打开 360 安全浏览器，然后在浏览器的地址栏中输入"file:/// E:\Sublime \web4-3.
html"，然后按回车键，效果如图 4.4 所示。

下拉列表框只能通过单击其下拉按钮，选择其下拉选项，如图 4.5 所示。

图 4.4　下拉列表框和 datalist 控件

图 4.5　下拉列表框的应用

单击文本框按钮，这时会发现文本框中多了一个下拉按钮，单击下拉按钮，就会弹出
下拉选项，如图 4.6 所示。

在这里可以利用下拉选项进行选择，也可以直接在文本框中输入。在文本框中输入时，
会显示相应的提示信息，例如输入"J"时，会弹出如图 4.7 所示的提示信息。

图 4.6　datalist 控件的应用

图 4.7　提示信息

4.3　电子邮箱控件和图像提交按钮

电子邮箱控件要求用户输入时，一定要有"@"符号，否则就会显示提示信息。电子

邮箱控件代码如下：

```
<input type="email" name="mye" required>
```

电子邮箱控件的标识与类型是'<input type="email">'。required 属性表示不能为空。

图像提交按钮"input type=image"相当于 input type=submit。图像提交按钮代码如下：

```
<input type="image" src="b1.png" name="b1">
```

其中 src 属性表示图像的路径。

双击桌面上的 Sublime Text 快捷图标，打开软件，然后单击菜单栏中的"File/New File"命令（快捷键：Ctrl+N），新建一个文件，然后输入如下代码：

```
<!DOSTYPE html>
<html>
    <head>
            <meta charset="utf-8">
            <title>电子邮箱控件和图像提交按钮</title>
    </head>
    <body>
            <h3 align="center">电子邮箱控件和图像提交按钮</h3>
            <hr>
            <form>
                    <p align="center">电子邮件：<input type="email" name="mye"></p>
                    <p align="center"><input type="image" src="b1.png"
name="b1"></p>
            </form>
    </body>
</html>
```

需要注意的是，这里用到了 b1.png 图像，该图像要与当前文件保存在同一个文件夹中。在这里都保存在"E:\Sublime"中。

按下键盘上的"Ctrl+S"组合键，把文件保存在"E:\Sublime"，文件名为"web4-4.html"。

打开 360 安全浏览器，然后在浏览器的地址栏中输入"file:/// E:\Sublime \web4-4.html"，然后按回车键，效果如图 4.8 所示。

在电子邮件文本框中，如果输入的邮件地址没有"@"，单击"提交"按钮，就会显示错误提示信息，如图 4.9 所示。

图 4.8　电子邮箱控件和图像提交按钮　　　　图 4.9　错误提示信息

如果输入的电子邮件格式正确，单击"提交"按钮，就可以把电子邮件信息传给服务器。

4.4 网址控件

网址控件要求用户输入正确的网站网址信息，如果输入的格式不对，就会显示相应的提示信息。网址控件代码如下：

```
<input type="url" name="myu" required>
```

网址控件的标识与类型是'<input type="url">'。required 属性表示不能为空。

双击桌面上的 Sublime Text 快捷图标，打开软件，然后单击菜单栏中的"File/New File"命令（快捷键：Ctrl+N），新建一个文件，然后输入如下代码：

```
<!DOSTYPE html>
<html>
    <head>
            <meta charset="utf-8">
            <title>网站的网址</title>
    </head>
    <body>
            <h3 align="center">网站的网址</h3>
            <hr>
            <form>
                    <p align="center">网站的网址：<input type="url" name="myu"
required></p>
                    <p align="center"><input type="image" src="b1.png"
name="b1"></p>
            </form>
    </body>
</html>
```

按下键盘上的"Ctrl+S"组合键，把文件保存在"E:\Sublime"，文件名为"web4-5.html"。

打开 360 安全浏览器，然后在浏览器的地址栏中输入"file:/// E:\Sublime \web4-5.html"，然后按回车键，效果如图 4.10 所示。

如果在文本框中什么也不输入，就单击"提交"按钮，弹出的提示信息是"请填写此字段"，如图 4.11 所示。

图 4.10　网址控件

图 4.11　请填写此字段提示信息

如果填写的网站格式不正确，单击"提交"按钮，弹出的提示信息是"请输入网址"，如图 4.12 所示。

图 4.12　请输入网址提示信息

如果输入的网址格式正确，单击"提交"按钮，就可以把网址信息传给服务器。

4.5　number 控件和 range 控件

number 控件可以设置输入数字的最小值、最大值和步长。number 控件代码如下：

```
<input type="number" name="myn" min="1" max="100" step="5" value="16" >
```

number 控件的标识与类型是'<input type="number">'。其中 min 属性用来设置最小值，max 属性用来设置最大值，step 属性用来设置步长（每次增加多少），value 属性用来设置默认值。

range 控件是利用滑块的滑动设置输入数字的最小值、最大值和步长。range 控件代码如下：

```
<input type="range" name="myr" min="1" max="100" step="5" value="10" >
```

range 控件的标识与类型是'<input type="range">'。

双击桌面上的 Sublime Text 快捷图标，打开软件，然后单击菜单栏中的"File/New File"命令（快捷键：Ctrl+N），新建一个文件，然后输入如下代码：

```
<!DOSTYPE html>
<html>
    <head>
            <meta charset="utf-8">
            <title>number 控件和 range 控件 </title>
    </head>
    <body>
            <h3 align="center">number 控件和 range 控件 </h3>
            <hr>
            <form>
                    <p align="center"> 请设置购买音响的数量: <input type="number"
name="myn" min="1" max="100" step="5" value="16" ></p>
                    <p align="center"> 请设置音响声音的大小: <input type="range"
name="myr" min="1" max="100" step="5" value="10" ></p>
                    <p align="center"><input type="image" src="b1.png"
name="b1"></p>
            </form>
    </body>
```

```
</html>
```

按下键盘上的"Ctrl+S"组合键，把文件保存在"E:\Sublime"，文件名为"web4-6. html"。

打开 360 安全浏览器，然后在浏览器的地址栏中输入"file:/// E:\Sublime \web4-6. html"，然后按回车键，效果如图 4.13 所示。

需要注意的是，购买音响的数量最小值是 1，最大值为 100，步长为 5。如果输入大于 100 的数，就会显示如图 4.14 所示的提示信息。

图 4.13　number 控件和 range 控件　　　　图 4.14　必须小于或等于 100 提示信息

由于步长为 5，所以如果输入的数不满足 1+5 的倍数，也会显示提示信息，如图 4.15 所示。

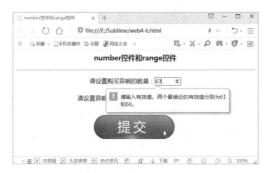

图 4.15　输入的数不满足 1+5 的倍数提示信息

利用鼠标拖动滑块，可以设置音响声音的大小，注意这里是利用滑块来设置数字。

4.6　日期时间类控件

在 HTML 网页中，有很多地方需要输入时期和时间，下面就来讲解一下时间控件。

4.6.1　日期控件和时间控件

利用日期控件可以输入或选择日期，日期控件代码如下：

```
<input type="date" name="mydate" >
```

日期控件的标识与类型是'<input type="date">'。

利用时间控件可以输入或选择时间，时间控件代码如下：

```
<input type="time" name="mytime" >
```

日期控件的标识与类型是'<input type="time">'。

4.6.2　月份控件和星期控件

利用月份控件可以输入或选择年份和月份，月份控件的代码如下：

```
<input type="month" name="mym" >
```

月份控件的标识与类型是'<input type="month">'。

利用星期控件可以输入年份和第几周，也可以通过选择具体的日期来显示年份和第几周，星期控件代码如下：

```
<input type="week" name="myw" >
```

月份控件的标识与类型是'<input type="week">'。

4.6.3　日期 + 时间控件和本地日期时间控件

日期 + 时间控件可以输入日期和时间，日期 + 时间控件代码如下：

```
<input type="datetime" name="mydt" >
```

日期 + 时间控件的标识与类型是'<input type="datetime">'。

本地日期时间控件可以选择或输入日期和时间，本地日期时间控件代码如下：

```
<input type="datetime-local" name="mydtl" >
```

本地日期时间控件的标识与类型是'<input type="datetime-local">'。

4.6.4　实例：日期时间类控件的应用

双击桌面上的 Sublime Text 快捷图标，打开软件，然后单击菜单栏中的"File/New File"命令（快捷键：Ctrl+N），新建一个文件，然后输入如下代码：

```
<!DOSTYPE html>
<html>
    <head>
            <meta charset="utf-8">
            <title> 时间类控件 </title>
    </head>
    <body>
            <h3 align="center"> 时间类控件 </h3>
            <hr>
```

```
        <form>
            <p align="center">日期：<input type="date" name="mydate" ></p>
            <p align="center">时间：<input type="time" name="mytime" ></p>
            <p align="center">年份和月份：<input type="month" name="mym" ></p>
            <p align="center">年份和第几周：<input type="week" name="myw" ></p>
            <p align="center">日期和时间：<input type="datetime" name=
"mydt" ></p>
            <p align="center">本地的日期和时间：<input type="datetime-
local" name="mydtl" ></p>
            <p align="center"><input type="image" src="b1.png"
name="b1"></p>
        </form>
    </body>
</html>
```

按下键盘上的"Ctrl+S"组合键，把文件保存在"E:\Sublime"，文件名为"web4-7.html"。

打开 360 安全浏览器，然后在浏览器的地址栏中输入"file:/// E:\Sublime \web4-7.html"，然后按回车键，效果如图 4.16 所示。

单击"日期"对应的文本框，这时就会看到增加一个下拉按钮，单击该下拉按钮，就可以选择日期了，如图 4.17 所示。

图 4.16　日期时间类控件的应用　　　　图 4.17　选择日期

选择日期后，还可以进一步修改年、月、日。如果想修改月份，先用鼠标单击一下"06"，然后再单击中的向上按钮，就可以增加一个月，即变成 07；单击向下按钮就可以减少一个月，即变成 05。如果单击错号，就可以删除当前选择的年、月、日。

选择时间后面的文本框，可以直接输入时间，即几点几分，同时文本框右侧增加三个按钮，即。这些按钮功能与日期相同，不再重复，如图 4.18 所示。

同理，可以选择年份和月份，如图 4.19 所示。

下面来选择年份和第几周。选择对应的文本框后，就会在文本框右侧看到下拉按钮，单击下拉按钮，就可以选择具体的日期信息，这时就会看到该日期是该年的第几周。在这里选择"2019-5-16"，如图 4.20 所示。

日期和时间还可以同时设置，格式是"年 – 月 – 日 时：分：秒"，如图 4.21 所示。

图 4.18　设置时间

图 4.19　选择年份和月份

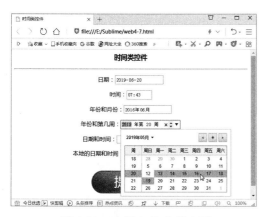

图 4.20　选择年份和第几周

图 4.21　同时输入日期和时间

还可以同时选择日期和时间，如图 4.22 所示。

图 4.22　同时选择日期和时间

单击"提交"按钮，就可以把日期和时间信息传到服务器。

4.7　搜索控件、颜色控件和选择文件控件

搜索控件就是建立一个搜索文本框，这样用户就可以在文本框中输入要搜索的关键字了。搜索控件的代码如下：

```
<input type="search" name="mys" placeholder=" 关键字 " >
```

搜索控件的标识与类型是'<input type="search '>'。Placeholder 属性是指搜索控件没有获得焦点之前显示的内容。

颜色控件可以建立一个颜色选择框。颜色控件的代码如下：

```
<input type="color" name="myc"  >
```

搜索控件的标识与类型是'<input type="color">'。

选择文件控件可以创建一个打开文件对话框。选择文件控件的代码如下：

```
<input type="file" name="myf" multiple >
```

选择文件控件的标识与类型是'<input type="file">'。Multiple 属性表示可以同时选择多个文件。

双击桌面上的 Sublime Text 快捷图标，打开软件，然后单击菜单栏中的"File/New File"命令（快捷键：Ctrl+N），新建一个文件，然后输入如下代码：

```
<!DOSTYPE html>
<html>
    <head>
            <meta charset="utf-8">
            <title>搜索控件、颜色控件和选择文件控件 </title>
    </head>
    <body>
            <h3 align="center">搜索控件、颜色控件和选择文件控件 </h3>
            <hr>
            <form>
                    <p align="center"> 请 输 入 搜 索 关 键 字：<input type="search"
name="mys" placeholder="关键字 " ></p>
                    <p align="center"> 请选择颜色：<input type="color" name="myc"
></p>
                    <p align="center"> 请 选 择 上 传 的 文 件：<input type="file"
name="myf" multiple ></p>
                    <p align="center"><input type="image" src="b1.png"
name="b1"></p>
            </form>
    </body>
</html>
```

按下键盘上的"Ctrl+S"组合键，把文件保存在"E:\Sublime"，文件名为"web4-8.html"。

打开 360 安全浏览器，然后在浏览器的地址栏中输入"file:/// E:\Sublime \web4-8.

html", 然后按回车键, 效果如图 4.23 所示。

在搜索关键字文本框中可以输入要搜索的关键字, 注意当输入时, 文本框中原来的提示信息就会消失。

单击选择颜色后面的 , 就会弹出"颜色"对话框, 这样就可以选择自己喜欢的颜色, 如图 4.24 所示。

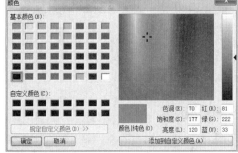

图 4.23　搜索控件、颜色控件和选择文件控件　　　图 4.24　颜色对话框

选择颜色后, 单击"确定"按钮即可。

单击"选择文件"按钮, 就会弹出"打开"对话框, 在这里选择 4 个文件, 如图 4.25 所示。

选择文件后, 单击"打开"按钮, 这时效果如图 4.26 所示。

图 4.25　打开对话框　　　　　图 4.26　选择文件后的效果

单击"提交"按钮, 就可以把搜索、颜色、文件信息传送到服务器。

4.8　多行文本框控件

多行文本框控件用来建立多行文本输入框, 其开始标签是"<textarea>", 结束标签是"</textarea>"。多行文本框控件的代码如下:

```
<textarea name="myta"  rows="10" cols="30" placeholder="请留下宝贵的意见！"></
textarea>
```

rows 属性用来设置多行文本框的行数；cols 属性用来设置多行文本框的列数。

双击桌面上的 Sublime Text 快捷图标，打开软件，然后单击菜单栏中的"File/New File"命令（快捷键：Ctrl+N），新建一个文件，然后输入如下代码：

```
<!DOSTYPE html>
<html>
    <head>
            <meta charset="utf-8">
            <title>多行文本框控件</title>
    </head>
    <body>
            <h3 align="center">留言板</h3>
            <hr>
            <form>
                    <p align="center">用户名:<input type="text" name="myname"
size="30"></p>
                    <p align="middle" >留      言:<textarea
name="myta"  rows="10" cols="30" placeholder="请留下宝贵的意见！"></textarea></p>
                    <p align="center"><input type="submit" name="b1">  
  <input type="reset" name="b2"></p>
            </form>
    </body>
</html>
```

按下键盘上的"Ctrl+S"组合键，把文件保存在"E:\Sublime"，文件名为"web4-9.html"。

打开 360 安全浏览器，然后在浏览器的地址栏中输入"file:/// E:\Sublime \web4-9.html"，然后按回车键，效果如图 4.27 所示。

图 4.27　多行文本框控件

输入用户名和留言信息，然后单击"提交"按钮，就可以把信息传送到服务器中。

4.9　output 控件

output 控件用来设置不同数据的输出，其输出内容是由 JavaScript 代码来实现的。output 控件的开始标签是 "<output>"，结束标签是 "</output>"。output 控件的代码如下：

```
<output name="myo" for="mynum1 mynum2"></output>
```

其中 for 属性用来设置与其关联的控件 id 属性值。

双击桌面上的 Sublime Text 快捷图标，打开软件，然后单击菜单栏中的 "File/New File" 命令（快捷键：Ctrl+N），新建一个文件，然后输入如下代码：

```
<!DOSTYPE html>
<html>
    <head>
            <meta charset="utf-8">
            <title>output 控件 </title>
    </head>
    <body>
            <h3 align="center"> 显示两个数相乘的结果 </h3>
            <hr>
            <form oninput="myo.value=parseInt(mynum1.value)*parseInt(mynum2.value)">
                    <p align="center">
                            <input type="number" name="myn1" id="mynum1">×
                            <input type="number" name="myn2" id="mynum2">=
                            <output name="myo" for="mynum1 mynum2"></output>
                    </p>
            </form>
    </body>
</html>
```

需要注意的是，output 控件在这里与两个 number 控件相关联，即从两个 number 控件获取相乘的数值。

然后利用表单的 oninput 事件，实现输入两个数的相乘运算，代码如下：

```
<form oninput="myo.value=parseInt(mynum1.value)*parseInt(mynum2.value)">
```

其中 myo.value 表示的是计算出的值，即 output 的显示值；mynum1.value 是一个 number 控件的输入值。parseInt() 函数是把输入的内容转化为整型。

按下键盘上的 "Ctrl+S" 组合键，把文件保存在 "E:\Sublime"，文件名为 "web4-10.html"。

打开 360 安全浏览器，然后在浏览器的地址栏中输入 "file:/// E:\Sublime \web4-10.html"，然后按回车键，效果如图 4.28 所示。

然后在两个文本框中输入数字，就可以看到两个数字的相乘运算结果，在这里输入 "15" 和 "9"，如图 4.29 所示。

图 4.28   output 控件   图 4.29   两个数相乘的结果

4.10   进度条控件和度量条控件

进度条控件用来创建一个进度条，其开始标签是"<progress>"，结束标签是"</progress>"。进度条控件的代码如下：

```
<progress name="myp" value="50" max="100"></progress>
```

其中 max 属性是用来设置进度条的最大值；value 用来设置进度条的当前显示值。

度量条控件用来创建一个度量条，其开始标签是"<meter>"，结束标签是"</meter>"。度量条控件的代码如下：

```
<meter name="mym" max="45" min="5" value="16" low="10" high="37" optimum="25"></meter>
```

其中 low 是低的标准；high 是高的标准；optimum 是合适的值。上述代码是根据温度创建一个度量条，最低温度为 5℃、最高温度为 45℃。可以设置低于 10℃为低温；高于 37℃为高温，温度在 10~37℃为正常，最合适的温度为 25℃，当前温度是 16℃。

双击桌面上的 Sublime Text 快捷图标，打开软件，然后单击菜单栏中的"File/New File"命令（快捷键：Ctrl+N），新建一个文件，然后输入如下代码：

```
<!DOSTYPE html>
<html>
    <head>
        <meta charset="utf-8">
        <title>进度条控件和度量条控件</title>
    </head>
    <body>
        <h3 align="center">进度条控件和度量条控件</h3>
        <hr>
        <form>
            <p align="center">进 度 条:<progress name="myp" value="50" max="100"></progress></p>
            <p align="center">温度度量条:<meter name="mym" max="45" min="5" value="16" low="10" high="37" optimum="25"></meter></p>
        </form>
    </body>
</html>
```

按下键盘上的"Ctrl+S"组合键，把文件保存在"E:\Sublime"，文件名为"web4-11.html"。

打开 360 安全浏览器，然后在浏览器的地址栏中输入"file：/// E:\Sublime \web4-11.html"，然后按回车键，效果如图 4.30 所示。

图 4.30　进度条控件和度量条控件

4.11　label 控件和 button 控件

label 控件可以为其他控件定义标记，即创建一个与其他控件相关联的标签。label 控件的开始标签是"<label>"，结束标签是"</label>"。label 控件的代码如下：

```
<label> 请选择开始语言：</label>
```

button 控件可以让用户自定义按钮样式，开始标签是"<button>"，结束标签是"</button>"。button 控件的代码如下：

```
<button name="myb1" type="submit" style="background: yellow"> 上传信息 </button>
```

其中 type 属性值有三个，分别是 submit、reset 和 button，功能与前面讲过的按钮相同，这里不再多说。

双击桌面上的 Sublime Text 快捷图标，打开软件，然后单击菜单栏中的"File/New File"命令（快捷键：Ctrl+N），新建一个文件，然后输入如下代码：

```
<!DOSTYPE html>
<html>
    <head>
            <meta charset="utf-8">
            <title>label 控件和 button 控件 </title>
    </head>
    <body>
            <h3 align="center">label 控件和 button 控件 </h3>
            <hr>
            <form>
                    <p align="center"><label> 请选择开始语言：</label>
                    <select name="mys1">
                            <optgroup label="WEB 前端开发语言 ">
```

```
                                <option value="HTML">HTML</option>
                                <option value="CSS">CSS</option>
                                <option value="JavaScript">JavaScript</option>
                        </optgroup>
                        <optgroup label="WEB 后端开始语言 ">
                                <option    value="ASP">ASP</option>
                                <option    value="PHP">PHP</option>
                                <option    value="JSP">JSP</option>
                        </optgroup>
                </select>
            </p>
                <p  align="center"><button  name="myb1"  type="submit"
style="background: yellow"> 上传信息 </button>
                        <button name="myb2" type="reset" style="background: pink">
重新选择 </button>
                </p>
            </form>
        </body>
</html>
```

表单中有一个下拉列表框，可以选择 Web 开始语言，这里利用 optgroup 元素进一步分组，每组有一个 label 属性值，即分组名。

按下键盘上的"Ctrl+S"组合键，把文件保存在"E:\Sublime"，文件名为"web4-12.html"。

打开 360 安全浏览器，然后在浏览器的地址栏中输入"file:/// E:\Sublime \web4-12.html"，然后按回车键，效果如图 4.31 所示。

在这里可以看到按钮变漂亮了，并且可以编辑按钮文字。单击下拉列表框的下拉按钮，就可以看到分组的下拉选项，如图 4.32 所示。

图 4.31　label 控件和 button 控件　　　　图 4.32　分组的下拉选项

4.12　fieldset 控件和 legend 控件

利用 fieldset 控件可以对表单内的控件进行分组，并且自动添加一个边框，其开始标签是"<fieldset>"，结束标签是"</fieldset>"。fieldset 控件的代码如下：

```
<fieldset> </fieldset>
```

legend 控件是为 fieldset 控件添加标题，其开始标签是"<legend>"，结束标签是
"</ legend >"。legend 控件的代码如下：

```
<legend> 用户登录界面 </legend>
```

双击桌面上的 Sublime Text 快捷图标，打开软件，然后单击菜单栏中的"File/New
File"命令（快捷键：Ctrl+N），新建一个文件，然后输入如下代码：

```
<!DOSTYPE html>
<html>
    <head>
            <meta charset="utf-8">
            <title>fieldset 控件和 legend 控件 </title>
    </head>
    <body>
            <h3 align="center">fieldset 控件和 legend 控件 </h3>
            <hr>
            <form>
                    <fieldset>
                            <legend> 用户登录界面 </legend>
                    <p align="center">
                            用户名：<input type="text" name="myt1"><br>
                            密      码：<input type="password"
name="myt2"><br><br>
                            <button name="myb1" type="submit" style="background:
yellow"> 登录 </button>
                            <button name="myb2" type="reset" style="background:
pink"> 取消 </button>
                    </p>
                    </fieldset>
            </form>
    </body>
</html>
```

按下键盘上的"Ctrl+S"组合键，把文件保存在"E:\Sublime"，文件名为"web4-13.
html"。

打开 360 安全浏览器，然后在浏览器的地址栏中输入"file:/// E:\Sublime \web4-13.
html"，然后按回车键，效果如图 4.33 所示。

图 4.33　fieldset 控件和 legend 控件

第 5 章

HTML 网页中的 canvas 绘图

canvas 是 HTML5 技术标准中最让人兴奋的功能之一。利用 canvas 可以绘制线段、矩形、圆形，创建字符，还可以显示图像。

本章主要内容包括：

➤ 利用 canvas 绘制画布

➤ 绘制线段及线段的样式

➤ 绘制矩形、圆和圆弧

➤ 实例：绘制扇面

➤ 利用 canvas 绘制文本

➤ 线性渐变色和放射状渐变色

➤ 创建带有阴影的图形和文字

➤ 利用 canvas 操作图像

5.1 利用 canvas 绘制画布

canvas 元素的开始标签是"<canvas>"，结束标签是"</canvas>"。canvas 元素就是一个画布，可以用 JavaScript 在上面绘制各种图形和动画等。

下面利用 canvas 绘制一个背景色为淡红色的画布。

双击桌面上的 Sublime Text 快捷图标，打开软件，然后单击菜单栏中的"File/New File"命令（快捷键：Ctrl+N），新建一个文件，然后输入如下代码：

```html
<!DOSTYPE html>
<html>
    <head>
            <meta charset="utf-8">
            <title>canvas 元素 </title>
    </head>
    <body>
            <h3 align="center">canvas 元素 </h3>
            <hr>
            <canvas id="myc1" width="700" height="300" style="background:
pink"></canvas>
    </body>
</html>
```

在这里设置画布的宽度为 700 像素，即'width="700"'；高度为 300 像素，即'height="300"'；设置背景色为淡红色，即'style="background: pink"'。

按下键盘上的"Ctrl+S"组合键，把文件保存在"E:\Sublime"，文件名为"web5-1.html"。

打开 360 安全浏览器，然后在浏览器的地址栏中输入"file:/// E:\Sublime \web5-1.html"，然后按回车键，效果如图 5.1 所示。

图 5.1　利用 canvas 绘制一个背景色为淡红色的画布

需要注意的是，canvas 绘制的画布的坐标原点，即（0，0）在左上角。

5.2　利用 canvas 绘制基本图形

下面利用 canvas 来绘制基本图形，如线段、带有样式的线段、矩形、圆、圆弧等。

5.2.1　绘制线段

利用 canvas 绘制画布后，就可以通过 script 元素添加 JavaScript 代码获取画布并设置画图环境，具体代码如下：

```
<script type="text/javascript">
            var myc=document.getElementById("myc1");
                        //定义变量 myc 并获取 canvas 画布
            var ctx=myc.getContext("2d");
                        //设置绘图环境为 2d，即绘制平面图形
        </script>
```

在 JavaScript 中定义变量，要用到 var。获取 canvas 画布，要用到 document.getElementById() 函数。

再利用获取 canvas 画布的变量的 getContext() 函数设置图环境为 2d。

绘制线段，需要知道起点坐标值和终点坐标值。设置起点坐标值是 moveTo() 函数，设置终点坐标值或一个新点坐标值是 lineTo() 函数，开始绘制已定义的路径使用 stroke() 函数。

双击桌面上的 Sublime Text 快捷图标，打开软件，然后单击菜单栏中的 "File/New File" 命令（快捷键：Ctrl+N），新建一个文件，然后输入如下代码：

```
<!DOSTYPE html>
<html>
    <head>
            <meta charset="utf-8">
            <title>绘制线段</title>
    </head>
    <body>
            <h3 align="center">绘制线段</h3>
            <hr>
            <canvas id="myc1" width="700" height="300" style="background:
yellow"></canvas>
            <script type="text/javascript">
                var myc=document.getElementById("myc1");
                            //定义变量 myc 并获取 canvas 画布
                var ctx=myc.getContext("2d");
                            //设置绘图环境为 2d，即绘制平面图形
                ctx.moveTo(300,30);          //设置线段的起点坐标为 (300,30)
                ctx.lineTo(300,180);         //设置线段的终点坐标为 (300,180)
                ctx.stroke();                //开始绘制
            </script>
    </body>
```

```
</html>
```

按下键盘上的"Ctrl+S"组合键,把文件保存在"E:\Sublime",文件名为"web5-2. html"。

打开 360 安全浏览器,然后在浏览器的地址栏中输入"file:/// E:\Sublime \web5-2. html",然后按回车键,效果如图 5.2 所示。

图 5.2 绘制线段

5.2.2 线段的样式

线段的样式有两种,分别是 lineWidth 和 strokeStyle。

利用 lineWidth 可以设置线段的宽度,单位是像素。

利用 strokeStyle 可以设置线段的颜色。

双击桌面上的 Sublime Text 快捷图标,打开软件,然后单击菜单栏中的"File/New File"命令(快捷键:Ctrl+N),新建一个文件,然后输入如下代码:

```
<!DOSTYPE html>
<html>
    <head>
        <meta charset="utf-8">
        <title>线段的样式</title>
    </head>
    <body>
        <h3 align="center">线段的样式</h3>
        <hr>
        <canvas id="myc1" width="700" height="300" style="background:
yellow"></canvas>
        <script type="text/javascript">
            var myc=document.getElementById("myc1");
                        //定义变量 myc 并获取 canvas 画布
            var ctx=myc.getContext("2d");
                        //设置绘图环境为 2d,即绘制平面图形
            ctx.lineWidth = 5 ;                //设置线段的宽度
            ctx.strokeStyle = "red" ;          //设置线段的颜色
            ctx.moveTo(300,30);
            ctx.lineTo(300,180);
            ctx.lineTo(500,180);
            ctx.stroke();
```

```
        </script>
    </body>
</html>
```

按下键盘上的 "Ctrl+S" 组合键，把文件保存在 "E:\Sublime"，文件名为 "web5-3.html"。

打开 360 安全浏览器，然后在浏览器的地址栏中输入 "file:/// E:\Sublime \web5-3.html"，然后按回车键，效果如图 5.3 所示。

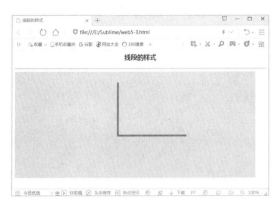

图 5.3　线段的样式

5.2.3　绘制矩形

利用 rect() 函数可以绘制矩形，其语法格式如下：

```
rect(x,y,w,h)
```

其中，x 为矩形左上角顶点的 x 坐标值；y 为矩形左上角顶点的 y 坐标值；w 为矩形的宽度；h 为矩形的高度。

利用 fillrect() 函数可以绘制填充矩形，其语法格式如下：

```
fillRect(x,y,w,h)
```

各参数与 rect() 函数相同，这里不再重复。

还要注意可以利用 fillStyle 属性设置填充颜色，具体代码如下：

```
ctx.fillStyle = "green" ;
```

双击桌面上的 Sublime Text 快捷图标，打开软件，然后单击菜单栏中的 "File/New File" 命令（快捷键：Ctrl+N），新建一个文件，然后输入如下代码：

```
<!DOSTYPE html>
<html>
    <head>
        <meta charset="utf-8">
        <title>绘制矩形 </title>
    </head>
    <body>
        <h3 align="center">绘制矩形 </h3>
        <hr>
```

```
            <canvas id="myc1" width="700" height="300" style="background:
yellow"></canvas>
            <script type="text/javascript">
                    var myc=document.getElementById("myc1");
                            //定义变量myc并获取canvas画布
                    var ctx=myc.getContext("2d");
                            //设置绘图环境为2d,即绘制平面图形
                    ctx.rect(40,30,100,60);
                    ctx.stroke();
                    ctx.beginPath();                    // 开始新的路径
                    ctx.lineWidth = 6 ;
                    ctx.strokeStyle ="red" ;
                    ctx.rect(160,30,50,120);
                    ctx.stroke();
                    ctx.beginPath();                    // 开始新的路径
                    ctx.fillRect(240,30,100,120);
                    ctx.stroke();
                    ctx.beginPath();                    // 开始新的路径
                    ctx.fillStyle = "green" ;
                    ctx.fillRect(380,30,100,120);
                    ctx.stroke();
            </script>
    </body>
</html>
```

这里需要注意,要想在同一个画布上绘制多个图形,就需要在绘制完一个图形后,利用 beginPath() 函数新建一个路径。

按下键盘上的 "Ctrl+S" 组合键,把文件保存在 "E:\Sublime",文件名为 "web5-4.html"。

打开 360 安全浏览器,然后在浏览器的地址栏中输入 "file:/// E:\Sublime \web5-4.html",然后按回车键,效果如图 5.4 所示。

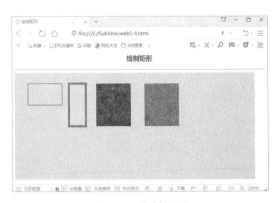

图 5.4　绘制矩形

5.2.4　绘制圆和圆弧

利用 arc() 函数可以绘制圆和圆弧,其语法格式如下:

```
arc(x,y,r,sAngle,eAngle,counterclockwise)
```

参数 x 和 y 表示圆或圆弧的圆心坐标;r 表示圆或圆弧的半径;sAngle 表示圆弧的

起始角，用弧度表示；eAngle 表示圆弧的结束角，用弧度表示；counterclockwise 设置逆时针还是顺时针绘图。False = 顺时针，true = 逆时针。

双击桌面上的 Sublime Text 快捷图标，打开软件，然后单击菜单栏中的"File/New File"命令（快捷键：Ctrl+N），新建一个文件，然后输入如下代码：

```html
<!DOSTYPE html>
<html>
    <head>
        <meta charset="utf-8">
        <title>绘制圆和圆弧</title>
    </head>
    <body>
        <h3 align="center">绘制圆和圆弧</h3>
        <hr>
        <canvas id="myc1" width="700" height="300" style="background:
yellow"></canvas>
        <script type="text/javascript">
            var myc=document.getElementById("myc1");
                            // 定义变量 myc 并获取 canvas 画布
            var ctx=myc.getContext("2d");
                            // 设置绘图环境为 2d，即绘制平面图形
            ctx.arc(100,60,50,0,Math.PI*2,true);  // 绘制圆形
            ctx.stroke();
            ctx.beginPath() ;                      // 绘制带有样式的圆形
            ctx.lineWidth = 10;
            ctx.strokeStyle = "red" ;
            ctx.arc(260,60,50,0,Math.PI*2,true);
            ctx.stroke();
            ctx.beginPath() ;                      // 绘制带有填充的圆
            ctx.fillStyle ="green" ;
            ctx.arc(390,60,50,0,Math.PI*2,true);
            ctx.fill() ;
            ctx.beginPath() ;          // 绘制既有填充也有边框样式的圆
            ctx.lineWidth = 15;
            ctx.strokeStyle = "blue" ;
            ctx.fillStyle ="red" ;
            ctx.arc(530,60,50,0,Math.PI*2,true);
            ctx.fill() ;
            ctx.stroke();
            ctx.beginPath();
            ctx.arc(100,200,50,0,Math.PI,true);    // 绘制圆弧
            ctx.stroke();
            ctx.beginPath();
            ctx.arc(260,200,50,0,Math.PI,true);    // 绘制带有填充的圆弧
            ctx.fill();
            ctx.beginPath();
            ctx.arc(390,200,50,0,Math.PI,true);
                            // 绘制带有边框和填充的圆弧
            ctx.fill();
            ctx.stroke();
            ctx.beginPath();                       // 绘制同心圆弧
            ctx.lineWidth = 5;
            ctx.strokeStyle = "red" ;
            ctx.arc(530,200,50,0,Math.PI,true);
            ctx.stroke();
            ctx.beginPath();
            ctx.arc(530,200,30,0,Math.PI,true);
            ctx.stroke();
        </script>
    </body>
</html>
```

按下键盘上的"Ctrl+S"组合键，把文件保存在"E:\Sublime"，文件名为"web5-5.html"。

打开360安全浏览器，然后在浏览器的地址栏中输入"file:/// E:\Sublime \web5-5.html"，然后按回车键，效果如图5.5所示。

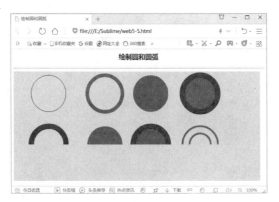

图 5.5　绘制圆和圆弧

5.2.5　实例：绘制扇面

双击桌面上的 Sublime Text 快捷图标，打开软件，然后单击菜单栏中的"File/New File"命令（快捷键：Ctrl+N），新建一个文件，然后输入如下代码：

```
<!DOSTYPE html>
<html>
    <head>
            <meta charset="utf-8">
            <title>绘制扇面 </title>
    </head>
    <body>
            <h3 align="center">绘制扇面 </h3>
            <hr>
            <canvas id="myc1" width="800" height="600" style="background:
yellow"></canvas>
            <script type="text/javascript">
                var myc=document.getElementById("myc1");
                                // 定义变量 myc 并获取 canvas 画布
                var ctx=myc.getContext("2d");
                                // 设置绘图环境为 2d, 即绘制平面图形
                ctx.lineWidth = 3 ;
                ctx.strokeStyle ="red" ;
                ctx.fillStyle = "pink" ;
                ctx.moveTo(400,400);                        // 绘制一半扇形
                ctx.arc(400,400,300,Math.PI*7/6,Math.PI*1.5,false);
                ctx.fill();
                ctx.stroke();
                ctx.beginPath();                        // 绘制另一半扇形
                ctx.moveTo(400,400);
                ctx.arc(400,400,300,Math.PI*11/6,Math.PI*1.5,true);
                ctx.fill();
                ctx.stroke();
                ctx.beginPath();                        // 重复绘制扇形
                ctx.fillStyle = "yellow" ;
```

```
                    ctx.moveTo(400,400);
                    ctx.arc(400,400,150,Math.PI*7/6,Math.PI*1.5,false);
                    ctx.fill();
                    ctx.stroke();
                    ctx.beginPath();
                    ctx.moveTo(400,400);
                    ctx.arc(400,400,150,Math.PI*11/6,Math.PI*1.5,true);
                    ctx.fill();
                    ctx.stroke();
            </script>
    </body>
</html>
```

按下键盘上的"Ctrl+S"组合键，把文件保存在"E:\Sublime"，文件名为"web5-6. html"。

打开 360 安全浏览器，然后在浏览器的地址栏中输入"file:/// E:\Sublime \web5-6. html"，然后按回车键，效果如图 5.6 所示。

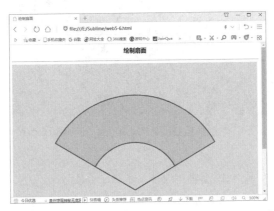

图 5.6　绘制扇面

5.3　利用 canvas 绘制文本

利用 strokeText() 函数可以绘制只有边框的文本，其语法格式如下：

```
strokeText(text,x,y,maxWidth)
```

参数 text 是在画布上输出的文本；参数 x 和 y 是画布上的坐标值；maxWidth 是可选项，用来设置最大文本宽度，单位为像素。

利用 fillText() 函数可以绘制只有填充色的文本，其语法格式如下：

```
fillText(text,x,y,maxWidth)
```

各参数与 strokeText() 函数相同，这里不再赘述。

双击桌面上的 Sublime Text 快捷图标，打开软件，然后单击菜单栏中的"File/New File"命令（快捷键：Ctrl+N），新建一个文件，然后输入如下代码：

```
<!DOSTYPE html>
<html>
    <head>
            <meta charset="utf-8">
            <title> 利用 canvas 绘制文本 </title>
    </head>
    <body>
            <h3 align="center"> 利用 canvas 绘制文本 </h3>
            <hr>
            <canvas id="myc1" width="800" height="600" style="background:
yellow"></canvas>
            <script type="text/javascript">
                    var myc=document.getElementById("myc1");
                                    // 定义变量 myc 并获取 canvas 画布
                    var ctx=myc.getContext("2d");
                                    // 设置绘图环境为 2d，即绘制平面图形
                    ctx.font="60px 黑体 ";
                    ctx.lineWidth = 2 ;
                    ctx.strokeStyle = "red" ;
                    ctx.fillStyle ="blue" ;
                    ctx.strokeText(" 利用 canvas 绘制文本 ",100,100);// 只有边框的文本
                    ctx.fillText(" 利用 canvas 绘制文本 ",100,200);
                                    // 只有填充色的文本
                    ctx.strokeText(" 利用 canvas 绘制文本 ",100,300);
                                    // 既有边框又有填充色的文本
                    ctx.fillText(" 利用 canvas 绘制文本 ",100,300);
            </script>
    </body>
</html>
```

按下键盘上的"Ctrl+S"组合键，把文件保存在"E:\Sublime"，文件名为"web5-7.
html"。

打开 360 安全浏览器，然后在浏览器的地址栏中输入"file:/// E:\Sublime \web5-7.
html"，然后按回车键，效果如图 5.7 所示。

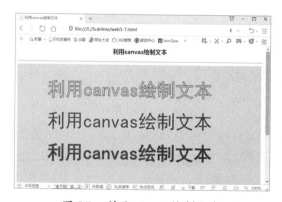

图 5.7 利用 canvas 绘制文本

5.4 填充渐变色

在 canvas 中，填充渐变色有两种样式，分别是线性渐变色和放射状渐变色。

5.4.1　线性渐变色

利用 createLinearGradient() 函数可以创建线性渐变色，其语法格式如下：

```
createLinearGradient(x0,y0,x1,y1)
```

参数 x0 和 y0 是线性渐变色起点的坐标值；参数 x1 和 y1 是线性渐变色终点的坐标值。

双击桌面上的 Sublime Text 快捷图标，打开软件，然后单击菜单栏中的"File/New File"命令（快捷键：Ctrl+N），新建一个文件，然后输入如下代码：

```html
<!DOSTYPE html>
<html>
    <head>
            <meta charset="utf-8">
            <title> 线性渐变色 </title>
    </head>
    <body>
            <h3 align="center"> 线性渐变色 </h3>
            <hr>
            <canvas id="myc1" width="800" height="600" style="background:
yellow"></canvas>
            <script type="text/javascript">
                    var myc=document.getElementById("myc1");
                                    // 定义变量 myc 并获取 canvas 画布
                    var ctx=myc.getContext("2d");
                                        // 设置绘图环境为 2d, 即绘制平面图形
                    var myg = ctx.createLinearGradient(10,10,200,10);
                                    // 水平渐变色
                    myg.addColorStop(0,"red");
                    myg.addColorStop(1,"orange");
                    ctx.fillStyle=myg ;
                    ctx.fillRect(10,10,200,200)
                    ctx.beginPath();
                    var myg1 = ctx.createLinearGradient(350,10,350,210);
                                            // 垂直渐变化
                    myg1.addColorStop(0,"red");
                    myg1.addColorStop(0.6,"pink");
                    myg1.addColorStop(1,"orange");
                    ctx.fillStyle=myg1 ;
                    ctx.fillRect(350,10,200,200)
                    ctx.beginPath();
                    var myg2 = ctx.createLinearGradient(50,250,50,350);
                                        // 圆形填充垂直渐变色
                    myg2.addColorStop(0,"green");
                    myg2.addColorStop(0.6,"white");
                    myg2.addColorStop(1,"orange");
                    ctx.fillStyle=myg2 ;
                    ctx.arc(100,300,50,0,Math.PI*2);
                    ctx.fill();
                    ctx.beginPath();
                    var myg3 = ctx.createLinearGradient(350,300,650,300);
                                        // 文本填充水平渐变色
                    myg3.addColorStop(0,"blue");
                    myg3.addColorStop(0.6,"green");
                    myg3.addColorStop(1,"red");
                    ctx.fillStyle=myg3 ;
                    ctx.font="60px 黑体 ";
                    ctx.fillText(" 渐变色文字 ",350,300)
            </script>
    </body>
</html>
```

按下键盘上的"Ctrl+S"组合键，把文件保存在"E:\Sublime"，文件名为"web5-8.html"。

打开 360 安全浏览器，然后在浏览器的地址栏中输入"file:/// E:\Sublime \web5-8.html"，然后按回车键，效果如图 5.8 所示。

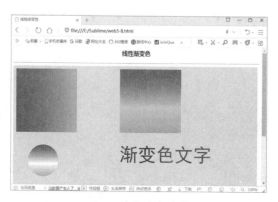

图 5.8　线性渐变色

5.4.2　放射状渐变色

利用 createRadialGradient() 函数可以创建放射状渐变色，其语法格式如下：

```
createRadialGradient(x0,y0,r0,x1,y1,r1);
```

参数 x0 和 y0 是放射状渐变色开始圆的圆心坐标值；r0 为放射状渐变色开始圆的半径；参数 x1 和 y1 是放射状渐变色结束圆的圆心坐标值；r1 为放射状渐变色结束圆的半径。

双击桌面上的 Sublime Text 快捷图标，打开软件，然后单击菜单栏中的"File/New File"命令（快捷键：Ctrl+N），新建一个文件，然后输入如下代码：

```
<!DOSTYPE html>
<html>
    <head>
        <meta charset="utf-8">
        <title>放射状渐变色</title>
    </head>
    <body>
        <h3 align="center">放射状渐变色</h3>
        <hr>
        <canvas id="myc1" width="800" height="600" style="background:
yellow"></canvas>
        <script type="text/javascript">
            var myc=document.getElementById("myc1");
                        //定义变量 myc 并获取 canvas 画布
            var ctx=myc.getContext("2d");
                        //设置绘图环境为 2d，即绘制平面图形
            var myg = ctx.createRadialGradient(130,200,10,130,200,90);
            myg.addColorStop(0,"white");
            myg.addColorStop(0.5,"red");
            myg.addColorStop(1,"orange");
            ctx.fillStyle=myg ;
            ctx.arc(130,200,100,0,Math.PI*2);
```

```
                    ctx.fill();
                    ctx.beginPath();
                    var myg1 = ctx.createRadialGradient(550,250,50,550,250,200);
                    myg1.addColorStop(0,"blue");
                    myg1.addColorStop(0.6,"green");
                    myg1.addColorStop(1,"red");
                    ctx.fillStyle=myg1 ;
                    ctx.font="50px 黑体 ";
                    ctx.fillText(" 放射状渐变文字 ",350,200)
          </script>
    </body>
</html>
```

按下键盘上的 "Ctrl+S" 组合键，把文件保存在 "E:\Sublime"，文件名为 "web5-9. html"。

打开 360 安全浏览器，然后在浏览器的地址栏中输入 "file:/// E:\Sublime \web5-9. html"，然后按回车键，效果如图 5.9 所示。

图 5.9　放射状渐变色

5.5　创建带有阴影的图形和文字

要想让图形或文字带有阴影，要利用 shadowColor 属性设置阴影颜色，利用 shadowBlue 属性设置阴影的模糊范围，具体代码如下：

```
ctx.shadowBlur=20
ctx.shadowColor="black"
```

双击桌面上的 Sublime Text 快捷图标，打开软件，然后单击菜单栏中的 "File/New File" 命令（快捷键：Ctrl+N），新建一个文件，然后输入如下代码：

```
<!DOSTYPE html>
<html>
    <head>
          <meta charset="utf-8">
          <title> 创建带有阴影的图形和文字 </title>
    </head>
    <body>
```

```
        <h3 align="center"> 创建带有阴影的图形和文字 </h3>
        <hr>
        <canvas id="myc1" width="800" height="600" style="background:
yellow"></canvas>
        <script type="text/javascript">
                var myc=document.getElementById("myc1");
                                // 定义变量 myc 并获取 canvas 画布
                var ctx=myc.getContext("2d");
                                // 设置绘图环境为 2d，即绘制平面图形
                var myg = ctx.createRadialGradient(130,200,10,130,200,90);
                myg.addColorStop(0,"white");
                myg.addColorStop(0.5,"red");
                myg.addColorStop(1,"orange");
                ctx.fillStyle=myg ;
                ctx.shadowColor ="black" ;      // 阴影颜色为黑色
                ctx.shadowBlur = 20;            // 阴影颜色的模糊范围为 20
                ctx.arc(130,200,100,0,Math.PI*2);
                ctx.fill();
                ctx.beginPath();
                var myg1 = ctx.createRadialGradient(550,250,50,550,250,200);
                myg1.addColorStop(0,"blue");
                myg1.addColorStop(0.6,"green");
                myg1.addColorStop(1,"red");
                ctx.fillStyle=myg1 ;
                ctx.shadowColor ="red" ;        // 阴影颜色为红色
                ctx.shadowBlur = 30;            // 阴影颜色的模糊范围为 30
                ctx.font="50px 黑体 ";
                ctx.fillText(" 放射状渐变文字 ",350,200)
        </script>
    </body>
</html>
```

按下键盘上的 "Ctrl+S" 组合键，把文件保存在 "E:\Sublime"，文件名为 "web5-10. html"。

打开 360 安全浏览器，然后在浏览器的地址栏中输入 "file:/// E:\Sublime \web5-10. html"，然后按回车键，效果如图 5.10 所示。

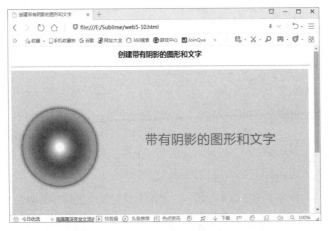

图 5.10　创建带有阴影的图形和文字

提醒：还可以利用 shadowOffsetX 属性设置阴影与图形的水平距离；利用 shadowOffsetY 属性设置阴影与图形的重直距离。

5.6 利用 canvas 操作图像

下面来讲解如何利用 canvas 绘制图像以及利用图像填充图形。

5.6.1 绘制图像

利用 drawImage() 函数可以绘制图像，其语法格式如下：

```
context.drawImage(img,x,y)
```

参数 img 是要绘制的图像；参数 x 和 y 表示图像在画布上的坐标值。

注意，还可以设置图像的宽度和高度，这时语法格式如下：

```
drawImage(img,x,y,width,height)
```

另外，还可以剪切图像，即只在画布中显示图像的一部分，这时语法格式如下：

```
drawImage(img,sx,sy,swidth,sheight,x,y,width,height)
```

参数 sx 和 sy 表示要剪切图像的坐标值，参数 swidth 和 sheight 表示要剪切图像的宽度和高度。

> **提醒**：img、x 和 y 是必须参数，一定要设置，而其他参数为可选参数。

双击桌面上的 Sublime Text 快捷图标，打开软件，然后单击菜单栏中的"File/New File"命令（快捷键：Ctrl+N），新建一个文件，然后输入如下代码：

```
<!DOSTYPE html>
<html>
    <head>
            <meta charset="utf-8">
            <title>绘制图像</title>
            <!-- 隐藏图像 -->
            <img id="scream" src="1.gif" hidden>
    </head>
    <body>
            <h3 align="center">绘制图像</h3>
            <hr>
            <canvas id="myc1" width="800" height="600" style="background:
yellow"></canvas>
            <script type="text/javascript">
                    var myc=document.getElementById("myc1");
                            // 定义变量 myc 并获取 canvas 画布
                    var ctx=myc.getContext("2d");
                            // 设置绘图环境为 2d，即绘制平面图形
                    var img=document.getElementById("scream");
                            // 定义变量并获取要绘制的图像
                        img.onload = function()
                        {
                            ctx.drawImage(img,30,30); // 图像原大小
                            ctx.drawImage(img,200,30,60,60);   // 缩小图像
                            ctx.drawImage(img,460,30,260,260);  // 放大图像
                            ctx.drawImage(img,50,50,30,30,30,230,80,80)
                            // 剪切图像
                        }
```

```
        </script>
    </body>
</html>
```

需要注意，这里把要在 HTML 网页中显示的图像隐藏起来，具体代码如下：

```
<img id="scream" src="1.gif" hidden>
```

然后在 canvas 画布上绘制该图像，注意这里实现了图像的放大、缩小和剪切。

按下键盘上的"Ctrl+S"组合键，把文件保存在"E:\Sublime"，文件名为"web5-11.html"。

打开 360 安全浏览器，然后在浏览器的地址栏中输入"file:/// E:\Sublime \web5-11.html"，然后按回车键，效果如图 5.11 所示。

图 5.11　绘制图像

5.6.2　利用图像填充图形

利用 createPattern() 函数可以实现图像填充图形，其语法格式如下：

```
createPattern(image,"repeat|repeat-x|repeat-y|no-repeat")
```

参数 image 就是用来指定填充的图形的图像；填充方式有 4 种，分别是 repeat、repeat-x、repeat-y 和 no-repeat。

repeat：在水平和垂直方向重复填充，这是默认方式。

repeat-x：只在水平方向重复填充。

repeat-y：只在垂直方向重复填充。

no-repeat：只填充一次，没有重复填充。

双击桌面上的 Sublime Text 快捷图标，打开软件，然后单击菜单栏中的"File/New File"命令（快捷键：Ctrl+N），新建一个文件，然后输入如下代码：

```
<!DOCTYPE html>
<html>
    <head>
        <meta charset="utf-8">
        <title>利用图像填充图形</title>
```

```
        </head>
    <body>
    <h3> 利用图像填充图形 </h3>
    <hr>
    <img src="my1.jpg" id="lamp" hidden>
    <canvas id="myCanvas" width="320" height="180" style=" background:yellow;
border:3px solid"></canvas>
    <br>
    <button onclick="draw('repeat')"> 重复 </button>
    <button onclick="draw('repeat-x')"> 重复-x</button>
    <button onclick="draw('repeat-y')"> 重复-y</button>
    <button onclick="draw('no-repeat')"> 不重复 </button>
    <script>
        function draw(direction)                        // 自定义 draw 函数
        {
                var c=document.getElementById("myCanvas");
                var ctx=c.getContext("2d");
                ctx.clearRect(0,0,c.width,c.height);    // 清空画布
                var img=document.getElementById("lamp")
                var pat=ctx.createPattern(img,direction);  // 调用 createPattern()
                ctx.rect(0,0,320,180);
                ctx.fillStyle=pat;                      // 设置填充样式
                ctx.fill();
        }
    </script>
    </body>
    </html>
```

这里是利用按钮的单击事件，调用自定义函数 draw 函数，从而实现图像填充图形，代码如下：

```
<button onclick="draw('repeat')"> 重复 </button>
```

"onclick"表示单击事件，"draw('repeat')"就是调用 draw 函数，并把参数 repeat 传给函数。

按下键盘上的"Ctrl+S"组合键，把文件保存在"E:\Sublime"，文件名为"web5-12.html"。

打开360安全浏览器，然后在浏览器的地址栏中输入"file:/// E:\Sublime \web5-12.html"，然后按回车键，效果如图 5.12 所示。

单击"重复"按钮，这时效果如图 5.13 所示。

图 5.12　网页运行效果

图 5.13　在水平和垂直方向重复填充

单击"重复 −x"按钮，这时效果如图 5.14 所示。

单击"重复 −y"按钮，这时效果如图 5.15 所示。

图 5.14　只在水平方向重复填充　　　　　图 5.15　只在垂直方向重复填充

单击"不重复"按钮，这时效果如图 5.16 所示。

图 5.16　只填充一次

第6章
HTML 网页中的音频和视频

在 HTML 网页中，不仅可以有文字、图像、表格、表单，还可以有音频和视频，既可以在网页中播放音乐和观看视频，还可以嵌入Flash 动画。

本章主要内容包括：

➤ 利用 audio 元素播放 MP3 音乐

➤ 利用 video 元素播放 MP4 视频

➤ 利用 source 元素解决浏览器播放视频的兼容问题

➤ 实例：自定义按钮实现视频的控制操作

➤ 利用 embed 元素嵌入 Flash 动画

6.1　HTML 网页中的音频

人类能够听到的所有声音都称为音频。HTML 规定了一种通过 audio 元素来包含音频的标准方法，下面讲解一下 audio 元素。

audio 元素支持 3 种音频格式文件，分别是 MP3、Wav 和 Ogg，其中最常用的是 MP3。

audio 元素的开始标签是"<audio>"，结束标签是"</audio>"，其代码格式如下：

```
<audio src=" 花海飞歌 .mp3" controls></audio>
```

其中 src 属性定义了音频文件的 URL；controls 属性用来显示音频控件（比如播放 / 暂停按钮）。

下面再来看一下 audio 元素的其他常用属性。

autoplay 属性：用来设置音频文件自动播放。

loop 属性：用来设置音频文件循环播放。

双击桌面上的 Sublime Text 快捷图标，打开软件，然后单击菜单栏中的"File/New File"命令（快捷键：Ctrl+N），新建一个文件，然后输入如下代码：

```
<!DOSTYPE html>
<html>
    <head>
            <meta charset="utf-8">
            <title> 利用 audio 元素播放音频 </title>
    </head>
    <body>
            <h3 align="center"> 利用 audio 元素播放音频 </h3>
            <hr>
            <p align="center"> 花海飞歌 : <audio src=" 花海飞歌 .mp3" controls autoplay></audio></p>
            <p align="center"> 祖国像妈妈一样 : <audio src=" 祖国像妈妈一样 .mp3" controls></audio></p>
            <p align="center"> 时间都去哪儿了 : <audio src=" 时间都去哪儿了 .mp3" controls loop></audio></p>
    </body>
</html>
```

按下键盘上的"Ctrl+S"组合键，把文件保存在"E:\Sublime"，文件名为"web6-1.html"。

打开 360 安全浏览器，然后在浏览器的地址栏中输入"file:/// E:\Sublime \web6-1.html"，然后按回车键，效果如图 6.1 所示。

图 6.1　利用 audio 元素播放音频

网页运行后，就可以听到"花海飞歌"音乐。如果不想听这首歌，单击其对应的 ▋▋ 按钮，即可暂停播放，并且该按钮变成 ▶ 。

单击"时间都去哪儿了"对应的 ▶ ，就开始播放这首歌，这时该按钮变成 ▋▋ 。需要注意的是，在播放歌曲时，还可以调整音量的大小及播放速度。

"时间都去哪儿了"这首歌播放完后，会自动循环播放，因为添加了 loop 属性。

6.2　HTML 网页中的视频

连续的图像变化每秒超过 24 帧（frame）画面以上时，根据视觉暂留原理，人眼无法辨别单幅的静态画面，因而看上去是平滑连续的视觉效果。这样连续的画面叫作视频。

HTML 规定了一种通过 video 元素来包含视频的标准方法，下面看一下 video 元素。

6.2.1　利用 video 元素播放视频

video 元素支持 3 种视频格式文件，分别是 MP4、WebM 和 Ogg，其中最常用的是 MP4。

video 元素的开始标签是"<video>"，结束标签是"</video>"，其代码格式如下：

```
<video src="my1.mp4" width="300" height="200" controls>
```

其中 src 属性定义了视频文件的 URL；controls 属性用来显示视频控件（比如"开始播放""已暂停""已停止"等按钮）；width 属性用来定义视频的宽度；height 属性用来定义视频的高度。

下面再来看一下 video 元素的其他常用属性。

autoplay 属性：用来设置视频文件自动播放。

loop 属性：用来设置视频文件循环播放。

poster 属性：用来设置视频文件播放之前显示的图像。

双击桌面上的 Sublime Text 快捷图标，打开软件，然后单击菜单栏中的"File/New File"命令（快捷键：Ctrl+N），新建一个文件，然后输入如下代码：

```
<!DOSTYPE html>
<html>
    <head>
            <meta charset="utf-8">
            <title> 利用 video 元素播放视频 </title>
    </head>
    <body>
            <h3 align="center"> 利用 video 元素播放视频 </h3>
            <hr>
            <p align="center">
                <video src="my1.mp4" width="600" height="400" controls></video>
        </p>
    </body>
</html>
```

按下键盘上的"Ctrl+S"组合键，把文件保存在"E:\Sublime"，文件名为"web6-2.html"。

打开 360 安全浏览器，然后在浏览器的地址栏中输入"file:/// E:\Sublime \web6-2.html"，然后按回车键，效果如图 6.2 所示。

单击▶按钮，就可以播放视频。还可以调整音量大小及全屏显示，如图 6.3 所示。

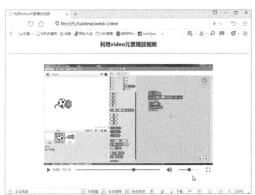

图 6.2 利用 video 元素播放视频　　　　图 6.3 播放视频并调整音量大小

6.2.2 利用 source 元素解决浏览器播放视频的兼容问题

source 元素允许程序员规定两个视频文件，供浏览器根据它对媒体类型或者编解码器的支持进行选择。source 元素是个单标签元素，标签为"<source>"，其代码格式如下：

```
<source src="my1.mp4" type="video/mp4">
```

其中 src 属性定义了视频文件的 URL；type 定义了视频文件的 MIME (Multipurpose Internet Mail Extensions) 多用途互联网邮件扩展类型。

还要注意，source 元素是 video 元素的子元素。当在 video 元素中使用 source 元素时，video 元素的 src 属性就不能再用了。

双击桌面上的 Sublime Text 快捷图标，打开软件，然后单击菜单栏中的"File/New File"命令（快捷键：Ctrl+N），新建一个文件，然后输入如下代码：

```
<!DOSTYPE html>
<html>
    <head>
            <meta charset="utf-8">
            <title> 利用 video 元素播放视频 </title>
    </head>
    <body>
            <h3 align="center"> 利用 video 元素播放视频 </h3>
            <hr>
            <p align="center">
                <video  width="600" height="400" controls>
                    <source src="my1.mp4" type="video/mp4">
                    <source src="my1.ogg" type="video/ogg">
                </video>
        </p>
    </body>
</html>
```

按下键盘上的"Ctrl+S"组合键，把文件保存在"E:\Sublime"，文件名为"web6-3.html"。

打开 360 安全浏览器，然后在浏览器的地址栏中输入"file:/// E:\Sublime\web6-3.html"，然后按回车键，再单击▶按钮，就可以播放视频，如图 6.4 所示。

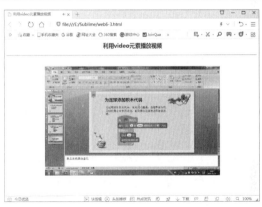

图 6.4　利用 source 元素解决浏览器播放视频
的兼容问题

6.2.3　实例：自定义按钮实现视频的控制操作

双击桌面上的 Sublime Text 快捷图标，打开软件，然后单击菜单栏中的"File/New File"命令（快捷键：Ctrl+N），新建一个文件，然后输入如下代码：

```
<!DOSTYPE html>
<html>
    <head>
            <meta charset="utf-8">
            <title> 自定义按钮实现视频的控制操作 </title>
    </head>
    <body>
            <h3 align="center"> 自定义按钮实现视频的控制操作 </h3>
            <hr>
            <p align="center">
                    <button onclick="playPause()"> 播放 / 暂停 </button>
```

```
                <button onclick="makeBig()">放大</button>
                <button onclick="makeSmall()">缩小</button>
                <button onclick="makeNormal()">正常</button>
                <br><br>
                <video id="video1" src="my2.mp4" width="420"></video>
        </p>
        <script>
                var myVideo=document.getElementById("video1");
                function playPause()
                {
                        if (myVideo.paused)
                                myVideo.play();
                        else
                                myVideo.pause();
                }
                function makeBig()
                {
                        myVideo.width=560;
                }
                function makeSmall()
                {
                        myVideo.width=320;
                }
                function makeNormal()
                {
                        myVideo.width=420;
                }
        </script>
    </body>
</html>
```

这里定义了 4 个按钮，利用按钮的单击事件实现对视频的控制操作。

按下键盘上的"Ctrl+S"组合键，把文件保存在"E:\Sublime"，文件名为"web6-4. html"。

打开 360 安全浏览器，然后在浏览器的地址栏中输入"file:/// E:\Sublime \web6-4. html"，然后按回车键，效果如图 6.5 所示。

默认状态下，视频是没有播放的。单击"播放 / 暂停"按钮，就开始播放视频，如图 6.6 所示。

图 6.5　自定义按钮实现视频的控制操作

图 6.6　播放视频

如果视频正在播放，单击"播放 / 暂停"按钮，就可以暂停播放视频。

单击"放大"按钮，就可以放大视频播放画面。

单击"缩小"按钮，就可以缩小视频播放画面。

单击"正常"按钮，就可以把视频播放画面变成初始状态。

6.3 利用 embed 元素嵌入 Flash 动画

Flash 动画是当前最流行的网络动画，效果非常美观。那么该如何在程序中加入 Flash 动画呢？ Flash 动画格式共有两种，一种为 .fla，该格式是动画的编辑格式。另一种为 .swf 格式，该格式可以直接播放。所以在我们 HMTL 网页中要添加该 .Swf 格式的动画。

在 HTML 中，是利用 embed 元素把 Flash 动画嵌入网页中。embed 元素是单标签元素，标签名为 "<embed>"，其代码格式如下：

```
<embed src=" 人物行走 .swf" width="400" height="200">
```

其中 src 属性定义了 Flash 动画的 URL；width 属性用来定义 Flash 动画的宽度；height 属性用来定义 Flash 动画的高度。

双击桌面上的 Sublime Text 快捷图标，打开软件，然后单击菜单栏中的 "File/New File" 命令（快捷键：Ctrl+N），新建一个文件，然后输入如下代码：

```
<!DOSTYPE html>
<html>
    <head>
            <meta charset="utf-8">
            <title> 利用 embed 元素嵌入 Flash 动画 </title>
    </head>
    <body>
            <h3 align="center"> 利用 embed 元素嵌入 Flash 动画 </h3>
            <hr>
            <p align="center"><embed src=" 人 物 行 走 .swf" width="400" height=
"200"></p>
            <p align="center"><embed src=" 镜 花 水 月 .swf" width="400" height=
"200"></p>
    </body>
</html>
```

按下键盘上的 "Ctrl+S" 组合键，把文件保存在 "E:\Sublime"，文件名为 "web6-5. html"。

打开 360 安全浏览器，然后在浏览器的地址栏中输入 "file:/// E:\Sublime \web6-5. html"，然后按回车键，再单击▶按钮，就可以播放视频，如图 6.7 所示。

图 6.7　利用 embed 元素嵌入 Flash 动画

第 7 章

HTML 网页中的布局元素

HTML 网页中的布局是相当重要的，因为网页布局对改善网站的外观非常重要。本章就来讲解一下 HTML 网页中的布局元素。

本章主要内容包括：

➤ 初识 HTML 网页中的布局

➤ 利用 header 和 footer 元素布局网页页面

➤ article 元素和 section 元素

➤ aside 元素和 nav 元素

➤ hgroup、address 和 time 元素

➤ figure 和 figcaption 元素

➤ 实例：手机端 HTML 网页的布局

7.1 初识 HTML 网页中的布局

在 HTML5 之前，HTML 网页中的布局大多使用 table 元素或 div 元素来创建多列，然后利用 CSS 对元素进行定位，或者为页面创建背景以及色彩丰富的外观。

HTML5 增加了很多布局元素，让网页布局更加方便、快捷和实用。HTML5 新增加的布局元素的特点如下：

第一，更加注重网页内容的布局，而不只是形式。

第二，对用户更加友好，即描述更加精细、更加直观，代码更加易读。

第三，新增加的布局元素让浏览器更加容易解析，搜索更加容易。

第四，代码更加简洁、易懂。

7.2 header 元素和 footer 元素

下面来讲解 HTML 网页中的 header 元素和 footer 元素。

7.2.1 header 布局元素

header 元素用来设置 HTML 网页的头部，即一个网页的标题部分，通常包括标题、Logo 标识、导航栏等内容。

header 元素的开始标签为 "<header>"，结束标签为 "</header>"，其代码格式如下：

```
<header>我是网页头部</header>
```

需要注意的是，header 元素是 body 元素的子元素，即 header 元素定义 body 元素之中。

header 元素定义好之后，重点是对 header 元素进行格式定义，即通过 CSS 样式进行定义，其格式定义代码如下：

```
<style type="text/css">
            body{height: 600px}
            header{width: 100%;height: 10%;background: rgb(200,0,0);}
</style>
```

需要注意的是，这里要定义 body 元素的格式，因为 header 元素的宽度和高度百分比是相对 body 元素来说的。

另外，这里是利用 rgb() 函数来定义 header 元素的背景色。

7.2.2 footer 布局元素

footer 元素用来设置 HTML 网页的底部，通常包括友情链接、版权声明、联系方式等内容。

footer 元素的开始标签为 "<footer>"，结束标签为 "</footer>"，其代码格式如下：

```
<footer> 我是网页底部 </footer>
```

需要注意的是，footer 元素是 body 元素的子元素，即 footer 元素定义于 body 元素之中。

footer 元素定义好之后，重点是对 footer 元素进行格式定义，即通过 CSS 样式进行定义，其格式定义代码如下：

```
footer{width: 100%; height:8%; background: rgb(0,100,0);}
```

7.2.3 利用 header 和 footer 元素布局网页页面

双击桌面上的 Sublime Text 快捷图标，打开软件，然后单击菜单栏中的 "File/New File" 命令（快捷键：Ctrl+N），新建一个文件，然后输入如下代码：

```
<!DOSTYPE html>
<html>
    <head>
            <meta charset="utf-8">
            <title> 利用 article 元素布局网页页面 </title>
            <style type="text/css">
                    body{height: 600px}
                    header{width: 100%;height: 10%;background: rgb(200,0,0);}
                    #div1{width: 100%; height:82%; background:
rgb(230,230,230);}
                    footer{width: 100%; height:8%; background: rgb(0,100,0);}
            </style>
    </head>
    <body>
            <header> 我是网页头部 </header>
            <div id="div1">
                    我是主体
            </div>
            <footer> 我是网页底部 </footer>
    </body>
</html>
```

需要注意，div 元素是块级元素，它常作为其他 HTML 元素的容器。如果与 CSS 样式一同使用，div 元素可用于对大的内容块设置样式属性。

按下键盘上的 "Ctrl+S" 组合键，把文件保存在 "E:\Sublime"，文件名为 "web7-1.html"。

打开 360 安全浏览器，然后在浏览器的地址栏中输入 "file:/// E:\Sublime \web7-1.html"，然后按回车键，效果如图 7.1 所示。

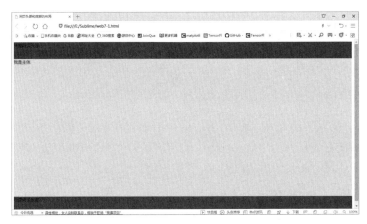

图 7.1 利用 header 和 footer 元素布局网页页面

7.3 article 元素

article 元素代表文档、页面、应用程序或网站中一个独立的、完整的、可以独自被外部引用的内容，它可以是一篇论坛帖子、一篇文章、一篇新闻报道、一篇博客文章等任何独立的内容块，它通常有自己的标题、页脚等。因此，article 元素里面可包含独立的 header、footer 等结构化元素。

article 元素的开始标签为 "<article>"，结束标签为 "</article>"。

双击桌面上的 Sublime Text 快捷图标，打开软件，然后单击菜单栏中的 "File/New File" 命令（快捷键：Ctrl+N），新建一个文件，然后输入如下代码：

```
<!DOSTYPE html>
<html>
    <head>
        <meta charset="utf-8">
        <title> 网页头部和底部的布局 </title>
        <style type="text/css">
                body{height: 600px}
                header{width: 100%;height: 5%;background: rgb(200,200,
200);}
                footer{width: 100%; height:5%; background: rgb(150,240,
200);}
        </style>
    </head>
    <body>
        <article>
                <header>
                        <h3 align="center">静夜思 </h3>
                </header>
                <p align="center" >
                        作者：李白 <br>
                        床前明月光，疑是地上霜。<br>
                        举头望明月，低头思故乡。
                </p>
```

```
                    <article>
                        <header>
                            <h4> 网友 A 评论 </h4>
                        </header>
                        <p>  《静夜思》是唐代诗人李白所作的一首五言古诗。此
诗描写了秋日夜晚，诗人于屋内抬头望月的所感。诗中运用比喻、衬托等手法，表达客居思乡之情，语言清新朴
素而韵味含蓄无穷，历来广为传诵。</p>
                        <footer>
                            <p> 评论时间：2019-6-8 15：36：12</p>
                        </footer>
                        <header>
                            <h4> 网友 B 评论 </h4>
                        </header>
                        <p>   李白的《静夜思》创作于唐玄宗开元十四年（726年）
九月十五日的扬州旅舍，时李白 26 岁。同时同地所作的还有一首《秋夕旅怀》。在一个月明星稀的夜晚，诗人
抬望天空一轮皓月，思乡之情油然而生，写下了这首传诵千古、中外皆知的名诗《静夜思》。</p>
                        <footer>
                            <p> 评论时间：2019-8-2 19：25：32</p>
                        </footer>
                    </article>
                    <footer>
                        <p>尾部：阅读：360      评论：128 </p>
                    </footer>
            </article>
        </body>
</html>
```

　　这里是利用 article 元素进行布局的一首古诗，有标题、正文和尾部，并且利用 CSS 样式对标题和尾部进行样式设置。

　　由于这首古诗有评论，所以这里嵌套了 article 元素。嵌套的 article 元素也有标题、正文和尾部。

　　按下键盘上的"Ctrl+S"组合键，把文件保存在"E:\Sublime"，文件名为"web7-2.html"。

　　打开 360 安全浏览器，然后在浏览器的地址栏中输入"file:/// E:\Sublime \web7-2.html"，然后按回车键，效果如图 7.2 所示。

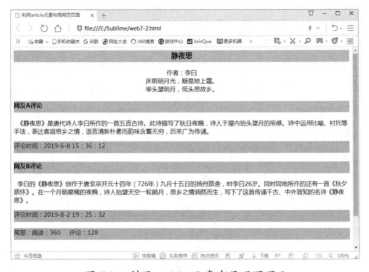

图 7.2　利用 article 元素布局网页页面

7.4　section 元素

section 元素是对网站或应用程序中页面上的内容进行分块，一个 section 元素通常由标题和内容组成。但 section 元素并非一个普通的容器元素，当一个容器需要直接定义样式或通过脚本定义行为时，推荐使用 div 元素而非 section 元素。

section 元素的作用是对页面上的内容进行分块或者对文章进行分段。section 元素的开始标签为"<section>"，结束标题为"</section>"。

双击桌面上的 Sublime Text 快捷图标，打开软件，然后单击菜单栏中的"File/New File"命令（快捷键：Ctrl+N），新建一个文件，然后输入如下代码：

```
<!DOSTYPE html>
<html>
    <head>
            <meta charset="utf-8">
            <title>利用 section 元素布局网页页面</title>
    </head>
    <body>
            <h3 align="center">利用 section 元素布局网页页面</h3>
            <hr>
            <section>
                    <h4 align="center">静夜思</h4>
                    <p align="center" >
                            作者：李白<br>
                            床前明月光，疑是地上霜。<br>
                            举头望明月，低头思故乡。
                    </p>
            </section>
            <section>
                    <h4 align="center">咏柳</h4>
                    <p align="center" >
                            作者：贺知章<br>
                            碧玉妆成一树高，万条垂下绿丝绦。<br>
                            不知细叶谁裁出，二月春风似剪刀。
                    </p>
            </section>
    </body>
</html>
```

按下键盘上的"Ctrl+S"组合键，把文件保存在"E:\Sublime"，文件名为"web7-3.html"。

打开 360 安全浏览器，然后在浏览器的地址栏中输入"file:///E:\Sublime \web7-3.html"，然后按回车键，效果如图 7.3 所示。

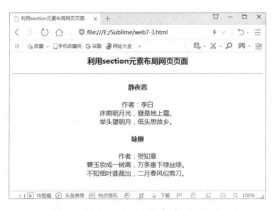

图 7.3　利用 section 元素布局网页页面

7.5   aside 元素

aside 元素代表和文档的主内容区相关，但它又独立于主内容区，并且可以被单独拆分出来，而不会对整体内容产生影响。

aside 元素通常表现为侧边栏、说明、提示、引用、附加注释、广告等。例如，在经典的页面布局中，页面被分为 header、main、aside、footer 四个部分。

section 元素的开始标签为"<aside>"，结束标题为"</aside>"。

双击桌面上的 Sublime Text 快捷图标，打开软件，然后单击菜单栏中的"File/New File"命令（快捷键：Ctrl+N），新建一个文件，然后输入如下代码：

```
<!DOSTYPE html>
<html>
    <head>
            <meta charset="utf-8">
            <title>aside 元素在网页布局的应用 </title>
            <style type="text/css">
                    body{height: 400px}
                    header{width: 100%;height: 10%;background: rgb(200,0,0);}
                    section{height: 80%;}
                    main{width: 80%; height:100%;  background: rgb(230,230,230);
float: left;}
                    aside{width: 20%;height: 100%; background: rgb(100,200,200);
float: left;}
                    footer{width: 100%; height:10%; background: rgb(0,100,0);
float: left;}
            </style>
    </head>
    <body>
            <header>header</header>
            <section>
                <main>
                        main
                </main>
                <aside>
                     aside
                </aside>
            </section>
            <footer>footer</footer>
    </body>
</html>
```

按下键盘上的"Ctrl+S"组合键，把文件保存在"E:\Sublime"，文件名为"web7-4.html"。

打开 360 安全浏览器，然后在浏览器的地址栏中输入"file:/// E:\Sublime \web7-4.html"，然后按回车键，效果如图 7.4 所示。

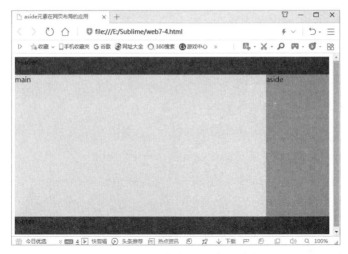

图 7.4　aside 元素在网页布局的应用

7.6　nav 元素

nav 元素可以用作 HTML 网页导航的链接组，在导航链接组里面有很多的链接，单击每个链接可以链接到其他页面或者当前页面的其他部分，并不是所有的链接组都要被放在 nav 元素里面，只需要把最主要的、基本的、重要的放在 nav 元素里面即可。

nav 元素的开始标签为 "<nav>"，结束标题为 "</nav>"。

双击桌面上的 Sublime Text 快捷图标，打开软件，然后单击菜单栏中的 "File/New File" 命令（快捷键：Ctrl+N），新建一个文件，然后输入如下代码：

```
<!DOSTYPE html>
<html>
    <head>
        <meta charset="utf-8">
        <title>nav 元素中的导航栏 </title>
        <style type="text/css">
            nav{width: 100% ; height: 60px;background:
rgb(100,200,200);padding:5px;}
            li{display: inline;}
            a{text-decoration: none;}
        </style>
    </head>
    <body>
        <nav>
            <ul>
                <li><a href=""> 首页 </a></li>
                <li><a href=""> 新闻 </a></li>
                <li><a href=""> 房产 </a></li>
                <li><a href=""> 家居 </a></li>
                <li><a href=""> 汽车 </a></li>
                <li><a href=""> 社区 </a></li>
                <li><a href=""> 理财 </a></li>
```

```
                    </ul>
                </nav>
        </body>
</html>
```

这里是利用无序列表创建导航内容，然后通过定义 CSS 样式，把导航内容显示在一行，并删除下画线。

按下键盘上的 "Ctrl+S" 组合键，把文件保存在 "E:\Sublime"，文件名为 "web7-5.html"。

打开 360 安全浏览器，然后在浏览器的地址栏中输入 "file:/// E:\Sublime \web7-5.html"，然后按回车键，效果如图 7.5 所示。

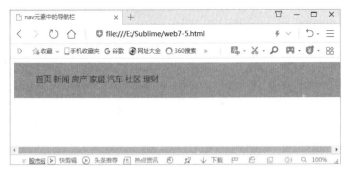

图 7.5　nav 元素中的导航栏

7.7　hgroup、address 和 time 元素

hgroup 元素是将标题和他的子标题进行分组的元素。hgroup 元素一般会把 h1—h6 的元素进行分组，比如在一个内容区块的标题和他的子标题算是一组。通常情况下，文章只有一个主标题时，是不需要 hgroup 元素的。hgroup 元素的开始标签为 "<hgroup>"，结束标签为 "</hgroup>"，通常放在 header 元素中。

address 元素通常是用来定义作者信息的，如作者名字、电子邮箱、真实地址、电话号码等。address 元素开始标签为 "<address>"，结束标签为 "</address>"，通常放在 footer 元素中。需要注意的是，address 元素中的内容以斜体显示。

time 元素可以定义很多格式的日期和时间，其中 datetime 属性日期与时间之间要用 "T" 文字分割，"T" 代表时间。pubdate 属性是个可选标签，加上它后，浏览器就可以很方便地识别出文章或新闻发布的日期。time 元素的语法代码如下：

```
<time datetime="2019-7-18" pubdate="pubdate"> 文章发布于 2019 年 7 月 18 日 </time>
```

双击桌面上的 Sublime Text 快捷图标，打开软件，然后单击菜单栏中的 "File/New

File"命令（快捷键：Ctrl+N），新建一个文件，然后输入如下代码：

```
<!DOSTYPE html>
<html>
    <head>
            <meta charset="utf-8">
            <title>hgroup、address 和 time 元素 </title>
            <style type="text/css">
                    body{height: 400px}
                    header{width: 100%;height: 20%;background: rgb(200,200,
200);}
                    footer{width: 100%; height:20%; background: rgb(100,150,
200);}
            </style>
    </head>
    <body>
            <header>
                    <hgroup>
                        <h3 align="center"> 在那颗星子下 </h3>
                        <h5 align="right">------ 中学时代的一件事 </h5>
                    </hgroup>
            </header>
            <p>
                         《在那颗星子下——中学时代的一件事》虚实结合，正
标题把林老师喻为一颗璀璨的明星，永远留在 " 记忆的银河 " 中；副标题从时间上加以限制，具体指作者中学时
代的一件事。
            </p>

            <footer>
                    <address>
                            作者：舒婷    联系方式：18562350306   
QQ 号: 2396587426
                    </address>
                    <p><time datetime="2019-7-18" pubdate="pubdate"> 文章发布于
2019 年 7 月 18 日 </time></p>
            </footer>
    </body>
</html>
```

按下键盘上的"Ctrl+S"组合键，把文件保存在"E:\Sublime"，文件名为"web7-6.
html"。

打开 360 安全浏览器，然后在浏览器的地址栏中输入"file:/// E:\Sublime \web7-6.
html"，然后按回车键，效果如图 7.6 所示。

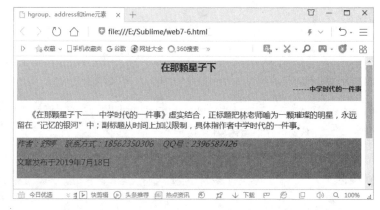

图 7.6　hgroup、address 和 time 元素

7.8　figure 和 figcaption 元素

figure 元素定义一块独立的内容，如图像、音频、视频、代码片段等。figure 元素的内容应该与主内容相关，而且独立于上下文，如果删除，也不应对文档流产生影响。figure 元素的开始标签是 <figure>，结束标签是 </figure>。

在 figure 元素中，通过 figcaption 元素来定义内容的标题。figcaption 元素并不是必需的，但如果包含它，它就必须是 figure 元素的第一个子元素或最后一个子元素。并且，一个 figure 元素可以包含多个内容块，但无论 figure 元素里面有多少个内容块，最多只允许有一个 figcaption 元素。figcaption 元素的开始标签为"<figcaption>"，结束标签为"</figcaption>"。

双击桌面上的 Sublime Text 快捷图标，打开软件，然后单击菜单栏中的"File/New File"命令（快捷键：Ctrl+N），新建一个文件，然后输入如下代码：

```
<!DOSTYPE html>
<html>
    <head>
            <meta charset="utf-8">
            <title>figure 和 figcaption 元素 </title>
    </head>
    <body>
            <h3 align="center"> 我的爱好收藏 </h3>
            <hr>
            <figure>
                    <figcaption> 我喜欢的图像 </figcaption>
                    <img src="like1.jpg" width="250" height="100">
                    <img src="like2.jpg" width="250" height="100">
            </figure>
            <figure>
                    <figcaption> 我喜欢的动画 </figcaption>
                    <img src="1.gif" width="250" height="100">
                    <img src="2.jpg" width="250" height="100">
            </figure>
            <figure>
                    <figcaption> 我喜欢的 MP3 音乐 </figcaption>
                    花海飞歌 :<audio src=" 花海飞歌 .mp3" controls></audio><br>
                    时间都去哪儿了 :<audio src=" 时间都去哪儿了 .mp3" controls></
audio>
            </figure>
            <figure>
                    <figcaption> 我喜欢的 Flash 动画 </figcaption>
                    <embed src=" 人物行走 .swf" width="250" height="100">
                    <embed src=" 镜花水月 .swf" width="250" height="100">
            </figure>
    </body>
</html>
```

按下键盘上的"Ctrl+S"组合键，把文件保存在"E:\Sublime"，文件名为"web7-7.html"。

打开 360 安全浏览器，然后在浏览器的地址栏中输入"file:/// E:\Sublime \web7-7.

html"，然后按回车键，效果如图 7.7 所示。

图 7.7　figure 和 figcaption 元素

7.9　实例：手机端 HTML 网页的布局

前面我们主要讲解电脑端 HTML 网页的布局，下面来讲解手机端 HTML 网页的布局。

7.9.1　制作手机端的 HTML 网页

双击桌面上的 Sublime Text 快捷图标，打开软件，然后单击菜单栏中的"File/New File"命令（快捷键：Ctrl+N），新建一个文件，然后输入如下代码：

```
<!DOSTYPE html>
<html>
    <head>
            <meta charset="utf-8">
            <title>手机端的 HTML 网页</title>
            <meta name="viewport" content="maximum-scale=1.0,mininum-
scale=1.0,user-scalable=0,width=device-width,initial-scale=1.0">
            <style type="text/css">
                    header{width: 100% ;height:50px;background: rgb(200,150,0);}
                    aside{width: 20%; height: 500px; background:rgb(100,150,
200); float: left;}
                    section{width: 80%; height: 500px;background: rgb(100,200,
150);float: left;}
                    footer{width: 100%; height: 50px; background:rgb(200,200,
200); float: left;}
            </style>
    </head>
```

```
    <body>
        <header></header>
        <aside></aside>
        <section></section>
        <footer></footer>
    </body>
</html>
```

在制作手机端的 HTML 网页时，要在 head 元素中添加子元素 meta，具体代码如下：

```
<meta name="viewport" content="maximum-scale=1.0,mininum-scale=1.0,user-
scalable=0,width=device-width,initial-scale=1.0">
```

上述代码是用于手机屏幕缩放设置，maximum-scale=1.0,mininum-scale=1.0 表示最大最小缩放比例都为 1，即不允许单击缩放。

user-scalable=0，表示用户不可以手动缩放。

width=device-width，表示显示窗口宽度是客户端的屏幕宽度。

initial-scale=1.0，表示显示的文字和图形的初始比例是 1.0。

按下键盘上的"Ctrl+S"组合键，把文件保存在"E:\Sublime"，文件名为"web7-8.html"。

7.9.2 测试手机端的 HTML 网页

打开 360 安全浏览器，然后在浏览器的地址栏中输入"file:/// E:\Sublime \web7-8.html"，然后按回车键，效果如图 7.8 所示。

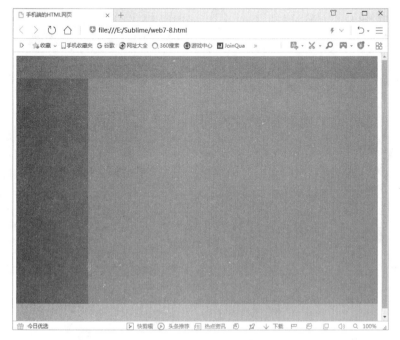

图 7.8 HTML 网页

这里看到的是电脑端的 HTML 网页，如果想要看到手机端的 HTML 网页呢？

按下键盘上的 "F12" 键, 就可以进入开发者模式, 如图 7.9 所示。

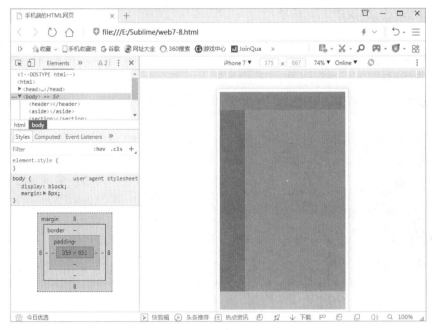

图 7.9　开发者模式

当前显示的是 iPhone7 手机端的 HTML 网页效果, 单击其右侧的下拉按钮, 就会弹出下拉菜单, 可以选择不同的手机, 如图 7.10 所示。

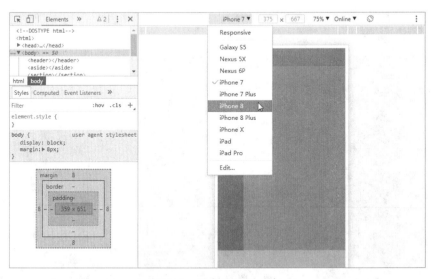

图 7.10　选择不同的手机

7.9.3　制作 section 元素内容

在 section 元素的开始标签和结束标签之间添加如下代码:

```
        <section>
                        <figure>
                                <figcaption> 我喜欢的图像 </figcaption>
                                <img src="like1.jpg" width="80%" height="100">
<br><br>
                                <img src="like2.jpg" width="80%" height="100">
                        </figure>
                        <figure>
                                <figcaption> 我喜欢的动画 </figcaption>
                                <img src="1.gif" width="80%" height="100"><br><br>
                                <img src="2.jpg" width="80%" height="100">
                        </figure>
                        <figure>
                                <figcaption> 我喜欢的 MP3 音乐 </figcaption>
                                花海飞歌 :<audio src=" 花海飞歌 .mp3" controls></audio>
<br><br>
                                时间都去哪儿了 :<audio src=" 时间都去哪儿了 .mp3"
controls></audio>
                        </figure>
                </section>
```

这时刷新网页页面，效果如图 7.11 所示。

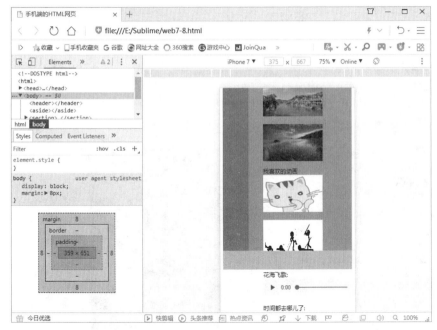

图 7.11 添加 section 元素内容后的网页效果

这里会发现添加的内容处在 footer 元素下面。这时要修改 section 元素的 CSS 样式，具体代码如下：

```
    section{width: 80%; height: 500px;background: rgb(100,200,150);float: left;
overflow: auto;}
```

添加的代码是 "overflow: auto"，即当内容超出元素容器时会自动添加滚动条。

这时刷新网页页面，效果如图 7.12 所示。

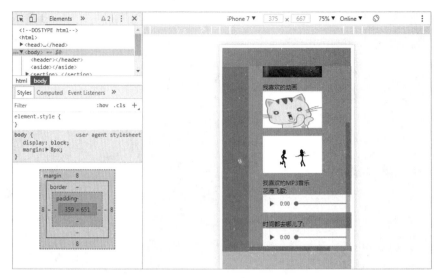

图 7.12　section 元素内容正常显示

这时还有一个小问题，就是网页的四周有空白区域。下面来为 body 元素添加 CSS 样式，删除网页的四周空白区域，具体代码如下：

```
body{margin: 0px;}
```

这时刷新网页页面，效果如图 7.13 所示。

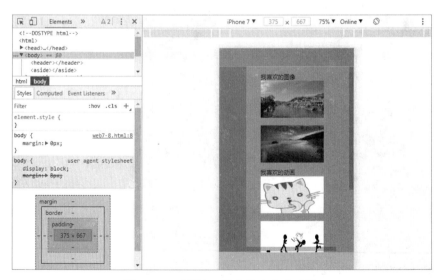

图 7.13　网页的四周已没有空白区域

7.9.4　制作 header 元素内容

在 header 元素的开始标签和结束标签之间添加如下代码：

```
<header>
            <img src="aa.png" width="60px" height="40px">
```

```
            <h3 >我的收藏</h3>
        </header>
```

接下来为 h3 元素添加 CSS 样式，具体代码如下：

```
h3{display: inline; padding: 6px; color:blue;}
```

"display: inline" 表示按照内联模式显示，它会和周围的元素在一行。

这时刷新网页页面，效果如图 7.14 所示。

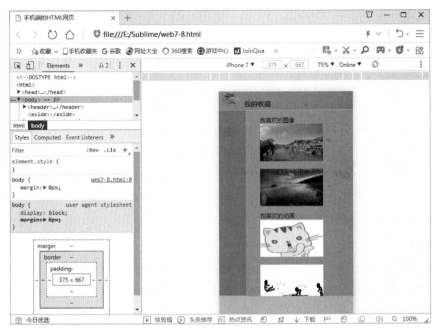

图 7.14 添加 header 元素内容后的网页效果

7.9.5 制作 aside 元素内容

在 aside 元素的开始标签和结束标签之间添加如下代码：

```
<aside>
    <p align="center">
            <a href="#my1">图像 </a><br>
            <a href="#my2">动画 </a><br>
            <a href="#my3">音乐 </a><br>
    </p>
</aside>
```

这里实现了锚链接，所以要为三个 figure 元素分别添加 id 属性。如果喜欢的图像具有 figure 元素，可添加代码如下：

```
<figure id="my1">
```

同理，如果喜欢的动画具有 figure 元素，可添加代码如下：

```
<figure id="my2">
```

同理，如果喜欢的 MP3 音乐具有 figure 元素，可添加代码如下：

```
<figure id="my3">
```

这时刷新网页页面，效果如图 7.15 所示。

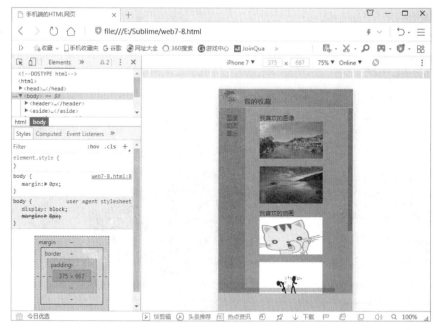

图 7.15　添加 aside 元素内容后的网页效果

单击导航栏中的"动画"命令，这时效果如图 7.16 所示。

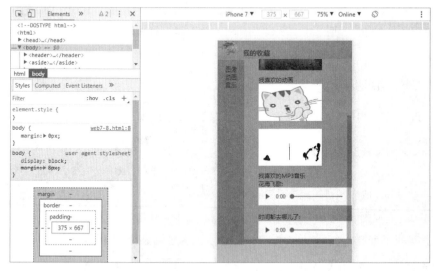

图 7.16　单击导航栏中的"动画"命令后效果

7.9.6　制作 footer 元素内容

在 footer 元素的开始标签和结束标签之间添加如下代码：

```
<footer>
        <address>
                 网页设计：鑫金有限公司    QQ 号：2396587429
        </address>
        <time datetime="2019-7-18" pubdate="pubdate">网页发布于 2019 年 7 月 18
日 </time>
    </footer>
```

这时刷新网页页面，效果如图 7.17 所示。

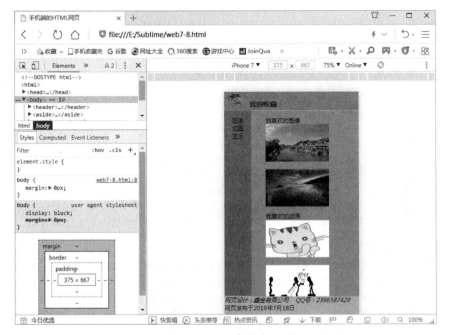

图 7.17 添加 footer 元素内容后的网页效果

第 8 章

CSS 基础

　　每个网页开发者都知道，HTML 是网页开发的基础。但是如果希望网页能够美观、大方、并且升级方便、维护轻松，那么仅仅知道 HTML 语言是不够的，CSS 在这中间扮演着重要角色。

本章主要内容包括：

➤ CSS 的定义和作用

➤ CSS 的基本语法

➤ HTML 元素选择器、类选择器和 ID 选择器

➤ 关联选择器、组合选择器和伪（虚）类选择器

➤ CSS 的注释

➤ 嵌入样式表、链接外部样式表和内嵌样式

➤ CSS 样式的优先级

8.1 初识 CSS

下面来看一下什么是 CSS 及 CSS 的作用。

8.1.1 什么是 CSS

CSS 是 "Cascading Style Sheet" 的缩写，中文意思是 "层叠样式表"，它是用于控制网页样式，并允许将样式代码与网页内容分离的一种标记性语言。

CSS 是 1996 年由 W3C 审核通过并推荐使用的。CSS 的引入随即引发了网页设计一个又一个的新高潮，使用 CSS 设计的优秀页面层出不穷。

> **提醒：** W3C 是 "World Wide Web Consortium" 的缩写，中文意思是 "万维网联盟"，是一个 Web 标准化组织。

CSS 以 HTML 语言为基础，提供了丰富的格式化功能，如字体、颜色、背景和整体排版等，并且网页开发者可以针对各种可视化浏览器设置不同的样式风格，包括显示器、打印机、平板电脑、手机等移动设备。

8.1.2 CSS 样式的作用

CSS 样式的作用有 5 点，具体如下：

（1）在几乎所有的浏览器上都可以使用。

（2）以前一些非得通过图片转换实现的功能，现在只要用 CSS 就可以轻松实现，从而更快地下载页面。

（3）使页面的字体变得更漂亮，更容易编排，使页面真正赏心悦目。

（4）可以轻松地控制页面的布局 。

（5）可以将许多网页的风格格式同时更新，不用再一页一页地更新。可以将站点上所有的网页风格都使用一个 CSS 文件进行控制，只要修改这个 CSS 文件中相应的行，那么整个站点的所有页面都会随之发生变化。

8.2 CSS 的语法

知道 CSS 的定义和作用后，下面讲解一下 CSS 的语法。

8.2.1 CSS 的基本语法

CSS 的每个样式都包括两部分，分别是选择器和声明，具体代码如下：

```
body { font-size:15px; color:pink;}
```

body 元素就是 CSS 选择器；"{"是 CSS 样式的开始包围符；"font-size:15px"是第一个声明，在这里可以看到声明是由元素的属性和属性值组成；"color:pink"是第二个声明；"{"是 CSS 样式的结束包围符。还要注意声明之间是用";"分隔的，属性与属性值之间是":"。

双击桌面上的 Sublime Text 快捷图标，打开软件，然后单击菜单栏中的"File/New File"命令（快捷键：Ctrl+N），新建一个文件，然后输入如下代码：

```
<!DOSTYPE html>
<html>
    <head>
            <meta charset="utf-8">
            <title>CSS 的基本语法</title>
            <style type="text/css">
                    body{font-size:15px; color:pink;}
                    h1{background: orange;color:blue;}
            p{background:rgb(100,200,100);font-size:18;color:red}
            </style>
    </head>
    <body>
            <h1 align="center">CSS 的基本语法</h1>
            <hr>
            CSS 的基本语法
            <p>
                    爆竹声中一岁除，春风送暖入屠苏。<br>
                    千门万户曈曈日，总把新桃换旧符。
            </p>
    </body>
</html>
```

需要注意的是，这里定义的 CSS 样式放在 head 元素之间，具体代码如下：

```
<style type="text/css">
                    body{font-size:15px; color:pink;}
                    h1{background: orange;color:blue;}
            p{background:rgb(100,200,100);font-size:18;color:red}
</style>
```

'<style type="text/css">' 是 style 元素，属性"type"是"ext/css"，这表示样式类型是 CSS 样式。

接下来就定义三个元素的 CSS 样式，分别是 body 元素、h1 元素和 p 元素。

body 元素的 CSS 样式是"font-size:15px; color:pink"，表示字体大小是 15，字体颜色为粉红色。

h1 元素的 CSS 样式是"background: orange;color:blue"，表示背景色为橙色，字体颜色为蓝色。

p 元素的 CSS 样式是"background:rgb(100, 200100);font-size:18;color:red"，

表示背景色为淡绿色，字体大小为 18，字体颜色为红色。

按下键盘上的"Ctrl+S"组合键，把文件保存在"E:\Sublime"，文件名为"web8-1.html"。

打开 360 安全浏览器，然后在浏览器的地址栏中输入"file:/// E:\Sublime \web8-1.html"，然后按回车键，效果如图 8.1 所示。

图 8.1　CSS 的基本语法

8.2.2　选择器的类型

选择器主要有三种类型，分别是 HTML 元素选择器、类选择器和 ID 选择器，除了这三种类型外，还有在主要的三类基础上扩展而来的关联选择器、组合选择器和伪（虚）类选择器。

1. HTML 元素选择器

HTML 页面中的各种元素，例如段落元素 p、表格元素 table、头部元素 header、尾部元素 footer 等，都属于 HTML 元素选择器。浏览器在解析 CSS 样式时，根据选择器来渲染对象的显示效果。

2. 类选择器

类选择器在 CSS 中可以为 HTML 元素指定 class 属性，那为什么称为"类"，为什么又需要"类"呢？下面举例说明。

双击桌面上的 Sublime Text 快捷图标，打开软件，然后单击菜单栏中的"File/New File"命令（快捷键：Ctrl+N），新建一个文件，然后输入如下代码：

```
<!DOSTYPE html>
<html>
    <head>
        <meta charset="utf-8">
        <title>类选择器</title>
        <style type="text/css">
            p{font-family:"黑体";font-size:15px;}
            p.a{font-family:"宋体"; font-size:20px; font-weight:bold; }
            p.b{font-family: "楷体_GB2312";color:red;}
```

```
                            p.c{background:pink;color:blue;font-style:initial;}
                </style>
         </head>
         <body>
                <p> CSS 样式之类选择器 </p>
                <p class="a">CSS 样式之类选择器 </p>
                <p class="b">CSS 样式之类选择器 </p>
                <p class="c">CSS 样式之类选择器 </p>
         </body>
</html>
```

需要注意这里的 CSS 样式，都是对段落元素 p 进行格式设置，如果只设置 p{font-family:"黑体 ";font-size:15px;}，那么 HTML 网页中的 4 段文字样式都一样。

定义 'p.a{font-family："宋体"; font-size:20px; font-weight:bold; }' 样式，这样段落元素 p，类属性为 a 的格式就会发生变化。

总之，通过类选择符能够把相同的元素分类定义不同的样式，定义类选择符时，在自定类的名称前面加一个点号。

按下键盘上的 "Ctrl+S" 组合键，把文件保存在 "E:\Sublime"，文件名为 "web8-2.html"。

打开 360 安全浏览器，然后在浏览器的地址栏中输入 "file:/// E:\Sublime \web8-2.html"，然后按回车键，效果如图 8.2 所示。

图 8.2　类选择器

3. ID 选择器

ID 是 HTML 元素的一种属性，可以为 HTML 元素指定 id 属性，id 属性只能被 HTML 网页中的某类元素使用，并不像类（class）选择器可以被不同的元素使用。

类和 ID 的定义都是以字母开头，而且名称只能由字母、数字、横线、下画线组成，不能包含空格和标点符号。

ID 选择器就是为样式定义具有某一 id 属性值的 HTML 元素，在样式定义时，id 选择器前面要添加 " # " 符号。

双击桌面上的 Sublime Text 快捷图标，打开软件，然后单击菜单栏中的 "File/New File" 命令（快捷键：Ctrl+N），新建一个文件，然后输入如下代码：

```
<!DOSTYPE html>
<html>
    <head>
            <meta charset="utf-8">
            <title>ID选择器</title>
            <style type="text/css">
#div1{background:rgb(200,200,0);color:blue;font-size:20px;}
    div2{background:rgb(200,0,200);color:yellow;font-size:20px;}
            </style>
    </head>
    <body>
            <div id="div1">
                    爆竹声中一岁除，春风送暖入屠苏。<br>
            </div>
            <div id="div2">
                    千门万户瞳瞳日，总把新桃换旧符。
            </div>
    </body>
</html>
```

div 元素是一个块元素，具有分割内容的作用。div 与 CSS 样式可让网页实现各种样式的效果。

按下键盘上的"Ctrl+S"组合键，把文件保存在"E:\Sublime"，文件名为"web8-3.html"。

打开 360 安全浏览器，然后在浏览器的地址栏中输入"file:/// E:\Sublime \web8-3.html"，然后按回车键，效果如图 8.3 所示。

图 8.3　ID 选择器

4. 关联选择器

关联选择器是指用空格连接的两个或者多个选择器组成的样式定义，例如：

```
div p {font-family: "黑体";}
```

说明：上例中的"div p"是关联选择器的名称，它的意义是指在 div 块级元素里的段落 p 的字体样式为"黑体"，而 div 块级元素外的段落的样式不受此样式的影响。关联选择器定义的样式优先权要高于单一的样式选择器定义的样式，例如样式定义：

```
div p {font-family: "黑体";}
```

之后定义如下的段落样式：

```
p {font-family: "宋体";}
```

那么，在 div 块级元素范围里的段落的字体仍然是"黑体"，不受后面定义的'p {font-family："宋体"；}'格式的影响。

5. 组合选择器

组合选择器是指在定义一个样式规则的时候，组合多个选择器作为样式的整体选择器，多个选择器之间用"，"逗号隔开。例如：

```
h1,h2,h3,div,p,em{color: #FF0000;}
```

这个样式定义给 h1、h2、h3、div、p、em 元素都定义了颜色为红色的样式。

6. 伪（虚）类选择器

伪（虚）类选择器是对一个 HTML 元素的不同状态定义不同的样式。在实际应用中，常见的是对于超链接元素 A 的格式定义，可以使用伪（虚）类的方式设置不同类型链接的显示方式。超链接元素 A 的虚类选择器具体如下：

A:link，表示超链接没有被访问。

A:visited，表示超链接已被访问过。

A:active，表示超链接当前被选中。

A:hover，表示光标移动到超链接上。

双击桌面上的 Sublime Text 快捷图标，打开软件，然后单击菜单栏中的"File/New File"命令（快捷键：Ctrl+N），新建一个文件，然后输入如下代码：

```html
<!DOSTYPE html>
<html>
    <head>
            <meta charset="utf-8">
            <title>伪（虚）类选择器 </title>
            <style type="text/css">
                    a:link {color:red;font-size:15px;}
                    a:visited {color:blue;font-size:15px;}
                    a:hover {color: orange;font-size:25px;}
                    a:active {color: green; font-size:30px;}
            </style>
    </head>
    <body>
            <p><b><a href="http://www.163.com" target="_blank">网易超链接</a></b></p>
            <p><b>提醒: </b>在 CSS 定义中,a:hover 必须位于 a:link 和 a:visited 之后,这样才能生效! </p>
            <p><b>提醒: </b>在 CSS 定义中,a:active 必须位于 a:hover 之后,这样才能生效!</p>
    </body>
</html>
```

按下键盘上的"Ctrl+S"组合键，把文件保存在"E:\Sublime"，文件名为"web8-4. html"。

打开 360 安全浏览器，然后在浏览器的地址栏中输入"file:/// E:\Sublime \web8-4. html"，然后按回车键，效果如图 8.4 所示。

当鼠标指向"网易超链接"，这时字体变大，字体颜色为"橙色"，如图 8.5 所示。

图 8.4　伪（虚）类选择器　　　　　　　图 8.5　鼠标指向网易超链接效果

单击"网易超链接"，就会打开一个新窗口显示网易的首页面。需要注意，超链接访问过后，颜色变成蓝色，如图 8.6 所示。

鼠标指向"网易超链接"，按下鼠标左键不松开，这时超链接变成绿色，如图 8.7 所示。

图 8.6　超链接访问过后的颜色为蓝色　　　图 8.7　超链接被选中时的颜色

8.2.3　CSS 的注释

在 CSS 中增加注释很简单，所有被放在"/*"和"*/"分隔符之间的文本信息都被称为注释。注意，CSS 只有一种注释，不管是多行注释还是单行注释，都必须以"/*"开始、以"*/"结束，中间加入注释内容。

双击桌面上的 Sublime Text 快捷图标，打开软件，然后单击菜单栏中的"File/New File"命令（快捷键：Ctrl+N），新建一个文件，然后输入如下代码：

```
<!DOCTYPE html>
<html>
    <head>
        <title>CSS 注释</title>
        <style type="text/css">
            /* 使用元素选择器，定义所有 p 元素属性 */
            p
            {
                font-family:" 微软雅黑 ";          /* 字体类型为微软雅黑 */
                font-size:15px;                  /* 字体大小为 15px*/
                color: blue;                     /* 字体颜色为蓝色 */
                font-weight:bold;                /* 字体加粗 */
            }
            /* 使用 id 选择器，定义个别样式 */
            #p2
            {
```

```
                    color:red;                          /* 字体颜色为 red*/
                }
            </style>
    </head>
    <body>
            <p id="p1">HTML 控制网页的结构 </p>
            <p id="p2">CSS 控制网页的外观 </p>
            <p id="p3">JavaScript 控制网页的行为 </p>
    </body>
</html>
```

按下键盘上的 "Ctrl+S" 组合键，把文件保存在 "E:\Sublime"，文件名为 "web8-5.html"。

打开 360 安全浏览器，然后在浏览器的地址栏中输入 "file:/// E:\Sublime \web8-5.html"，然后按回车键，效果如图 8.8 所示。

图 8.8　CSS 的注释

8.3　CSS 的引用方式

在 HTML 中，引用 CSS 样式共有 3 种方法，分别是嵌入样式表、链接外部样式表、内嵌样式。

8.3.1　嵌入样式表

使用 <style> 标记把一个或多个 CSS 样式定义在 HTML 页面的 "<head>" "</head>" 标记之间，这就是嵌入样式表。在嵌入样式表中定义的 CSS 样式作用于当前页面的有关元素。前面讲的例子，都是内部样式表，这里不再赘述。

8.3.2　链接外部样式表

如果很多网页需要使用同样的样式，是否要在所有 HTML 网页的 "<head>"……"</head>" 里定义样式，再在每个页面的后面位置引用该样式？可以设想这样做的工作量非常大，这时可以使用链接外部样式表的方法，这种方法是：

首先把样式 (styles) 定义在一个以 ".css" 为后缀的 CSS 文件里，然后在每个需要用到这些样式 (styles) 的网页里引用这个 CSS 文件。

需要注意的是，链接外部样式表时，如果一个 HTML 网页要使用外部样式表中的样式，则可以在其 "<head>" 部分加入类似代码：

```
<link rel="stylesheet" type="text/css" href="mystyle.css">
```

链接的外部样式表将作用于这个页面，如同嵌入样式表作用于本页面。

双击桌面上的 Sublime Text 快捷图标，打开软件，然后单击菜单栏中的"File/New File"命令（快捷键：Ctrl+N），新建一个文件，然后输入如下代码：

```
@charset "uft-8";
p{background: rgb(100,200,100);color: red;font-size: 20px}
```

'@charset "uft-8"'表示编码为"uft-8"。

按下键盘上的"Ctrl+S"组合键，把文件保存在"E:\Sublime"，文件名为"mycss.css"。

单击 Sublime Text 软件菜单栏中的"File/New File"命令（快捷键：Ctrl+N），新建一个文件，然后输入如下代码：

```
<!DOSTYPE html>
<html>
    <head>
            <meta charset="utf-8">
            <title>链接外部样式表</title>
            <link rel="stylesheet" type="text/css" href="mycss.css">
    </head>
    <body>
            <h3 align="center">链接外部样式表</h3>
            <hr>
            <p align="center">
                        爆竹声中一岁除，春风送暖入屠苏。<br>
                        千门万户瞳瞳日，总把新桃换旧符。
            </p>
    </body>
</html>
```

链接外部样式表的代码如下：

```
<link rel="stylesheet" type="text/css" href="mycss.css">
```

链接外部样式表使用的是 link 元素，其 rel 属性规定当前文档与被链接文档之间的关系，属性值为"stylesheet"，表示是外部样式表；'type="text/css"'表示是样式表；href 属性是引用的外部样式表名。

按下键盘上的"Ctrl+S"组合键，把文件保存在"E:\Sublime"，文件名为"web8-6.html"。

打开 360 安全浏览器，然后在浏览器的地址栏中输入"file:///E:\Sublime \web8-6.html"，然后按回车键，效果如图 8.9 所示。

图 8.9　CSS 的注释

链接外部样式表的好处在于一个外部样式表可以控制多个页面的显示外观，从而确保这些页面外观的一致性。而且，如果决定更改样式，只需在外部样式表中做一次更改，该更改就会反映到所有与这个样式表相链接的 HTML 页面上。

使用链接外部样式表，相对于内嵌样式和嵌入样式表，有以下优点：

第一，样式代码可以重复使用。一个外部 CSS 文件，可以被很多网页共用。

第二，便于修改。如果要修改样式，只需要修改 CSS 文件，而不需要修改每个网页。

第三，提高网页显示的速度。如果样式写在网页里，会降低网页显示的速度；如果网页引用一个 CSS 文件，这个 CSS 文件如果已经在别的网页引用过了，那么它就存在于缓存区中，网页显示的速度就要比第一次引用该 CSS 文件时快。

8.3.3 内嵌样式

内嵌样式是直接写在 HTML 元素中的，是只为某个 HTML 元素的 style 属性指定的样式，该样式只作用于这个 HTML 元素。

双击桌面上的 Sublime Text 快捷图标，打开软件，然后单击菜单栏中的 "File/New File" 命令（快捷键：Ctrl+N），新建一个文件，然后输入如下代码：

```
<!DOSTYPE html>
<html>
    <head>
            <meta charset="utf-8">
            <title> 内嵌样式 </title>
    </head>
    <body>
            <h3 align="center"> 内嵌样式 </h3>
            <hr>
            <p align="center" style="font-family:黑体;color:red;background:yell
ow;">
                    爆竹声中一岁除，春风送暖入屠苏。<br>
                    千门万户瞳瞳日，总把新桃换旧符。
            </p>
    </body>
</html>
```

按下键盘上的 "Ctrl+S" 组合键，把文件保存在 "E:\Sublime"，文件名为 "web8-7.html"。

打开 360 安全浏览器，然后在浏览器的地址栏中输入 "file:///E:\Sublime \web8-7.html"，然后按回车键，效果如图 8.10 所示。

图 8.10　内嵌样式

8.3.4　CSS 样式的优先级

CSS 样式是"级联"的，不同的样式 (styles) 可以联合在一起，形成一种"整合"式的样式对 HTML 元素起作用。即全局样式规则会一直应用于 HTML 元素，直到有局部样式将其取代为止。局部样式的优先级高于全局样式。

例如，通过"<style>"标记定义的嵌入样式表中的样式可取代外部样式表中定义的样式。同样，单个 HTML 标记内定义的内嵌样式可取代在其他地方为同一元素定义的任何样式。

另外，在局部样式应用于页面元素之后，全局样式中不与局部样式冲突的部分继续应用于这些元素。

CSS 样式优先级的顺序是：

● 浏览器默认 (browser default)(优先级最低)

● 外部样式表 (Extenal Style Sheet)

● 嵌入样式表 (Internal Style Sheet)

● 内嵌样式表 (Inline Style)(优先级最高)

用一句话总结如下：样式 (Styles) 的优先级从高到低依次是内嵌 (inline)、嵌入 (internal)、外部 (external)、浏览器默认 (browser default)。假设内嵌 (Inline) 样式中有"font-size:30pt"，而嵌入 (Internal) 样式中有"font-size:12pt"，那么内嵌 (Inline) 样式就会覆盖嵌入 (Internal) 样式。

第 9 章
CSS 中的各种样式

CSS 中有很多样式，如字体样式、段落样式、边框样式、背景样式、图像样式。本章来详细讲解一下。

本章主要内容包括：

➤ font-family 字体类型和 font-size 字体大小

➤ font-weight 字体粗细、font-style 字体倾斜和 color 字体颜色

➤ text-decoration 文本修饰、text-transform 大小写转换

➤ text-indent 首行缩进、text-align 对齐方式和 line-height 行高

➤ 边框的宽度和颜色

➤ 边框的外观和边框的局部样式

➤ background-color 背景颜色和背景图像

➤ 图像的大小、边框和水平对齐方式

➤ 图像的垂直对齐方式

➤ 文字环绕效果

➤ 设置文字与图像的间距

9.1 字体样式

在设计开发 HTML 网页时，最先考虑的就是网页页面的文字样式属性，文字样式属性通常包括字体、大小、粗细、颜色等各方面。

CSS 中的字体样式属性及意义如下：

font-family：字体类型。

font-size：字体的大小。

font-weight：字体粗细。

font-style：字体倾斜。

color：字体颜色。

需要注意的是，除了 color 属性外，其他属性都是以 "font"（字体）开头。

9.1.1 font-family 字体类型

在 CSS 中，使用 font-family 属性来定义字体类型，其语法格式如下：

```
font-family: 字体1, 字体2, 字体3;
```

font-family 可指定多种字体，多个字体将按优先顺序排列，以逗号隔开，注意逗号一定是英文逗号。

双击桌面上的 Sublime Text 快捷图标，打开软件，然后单击菜单栏中的 "File/New File" 命令（快捷键：Ctrl+N），新建一个文件，然后输入如下代码：

```
<!DOSTYPE html>
<html>
    <head>
            <meta charset="utf-8">
            <title> 字体的 font-family 属性 </title>
            <style type="text/css">
                    h3{font-family: 方正粗黑宋简体 ;}
                    p{font-family: 微软雅黑 ,Arial,Times New Roman;}
            </style>
    </head>
    <body>
            <h3 align="center"> 字体的 font-family 属性 </h3>
            <hr>
            <p align="center">
                    爆竹声中一岁除，春风送暖入屠苏。<br>
                    千门万户曈曈日，总把新桃换旧符。
            </p>
    </body>
</html>
```

这里定义标题 h3 的字体类型为"方正粗黑宋简体"。定义段落 p 的字体类型为"微软雅黑,Arial,Times New Roman"。

为什么要为元素同时定义多个字体呢?

其实原因是这样的:每个人的计算机中装的字体都不一样,定义"p{font-family:微软雅黑,Arial,Times New Roman;}"这句的意思是,p 元素优先用"微软雅黑"字体来显示,如果你的计算机中没有装"微软雅黑"这个字体,那么就用"Arial"字体来显示,如果也没有装"Arial"字体,那么就用"Times New Roman"字体来显示,以此类推。

否则,如果只定义"p{font-family:微软雅黑;}"的话,如果计算机中没有装"微软雅黑"字体,p 元素就直接用浏览器默认的"宋体"字体来显示了,达不到你预期的效果。

注意,默认情况下,浏览器的字体是宋体。

按下键盘上的"Ctrl+S"组合键,把文件保存在"E:\Sublime",文件名为"web9-1.html"。

打开 360 安全浏览器,然后在浏览器的地址栏中输入"file:/// E:\Sublime \web9-1.html",然后按回车键,效果如图 9.1 所示。

图 9.1　font-family 字体类型

9.1.2　font-size 字体大小

在 CSS 中,使用 font-size 属性来定义字体大小,其语法格式如下:

```
font-size: 关键字 / 像素值 ;
```

font-size 的属性值有两种,分别是关键字和使用像素做单位的数值。

1. 关键字

font-size 的属性的关键字及意义如下:

xx-small:最小。

x-small:较小。

small:小。

medium:默认值,正常。

large：大。

x-large：较大。

xx-large：最大。

需要注意的是，利用关键字设置字体大小，现在用的人越来越少。大多使用像素做单位的数值。

2. 像素值

像素值的单位为"px"。px，全称"pixel"（像素）。px 就是一张图片中最小的点，或者是计算机屏幕最小的点。一台计算机的分辨率是 800px×600px 指的就是"计算机宽是 800 个小方点，高是 600 个小方点"。

双击桌面上的 Sublime Text 快捷图标，打开软件，然后单击菜单栏中的"File/New File"命令（快捷键：Ctrl+N），新建一个文件，然后输入如下代码：

```
<!DOSTYPE html>
<html>
    <head>
        <meta charset="utf-8">
        <title>字体的 font-size 属性</title>
        <style type="text/css">
            #a{font-size: small;}
            #b{font-size: x-large;}
            #c{font-size: 12px;}
            #d{font-size: 30px;}
        </style>
    </head>
    <body>
        <h3 align="center">字体的 font-size 属性</h3>
        <hr>
        <p id="a">爆竹声中一岁除，</p>
        <p id="b">春风送暖入屠苏。</p>
        <p id="c">千门万户曈曈日，</p>
        <p id="d">总把新桃换旧符。</p>
    </body>
</html>
```

按下键盘上的"Ctrl+S"组合键，把文件保存在"E:\Sublime"，文件名为"web9-2.html"。

打开 360 安全浏览器，然后在浏览器的地址栏中输入"file:///E:\Sublime \web9-2.html"，然后按回车键，效果如图 9.2 所示。

图 9.2　font-size 字体大小

9.1.3　font-weight 字体粗细

在 CSS 中，使用 font-weight 属性来定义字体粗细，其语法格式如下：

```
font-weight：粗细值；
```

字体粗细和字体大小（font-size）是不一样的，粗细指的是字体笔画的"胖瘦"，大小指的是高和宽。

font-weight 属性值及意义如下：

normal：默认值，正常体。

Lighter：较细。

bold：较粗。

bolder：很粗。

字体粗细 font-weight 属性值可以取 100、200、…、900 九个值。400 相当于正常字体 normal，700 相当于 bold。100~900 分别表示字体的粗细，是对字体粗细的一种量化方式，值越大就表示越粗，值越小就表示越细。

对于网页来讲，一般仅用到 bold、normal 这两个属性值就完全可以了，粗细值不建议使用数值（100~900）。

9.1.4　font-style 字体倾斜

在 CSS 中，使用 font-style 属性来定义字体倾斜效果，其语法格式如下：

```
font-style：取值；
```

font-style 属性值及意义如下：

normal：默认值，正常体。

italic：斜体。

oblique：将字体倾斜。将没有斜体变量（italic）的特殊字体变斜，要应用 oblique。

一般字体有粗体、斜体、下画线、删除线等诸多属性。但是并不是所有的字体都有这些属性。一些不常用的字体，或许就只有正常字体，如果用 italic 发现字体没有斜体效果，这个时候就要使用 oblique。

可以这样理解：有些文字有斜体属性，也有些文字没有斜体属性。italic 是使用文字的斜体，oblique 是让没有斜体属性的文字倾斜。

9.1.5　color 字体颜色

在 CSS 中，使用 color 属性来定义字体颜色，其语法格式如下：

```
color：颜色值；
```

关于颜色的设置方法，前面讲过，这里不再多说。

双击桌面上的 Sublime Text 快捷图标，打开软件，然后单击菜单栏中的 "File/New File" 命令（快捷键：Ctrl+N），新建一个文件，然后输入如下代码：

```
<!DOSTYPE html>
<html>
    <head>
            <meta charset="utf-8">
            <title>字体样式</title>
            <style type="text/css">
                    #a{ font-family:黑体 ;font-size:15px;color:red}
                    #b{font-family: 楷 体 ;font-size:20px;font-weight:bold;
color:orange;}
                    #c{ font-family:宋体 ; font-size: 25px; font-style: italic;
color:green;}
                    #d{font-family: 宋 体 ; font-size: 30px; font-weight:bold;
font-style: italic; color:blue;}
            </style>
    </head>
    <body>
            <h3 align="center">字体样式</h3>
            <hr>
            <p align="center" id="a">爆竹声中一岁除，</p>
            <p align="center" id="b">春风送暖入屠苏。</p>
            <p align="center" id="c">千门万户瞳瞳日，</p>
            <p align="center" id="d">总把新桃换旧符。</p>
    </body>
</html>
```

按下键盘上的 "Ctrl+S" 组合键，把文件保存在 "E:\Sublime"，文件名为 "web9-3. html"。

打开 360 安全浏览器，然后在浏览器的地址栏中输入 "file:/// E:\Sublime \web9-3. html"，然后按回车键，效果如图 9.3 所示。

图 9.3　字体样式

9.2　段落样式

字体样式主要涉及字体本身的效果，而段落样式主要涉及多个文字的排版效果，即整个段落的排版效果。字体样式注重个体，段落样式注重整体。所以 CSS 在命名时，特意使用 font 前缀和 text 前缀来区分两类不同性质的属性。

CSS 中的段落样式属性及意义如下：

text-decoration：下画线、删除线、顶画线。

text-transform：文本大小写。

text-indent：段落首行缩进。

text-align：文本水平对齐方式。

line-height：行高。

9.2.1　text-decoration 文本修饰

在 CSS 中，使用 text-decoration 属性来定义段落文本的下画线、删除线和顶画线，其语法格式如下：

```
text-decoration:属性值；
```

text-decoration 属性值及意义如下：

none：默认值，可以用这个属性值去掉已经有下画线或删除线或顶画线的样式。

underline：下画线。

line-through：删除线。

overline：顶画线。

双击桌面上的 Sublime Text 快捷图标，打开软件，然后单击菜单栏中的 "File/New File" 命令（快捷键：Ctrl+N），新建一个文件，然后输入如下代码：

```
<!DOSTYPE html>
<html>
    <head>
            <meta charset="utf-8">
            <title>段落样式中的 text-decoration 属性</title>
            <style type="text/css">
                    #a{ text-decoration:none;color:blue; }
                    #b{ text-decoration:underline;color:orange;}
                    #c{ text-decoration:line-through;color:green;}
                    #d{ text-decoration:overline; color:rgb(255,0,0); }
            </style>
    </head>
    <body>
            <h3 align="center">段落样式中的 text-decoration 属性</h3>
            <hr>
            <p align="center" id="a">爆竹声中一岁除，</p>
            <p align="center" id="b">春风送暖入屠苏。</p>
            <p align="center" id="c">千门万户瞳瞳日，</p>
            <p align="center" id="d">总把新桃换旧符。</p>
    </body>
</html>
```

按下键盘上的 "Ctrl+S" 组合键，把文件保存在 "E:\Sublime"，文件名为 "web9-4.html"。

打开 360 安全浏览器，然后在浏览器的地址栏中输入"file:/// E:\Sublime \web9-4.html"，然后按回车键，效果如图 9.4 所示。

图 9.4　字体样式

9.2.2　text-transform 大小写转换

在 CSS 中，使用 text-transform 属性来转换文本的大小写，这是针对英文而言的，因为中文不存在大小写之分，其语法格式如下：

```
text-transform: 属性值；
```

text-transform 属性值及意义如下：

none：默认值，无转换发生。

uppercase：转换成大写。

lowercase：转换成小写。

capitalize：将每个英文单词的首字母转换成大写，其余无转换发生。

9.2.3　text-indent 首行缩进

在 CSS 中，使用 text-indent 属性定义段落的首行缩进。在 HTML 网页中，段落 p 元素的首行是不会缩进的，可以使用 4 个" "来缩进首行文本，让段落排版规范一些。但是这样的话，冗余代码就会很多。

text-indent 属性的语法格式如下：

```
text-indent: 像素值；
```

段落首行缩进的是两个字的间距，如果要实现这个效果，text-indent 的属性值应该是字体 font-size 属性值的两倍即可。

双击桌面上的 Sublime Text 快捷图标，打开软件，然后单击菜单栏中的"File/New File"命令（快捷键：Ctrl+N），新建一个文件，然后输入如下代码：

```
<!DOSTYPE html>
<html>
```

```
        <head>
                <meta charset="utf-8">
                <title> 段落样式中的 text-transform 和 text-indent 属性 </title>
                <style type="text/css">
                        #a{font-size:16px; text-indent:32px;color:red;text-
decoration:underline;}
                        #b{font-size:20px; text-indent:40px;color:green;font-
weight:bold;}
                        #c{font-size:16px; text-indent:32px;text-
transform:capitalize;}
                        #d{font-size:16px; text-indent:32px;text-
transform:uppercase;}
                        #e{font-size:16px; text-indent:32px;text-
transform:lowercase;}
                </style>
        </head>
        <body>
                <h3 align="center"> 岳阳楼记 </h3>
                <hr>
                <p id="a">
                        若夫霪雨霏霏，连月不开，阴风怒号，浊浪排空；日星隐曜，山岳潜形；商旅不行，
樯倾楫摧；薄暮冥冥，虎啸猿啼。登斯楼也，则有去国怀乡，忧谗畏讥，满目萧然，感极而悲者矣。
                </p>
                <p id="b">
                        至若春和景明，波澜不惊，上下天光，一碧万顷；沙鸥翔集，锦鳞游泳；岸芷汀兰，
郁郁青青。而或长烟一空，皓月千里，浮光跃金，静影沉璧，渔歌互答，此乐何极！登斯楼也，则有心旷神怡，
宠辱偕忘，把酒临风，其喜洋洋者矣。
                </p>
                <h3 align="center"> 改变时态 </h3>
                <hr>
                <p id="c">
                        in the movie, Robert Redford was a spy. he goes to his
office where he found everybody dead. other spies wanted to kill him, so he takes
refuge with Julie Christie. at her house, he had waited for the heat to die down,
but they come after him anyway.
                </p>
                <p id="d">
                        in the movie, Robert Redford was a spy. he goes to his
office where he found everybody dead. other spies wanted to kill him, so he takes
refuge with Julie Christie. at her house, he had waited for the heat to die down,
but they come after him anyway.
                </p>
                <p id="e">
                        in the movie, Robert Redford was a spy. he goes to his
office where he found everybody dead. other spies wanted to kill him, so he takes
refuge with Julie Christie. at her house, he had waited for the heat to die down,
but they come after him anyway.
                </p>
        </body>
</html>
```

按下键盘上的"Ctrl+S"组合键，把文件保存在"E:\Sublime"，文件名为"web9-5.html"。

打开 360 安全浏览器，然后在浏览器的地址栏中输入"file:/// E:\Sublime \web9-5.html"，然后按回车键，效果如图 9.5 所示。

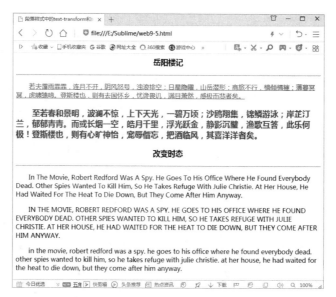

图 9.5　段落样式中的 text-transform 和 text-indent 属性

9.2.4　text-align 对齐方式

在 CSS 中，使用 text-align 属性控制文本水平方向的对齐方式：左对齐、居中对齐、右对齐，其语法格式如下：

```
text-align：属性值；
```

text-align 属性值及意义如下：

left：默认值，左对齐。

center：居中对齐。

right：右对齐。

text-align 属性不仅对文本文字有效，对 img 元素也有效。

9.2.5　line-height 行高

在 CSS 中，使用 line-height 属性来控制文本的行高，其语法格式如下：

```
line-height：像素值；
```

行高，即一行的高度，而行间距指的是两行文本之间的距离，所以一定不要把它们看成一个概念。

双击桌面上的 Sublime Text 快捷图标，打开软件，然后单击菜单栏中的 "File/New File" 命令（快捷键：Ctrl+N），新建一个文件，然后输入如下代码：

```
<!DOSTYPE html>
<html>
    <head>
```

```
        <meta charset="utf-8">
        <title>段落样式中的 text-align 和 line-height 属性</title>
        <style type="text/css">
                #a{font-size:16px; text-indent:32px;color:red;text-
align:left;line-height:20px;}
                #b{color:blue;text-align:right;line-height: 50px;}
                #c{color:green;text-align:center;line-height: 60px;}
        </style>
    </head>
    <body>
        <h3 align="center">岳阳楼记</h3>
        <hr>
        <p id="a">
                若夫霪雨霏霏，连月不开，阴风怒号，浊浪排空；日星隐曜，山岳潜形；商旅不行，
墙倾楫摧；薄暮冥冥，虎啸猿啼。登斯楼也，则有去国怀乡，忧谗畏讥，满目萧然，感极而悲者矣。
        </p>
        <p id="b">
                若夫霪雨霏霏，连月不开，阴风怒号，浊浪排空；日星隐曜，山岳潜形；商旅不行，
墙倾楫摧；薄暮冥冥，虎啸猿啼。登斯楼也，则有去国怀乡，忧谗畏讥，满目萧然，感极而悲者矣。
        </p>
        <p id="c">
                若夫霪雨霏霏，连月不开，阴风怒号，浊浪排空；日星隐曜，山岳潜形；商旅不行，
墙倾楫摧；薄暮冥冥，虎啸猿啼。登斯楼也，则有去国怀乡，忧谗畏讥，满目萧然，感极而悲者矣。
        </p>
    </body>
</html>
```

按下键盘上的"Ctrl+S"组合键，把文件保存在"E:\Sublime"，文件名为"web9-6.html"。

打开 360 安全浏览器，然后在浏览器的地址栏中输入"file:/// E:\Sublime \web9-6.html"，然后按回车键，效果如图 9.6 所示。

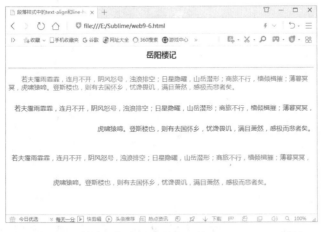

图 9.6　段落样式中的 text-align 和 line-height 属性

9.3　边框样式

在 HTML 网页中，边框随处可见，任何块元素和行内元素都可以设置边框属性。例如，

div 元素可以设置边框，img 元素也可以设置边框，table 元素也可以设置边框，等等。

CSS 中的边框样式属性及意义如下：

border-width：边框的宽度。

border-style：边框的外观。

border-color：边框的颜色。

需要注意的是，三个属性要同时设定，才会在浏览器中显示元素的边框。

9.3.1　边框的宽度和颜色

在 CSS 中，使用 border-width 属性来控制元素边框的宽度，其语法格式如下：

```
border-width:像素值;
```

使用 border-color 属性来控制元素边框的颜色，其语法格式如下：

```
border-color:颜色值;
```

9.3.2　边框的外观

在 CSS 中，使用 border-style 属性来控制元素边框的样式，其语法格式如下：

```
border-style:属性值;
```

border-style 属性值及意义如下：

none：无样式。

hidden：与"none"相同，但应用于表除外。对于表，hidden 用于解决边框冲突。

solid：实线。

dashed：虚线。

dotted：点线。

double：双线，双线的宽度等于 border-width 值。

inset：内凹。

outset：外凸。

ridge：脊线。

groove：槽线。

双击桌面上的 Sublime Text 快捷图标，打开软件，然后单击菜单栏中的"File/New File"命令（快捷键：Ctrl+N），新建一个文件，然后输入如下代码：

```
<!DOSTYPE html>
<html>
    <head>
            <meta charset="utf-8">
            <title>边框样式</title>
            <style type="text/css">
    #x1{border-width:15px;border-color:red;border-style:inset;}
```

```
#x2{border-width:15px;border-color:yellow;border-style:outset;}
#x3{border-width:15px;border-color:blue;border-style:ridge;}
#x4{border-width:15px;border-color:green;border-style:groove;}
#x5{border-width:9px;border-color:green;border-style:solid;}
#x6{border-width:6px;border-color:blue;border-style:dashed;}
#x7{border-width:16px;border-color:yellow;border-style:dotted;}
#x8{border:10px red double;}
        </style>
</head>
<body>
        <h3 align="center"> 边框样式 </h3>
        <hr>
        <img id="x1" src="1.gif">
        <img id="x2" src="1.gif">
        <img id="x3" src="1.gif">
        <img id="x4" src="1.gif"><br>
        <img id="x5" src="1.gif">
        <img id="x6" src="1.gif">
        <img id="x7" src="1.gif">
        <img id="x8" src="1.gif">
</body>
</html>
```

需要注意，边框样式的简单写法，即"border:10px red double"。三个属性之间是空格。

按下键盘上的"Ctrl+S"组合键，把文件保存在"E:\Sublime"，文件名为"web9-7.html"。

打开 360 安全浏览器，然后在浏览器的地址栏中输入"file:/// E:\Sublime \web9-7.html"，然后按回车键，效果如图 9.7 所示。

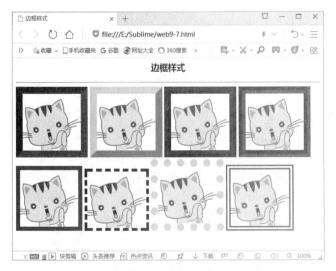

图 9.7　边框样式

9.3.3　边框的局部样式

每个边框都有上、下、左、右 4 条边框。在 CSS 中，可以分别针对上下左右 4 条边框设置单独的样式。

1. 上边框

上边框的语法格式如下：

```
border-top-width:1px;
border-top-style:solid;
border-top-color:red;
```

简单写法如下：

```
border-top:1px solid red;
```

2. 下边框

下边框的语法格式如下：

```
border-bottom-width:1px;
border-bottom-style:solid;
border-bottom-color:orange;
```

简单写法如下：

```
border-bottom:1px solid orange;
```

3. 左边框

左边框的语法格式如下：

```
border-left-width:1px;
border-left-style:solid;
border-left-color:blue;
```

简单写法如下：

```
border-left:1px solid blue;
```

4. 右边框

右边框的语法格式如下：

```
border-right-width:1px;
border-right-style:solid;
border-right-color:red;
```

简单写法如下：

```
border-right:1px solid green;
```

双击桌面上的 Sublime Text 快捷图标，打开软件，然后单击菜单栏中的"File/New File"命令（快捷键：Ctrl+N），新建一个文件，然后输入如下代码：

```
<!DOSTYPE html>
<html>
    <head>
            <meta charset="utf-8">
            <title>边框的局部样式</title>
            <style type="text/css">
                    #div1
                {
                        width:600px;                    /*div 元素宽为 600px*/
                        height:200px;                   /*div 元素高为 200px*/
```

```
                    border-top:10px double red;          /*上边框样式*/
                    border-right:5px dotted orange;       /*右边框样式*/
                    border-bottom:8px dashed blue;        /*下边框样式*/
                    border-left:16px groove green;        /*左边框样式*/
                }
            </style>
    </head>
    <body>
            <h3 align="center">边框的局部样式</h3>
            <hr>
            <div id="div1"></div>
    </body>
</html>
```

按下键盘上的 "Ctrl+S" 组合键，把文件保存在 "E:\Sublime"，文件名为 "web9-8. html"。

打开 360 安全浏览器，然后在浏览器的地址栏中输入 "file:/// E:\Sublime \web9-8. html"，然后按回车键，效果如图 9.8 所示。

图 9.8　边框的局部样式

9.4　背景样式

在 CSS 中，背景样式主要包括背景颜色和背景图像。使用 background-color 属性来控制元素的背景颜色。

在 CSS 中，为元素设置背景图像，其常用属性及意义如下：

background-image：定义背景图像的路径，这样图片才能显示。

background-repeat：定义背景图像显示方式，例如纵向平铺、横向平铺。

background-position：定义背景图像在元素哪个位置。

background-attachment　：定义背景图像是否随内容而滚动。

9.4.1 background-color 背景颜色

在 CSS 中，使用 background-color 属性来定义元素的背景颜色，其语法格式如下：

```
background-color: 颜色值；
```

双击桌面上的 Sublime Text 快捷图标，打开软件，然后单击菜单栏中的 "File/New File" 命令（快捷键：Ctrl+N），新建一个文件，然后输入如下代码：

```
<!DOSTYPE html>
<html>
    <head>
        <meta charset="utf-8">
        <title>background-color背景颜色</title>
        <style type="text/css">
        #a{background-color:yellow;color:red;font-size:20px;text-
indent:40px;;border:groove 10px orange;}
        #b{background-color:rgb(100,250,100);color:blue;font-size:20px;text-
indent:40px;border:inset 5px red;}
        </style>
    </head>
    <body>
        <h3 align="center">background-color背景颜色</h3>
        <hr>
        <p id="a">
                若夫霪雨霏霏，连月不开，阴风怒号，浊浪排空；日星隐曜，山岳潜形；商旅不行，
樯倾楫摧；薄暮冥冥，虎啸猿啼。登斯楼也，则有去国怀乡，忧谗畏讥，满目萧然，感极而悲者矣。
        </p>
        <p id="b">
                至若春和景明，波澜不惊，上下天光，一碧万顷；沙鸥翔集，锦鳞游泳；岸芷汀兰，
郁郁青青。而或长烟一空，皓月千里，浮光跃金，静影沉璧，渔歌互答，此乐何极！登斯楼也，则有心旷神怡，
宠辱偕忘，把酒临风，其喜洋洋者矣。
        </p>
    </body>
</html>
```

按下键盘上的 "Ctrl+S" 组合键，把文件保存在 "E:\Sublime"，文件名为 "web9-9. html"。

打开 360 安全浏览器，然后在浏览器的地址栏中输入 "file:/// E:\Sublime \web9-9. html"，然后按回车键，效果如图 9.9 所示。

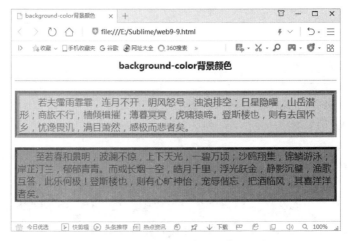

图 9.9 background-color 背景颜色

9.4.2 背景图像

在 CSS 中，添加背景图像，要设置 background-image、background-repeat、background-position 和 background-attachment 的属性值，下面具体讲解一下。

1. background-image

background-image 是控制元素的必选属性，它定义了图像的来源，跟 HTML 的 img 标签一样，必须定义图像的来源路径，图像才能显示。background-image 属性的语法格式如下：

```
background-image:url(" 图像地址 ");
```

2. background-repeat

在 CSS 中，使用 background-repeat 属性可以设置背景图像是否平铺，并且可以设置如何平铺，其语法格式如下：

```
background-repeat: 属性值 ;
```

background-repeat 属性值及意义如下：

no-repeat：表示不平铺。

repeat：默认值，表示在水平方向（x 轴）和垂直方向（y 轴）同时平铺。

repeat-x：表示在水平方向（x 轴）平铺。

repeat-y：表示在垂直方向（y 轴）平铺。

3. background-position

在 CSS 中，使用 background-position 属性可以设置背景图像的位置，其语法格式如下：

```
background-positon: 像素值 / 关键字 ;
```

使用像素值，就是设置水平方向数值（x 轴）和垂直方向数值（y 轴）。

使用关键字设置 background-positon 属性，属性值及意义如下：

top left：左上。

top center：靠上居中。

top right：右上。

left center：靠左居中。

center center：正中。

right center：靠右居中。

bottom left：左下。

bottom center：靠下居中。

bottom right：右下。

4. background-attachment

在 CSS 中，使用 background-attachment 属性可以设置背景图像是随对象滚动还是固定不动，其语法格式如下：

```
background-attachment:scroll/fixed;
```

scroll 表示背景图像随对象滚动而滚动，是默认选项；fixed 表示背景图像固定在页面不动，只有其他的内容随滚动条滚动。

双击桌面上的 Sublime Text 快捷图标，打开软件，然后单击菜单栏中的 "File/New File" 命令（快捷键：Ctrl+N），新建一个文件，然后输入如下代码：

```html
<!DOSTYPE html>
<html>
    <head>
            <meta charset="utf-8">
            <title>背景图像</title>
            <style type="text/css">
                    #a{background-image: url(c.png);border:5px red
groove;color:red;}
                    #b{background-image: url(c.png); background-repeat:repeat-x;
border:5px yellow double;color:blue;}
                    #c{background-image: url(c.png); background-repeat:repeat-y;
border:10px yellow inset;color:green;}
                    #d{background-image: url(c.png); background-repeat:no-
repeat; background-position: top center ; border:10px yellow inset;color:orange;}
            </style>
    </head>
    <body>
            <dir id="a">
                    <h3 align="center">元日</h3>
                    <p align="center">爆竹声中一岁除，春风送暖入屠苏。<br>
                    千门万户瞳瞳日，总把新桃换旧符。</p>
            </dir>
            <dir id="b">
                    <h3 align="center">元日</h3>
                    <p align="center">爆竹声中一岁除，春风送暖入屠苏。<br>
                    千门万户瞳瞳日，总把新桃换旧符。</p>
            </dir>
            <dir id="c">
                    <h3 align="center">元日</h3>
                    <p align="center">爆竹声中一岁除，春风送暖入屠苏。<br>
                    千门万户瞳瞳日，总把新桃换旧符。</p>
            </dir>
            <dir id="d">
                    <h3 align="center">元日</h3>
                    <p align="center">爆竹声中一岁除，春风送暖入屠苏。<br>
                    千门万户瞳瞳日，总把新桃换旧符。</p>
            </dir>
    </body>
</html>
```

按下键盘上的 "Ctrl+S" 组合键，把文件保存在 "E:\Sublime"，文件名为 "web9-10.html"。

打开360安全浏览器，然后在浏览器的地址栏中输入 "file:/// E:\Sublime \web9-10.html"，然后按回车键，效果如图 9.10 所示。

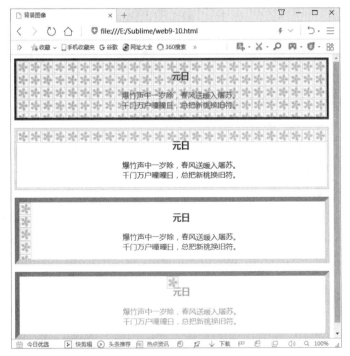

图 9.10　背景图像

9.5　图像样式

图像样式就是设置图像的大小、边框、对齐方式及与文字环绕效果。

9.5.1　图像的大小、边框和水平对齐方式

在 CSS 中，对于图像的大小，可以利用 width 和 height 属性来定义，其语法格式如下：

```
width: 像素值;
height: 像素值;
```

图像的边框，可以利用 border-width、border-style、border-color 来设定，前面已讲过，这里不再重复。

图像的水平对齐方式，是利用 text-align 来设置的，left 表示左对齐、center 表示居中、right 表示右对齐。

双击桌面上的 Sublime Text 快捷图标，打开软件，然后单击菜单栏中的 "File/New File" 命令（快捷键：Ctrl+N），新建一个文件，然后输入如下代码：

```
<!DOCTYPE html>
<html>
    <head>
```

```
        <meta charset="utf-8">
        <title> 图像的大小、边框和水平对齐方式 </title>
        <style type="text/css">
            div
            {
                width:300px;
                height:80px;
                border:5px groove red;
            }
            .div_img1{text-align:left;}
            .div_img2{text-align:center;}
            .div_img3{text-align:right;}
            img{width:60px;height:60px;}
        </style>
    </head>
    <body>
        <div class="div_img1">
            <img src="like1.jpg" >
        </div>
        <br>
        <div class="div_img2">
            <img src="like1.jpg" >
        </div>
        <br>
        <div class="div_img3">
            <img src="like1.jpg">
        </div>
    </body>
</html>
```

按下键盘上的"Ctrl+S"组合键，把文件保存在"E:\Sublime"，文件名为"web9-11.html"。

打开360安全浏览器，然后在浏览器的地址栏中输入"file:/// E:\Sublime \web9-11.html"，然后按回车键，效果如图 9.11 所示。

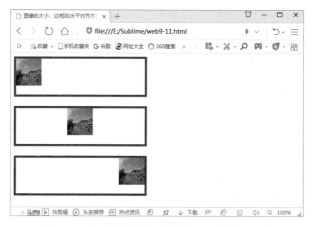

图 9.11　图像的大小、边框和水平对齐方式

9.5.2　图像的垂直对齐方式

图像的垂直对齐方式，是利用 vertical-align 属性来设置，其属性值及意义如下：

top：顶部对齐。

middle：中部对齐。

baseline：基线对齐。

bottom：底部对齐。

双击桌面上的 Sublime Text 快捷图标，打开软件，然后单击菜单栏中的"File/New File"命令（快捷键：Ctrl+N），新建一个文件，然后输入如下代码：

```
<!DOCTYPE html>
<html>
    <head>
        <title>图像的垂直对齐方式</title>
        <style type="text/css">
            img{width:80px;height:80px;}
            #img_1{vertical-align:bottom;}
            #img_2{vertical-align:middle;}
            #img_3{vertical-align:top;}
            #img_4{vertical-align:baseline;}
        </style>
    </head>
    <body>
        爆竹声中一岁除，春风送暖入屠苏。千门万户曈曈日，总把新桃换旧符。<img id="img_1"
src="like1.jpg">
        <hr>
        爆竹声中一岁除，春风送暖入屠苏。千门万户曈曈日，总把新桃换旧符。<img id="img_2"
src="like1.jpg">
        <hr>
        爆竹声中一岁除，春风送暖入屠苏。千门万户曈曈日，总把新桃换旧符。<img id="img_3"
src="like1.jpg">
        <hr>
        爆竹声中一岁除，春风送暖入屠苏。千门万户曈曈日，总把新桃换旧符。<img id="img_4"
src="like1.jpg">
        <hr>
    </body>
</html>
```

按下键盘上的"Ctrl+S"组合键，把文件保存在"E:\Sublime"，文件名为"web9-12.html"。

打开 360 安全浏览器，然后在浏览器的地址栏中输入"file:/// E:\Sublime\web9-12.html"，然后按回车键，效果如图 9.12 所示。

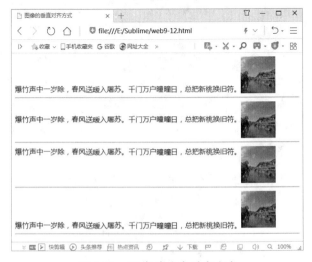

图 9.12 图像的垂直对齐方式

9.5.3 文字环绕效果

在网页布局的过程中，常常遇到图文混排的效果。图文混排，也就是文字环绕着图片进行布局。文字环绕图片的方式在实际页面中应用非常广泛，如果再配合内容、背景等多种手段便可以实现各种绚丽的效果。

在 CSS 中，使用浮动属性 float 可以设置文字在某个元素的周围，它能应用于所有的元素，其语法格式如下：

```
float: 属性值；
```

float 的属性值及意义如下：

left：元素向左浮动。

right：元素向右浮动。

none：默认值。元素不浮动，并会显示在其在文本中出现的位置。

inherit：规定应该从父元素继承 float 属性的值。

双击桌面上的 Sublime Text 快捷图标，打开软件，然后单击菜单栏中的"File/New File"命令（快捷键：Ctrl+N），新建一个文件，然后输入如下代码：

```html
<!DOCTYPE html>
<html>
    <head>
        <title> 图像的垂直对齐方式 </title>
        <style type="text/css">
            img{float:left;width:200px;height:150px;}
        </style>
    </head>
    <body>
        <h3 align="center"> 后赤壁赋 </h3>
        <hr>
        <P>
            <img src="pic1.jpg">
                是岁十月之望，步自雪堂，将归于临臯。二客从予过黄泥之坂。霜露既降，木叶尽脱，人影在地，仰见明月，顾而乐之，行歌相答。已而叹曰："有客无酒，有酒无肴，月白风清，如此良夜何！" 客曰："今者薄暮，举网得鱼，巨口细鳞，状如松江之鲈。顾安所得酒乎？" 归而谋诸妇。妇曰："我有斗酒，藏之久矣，以待子不时之需。" 于是携酒与鱼，复游于赤壁之下。江流有声，断岸千尺；山高月小，水落石出。曾日月之几何，而江山不可复识矣。予乃摄衣而上，履谗①岩，披蒙茸，踞虎豹，登虬龙，攀栖鹘之危巢，俯冯夷之幽宫。盖二客不能从焉。划然长啸，草木震动，山鸣谷应，风起水涌。予亦悄然而悲，肃然而恐，凛乎其不可留也。反而登舟，放乎中流，听其所止而休焉。时夜将半，四顾寂寥。适有孤鹤，横江东来。翅如车轮，玄裳缟衣，戛然长鸣，掠予舟而西也。须臾客去，予亦就睡。梦一道士，羽衣蹁跹，过临臯之下，揖予而言曰："赤壁之游乐乎？" 问其姓名，俯而不答。"呜呼！噫嘻！我知之矣。畴昔之夜，飞鸣而过我者，非子也邪？" 道士顾笑，予亦惊寤。开户视之，不见其处。
        </P>
    </body>
</html>
```

按下键盘上的"Ctrl+S"组合键，把文件保存在"E:\Sublime"，文件名为"web9-13.html"。

打开 360 安全浏览器，然后在浏览器的地址栏中输入"file:/// E:\Sublime \web9-13.html"，然后按回车键，效果如图 9.13 所示。

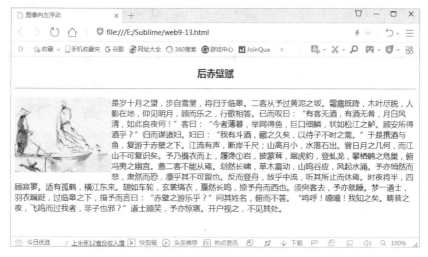

图 9.13　文字环绕效果

9.5.4　设置文字与图像的间距

文字紧紧环绕在图片周围，如果希望图片本身与文字有一定的距离，只需要给"<img>"标签添加 margin 属性即可。

> 提醒：margin 指的是"外边距"。

margin 的属性又包括 4 个属性，分别是 margin-top（上外边距）、margin-bottom（下外边距）、margin-left（左外边距）、margin-right（右外边距）。各属性的语法格式如下：

```
margin-top: 像素值 ;
margin-bottom: 像素值 ;
margin-left: 像素值 ;
margin-right: 像素值 ;
```

双击桌面上的 Sublime Text 快捷图标，打开软件，然后单击菜单栏中的"File/New File"命令（快捷键：Ctrl+N），新建一个文件，然后输入如下代码：

```
<!DOCTYPE html>
<html>
    <head>
        <title>设置文字与图像的间距</title>
        <style type="text/css">
                img{float:right;width:150px;height:100px;margin-top:15px;margin-
bottom:20px;margin-left:25px; margin-right:15px;}
        </style>
    </head>
    <body>
        <h3 align="center">后赤壁赋</h3>
        <hr>
        <P>
                是岁十月之望,步自雪堂,将归于临皋。二客从予过黄泥之坂。霜露既降,木叶尽脱,人影在地,
仰见明月,顾而乐之,行歌相答。已而叹曰:"有客无酒,有酒无肴,月白风清,如此良夜何!"客曰:"今者薄暮,
举网得鱼,巨口细鳞,状如松江之鲈。顾安所得酒乎?"归而谋诸妇。妇曰:"我有斗酒,藏之久矣,以待子不
时之需。"于是携酒与鱼,复游于赤壁之下。江流有声,断岸千尺;山高月小,水落石出。
```

```
          <img src="pic1.jpg"> 曾日月之几何，而江山不可复识矣。予乃摄衣而上，履谗①岩，
披蒙茸，踞虎豹，登虬龙，攀栖鹘之危巢，俯冯夷之幽宫。盖二客不能从焉。划然长啸，草木震动，山鸣谷应，
风起水涌。予亦悄然而悲，肃然而恐，凛乎其不可留也。反而登舟，放乎中流，听其所止而休焉。时夜将半，四
顾寂寥。适有孤鹤，横江东来。翅如车轮，玄裳缟衣，戛然长鸣，掠予舟而西也。须臾客去，予亦就睡。梦一道
士，羽衣蹁跹，过临皋之下，揖予而言曰："赤壁之游乐乎？"问其姓名，俯而不答。"呜呼！噫嘻！我知之矣。
畴昔之夜，飞鸣而过我者，非子也邪？"道士顾笑，予亦惊寤。开户视之，不见其处。
          </P>
        </body>
      </html>
```

按下键盘上的"Ctrl+S"组合键，把文件保存在"E:\Sublime"，文件名为"web9-14. html"。

打开 360 安全浏览器，然后在浏览器的地址栏中输入"file:/// E:\Sublime \web9-14. html"，然后按回车键，效果如图 9.14 所示。

图 9.14　设置文字与图像的间距

第 10 章
CSS 盒子模型和布局

CSS 盒子模型可以让我们更灵活地调整页面上各个容器的大小和位置，对建立自适应布局的页面带来很大的好处。盒子与盒子之间的布局有两种方式，一种是定位布局，一种是浮动布局。

本章主要内容包括：

➤ CSS 盒子模型的 4 个属性

➤ 实例：CSS 盒子模型的应用

➤ 固定定位（fixed）和相对定位（relative）

➤ 绝对定位（absolute）和静态定位（static）

➤ 浮动属性 float

➤ 清除浮动属性 clear

10.1　CSS 盒子模型

在"CSS 盒子模型"理论中，所有 HTML 页面中的元素都可以看成一个盒子，并且占据着一定的页面空间。一个 HTML 页面由很多这样的盒子组成，这些盒子之间会互相影响，因此掌握盒子模型需要从两个方面来理解：一是理解单独一个盒子的内部结构，二是理解多个盒子之间的相互关系。

10.1.1　CSS 盒子模型的 4 个属性

盒子模型是由 content（内容）、padding（内边距）、border（边框）和 margin（外边距）四个属性组成的。此外，在盒子模型中，还有宽度 width 和高度 height 两大辅助性属性，如图 10.1 所示。

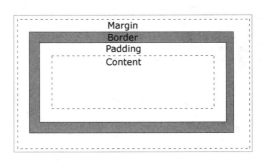

图 10.1　CSS 盒子模型的 4 个属性

1．content（内容）

内容区是 CSS 盒子模型的中心，它呈现了盒子的主要信息内容，这些内容可以是文本、图片等多种类型。内容区是盒子模型必备的组成部分，其他的 3 个部分都是可选的。

内容区有 3 个属性：width、height 和 overflow。使用 width 和 height 属性可以指定盒子内容区的高度和宽度。在这里注意一点，width 和 height 这两个属性是针对内容区而言，并不包括 padding 部分。

当内容信息太多时，超出内容区所占范围时，可以使用 overflow 溢出属性来指定处理方法。

2．padding（内边距）

内边距，指的是内容区和边框之间的空间，可以被看作是内容区的背景区域。

关于内边距的属性有 5 种，即 padding-top、padding-bottom、padding-left、padding-right 以及综合了以上 4 个方向的简洁内边距属性 padding。使用这 5 种属性可以指定内容区域各方向边框之间的距离。

3. border（边框）

在 CSS 盒子模型中，边框跟我们之前学过的边框是一样的。边框属性有 border-width、border-style、border-color 以及综合了 3 类属性的快捷边框属性 border。其中 border-width 指定边框的宽度，border-style 指定边框类型，border-color 指定边框的颜色。

4. margin（外边距）

外边距，指的是两个盒子之间的距离，它可能是子元素与父元素之间的距离，也可能是兄弟元素之间的距离。外边距使得元素之间不必紧凑地连接在一起，是 CSS 布局的一个重要手段。

外边距的属性也有 5 种，即 margin-top、margin-bottom、margin-left、margin-right 以及综合了以上 4 个方向的简洁内边距属性 margin。

同时，CSS 允许给外边距属性指定负数值，当指定负外边距值时，整个盒子将向指定负值的相反方向移动，以此可以产生盒子的重叠效果。

10.1.2 实例：CSS 盒子模型的应用

双击桌面上的 Sublime Text 快捷图标，打开软件，然后单击菜单栏中的"File/New File"命令（快捷键：Ctrl+N），新建一个文件，然后输入如下代码：

```
<!DOCTYPE html>
<html>
    <head>
        <title>content 内容</title>
        <style type="text/css">
            #main
            {
                border:10px groove red;
                padding:15px;
                display: inline-block;
                margin-top:30px;
                margin-left:50px;
            }
            .div1
            {
                width:300px;
                height:100px;
                padding:10px;
                border:5px solid green;
                overflow: auto;
font-size:15px;
                text-indent:30px;
```

```
            }
            .div2
            {
                width:300px;
                height:150px;
                border:5px solid blue;
                overflow: auto;
    font-size:15px;
                text-indent:30px;
            }
        </style>
    </head>
    <body>
        <div id="main">
            <div class="div1">是岁十月之望，步自雪堂，将归于临皋。二客从予过黄泥之坂。
霜露既降，木叶尽脱，人影在地，仰见明月，顾而乐之，行歌相答。已而叹曰："有客无酒，有酒无肴，月白风清，
如此良夜何！"客曰："今者薄暮，举网得鱼，巨口细鳞，状如松江之鲈。顾安所得酒乎？"归而谋诸妇。妇曰：
"我有斗酒，藏之久矣，以待子不时之需。"于是携酒与鱼，复游于赤壁之下。江流有声，断岸千尺；山高月小，
水落石出。</div>
            <hr />
            <div class="div2">曾日月之几何，而江山不可复识矣。予乃摄衣而上，履谗①岩，
披蒙茸，踞虎豹，登虬龙，攀栖鹘之危巢，俯冯夷之幽宫。盖二客不能从焉。划然长啸，草木震动，山鸣谷应，
风起水涌。予亦悄然而悲，肃然而恐，凛乎其不可留也。反而登舟，放乎中流，听其所止而休焉。时夜将半，四
顾寂寥。适有孤鹤，横江东来。翅如车轮，玄裳缟衣，戛然长鸣，掠予舟而西也。须臾客去，予亦就睡。梦一道
士，羽衣蹁跹，过临皋之下，揖予而言曰："赤壁之游乐乎？"问其姓名，俯而不答。"呜呼！噫嘻！我知之矣。
畴昔之夜，飞鸣而过我者，非子也邪？"道士顾笑，予亦惊寤。开户视之，不见其处。</div>
        </div>
    </body>
</html>
```

这里定义3个"div"，即定义了三个CSS盒子模型，然后分别设置它们的属性。

按下键盘上的"Ctrl+S"组合键，把文件保存在"E:\Sublime"，文件名为"web10-1.html"。

打开360安全浏览器，然后在浏览器的地址栏中输入"file:/// E:\Sublime \web10-1.html"，然后按回车键，效果如图10.2所示。

图 10.2　CSS 盒子模型的应用

10.2　CSS 定位布局

定位布局，可以让我们精准定位页面中的任意元素，使网页布局变得更加随心所欲。

在 CSS 中，定位的方法有 4 种，分别是固定定位（fixed）、相对定位（relative）、绝对定位（absolute）和静态定位（static）。

10.2.1　固定定位

固定定位是最直观而最容易理解的定位方式，当元素的 position 属性设置为 fixed 时，这个元素就被固定了，被固定的元素不会随着滚动条的拖动而改变位置。在视野中，固定定位的元素的位置是不会改变的。固定定位的语法格式如下：

```
position:fixed;
top:像素值;
bottom;像素值;
left:像素值;
right:像素值;
```

需要注意的是，固定定位一个元素，只需设定其中的两个属性值即可，一般情况下，只设置 top 和 left 属性值。

双击桌面上的 Sublime Text 快捷图标，打开软件，然后单击菜单栏中的"File/New File"命令（快捷键：Ctrl+N），新建一个文件，然后输入如下代码：

```
<!DOCTYPE html>
<html>
    <head>
        <title>固定定位</title>
        <style type="text/css">
#a{width:200px;height:150px;background-color:pink;padding:15px;color:blue;border:10px double red;}
            #b{width:60px; height:40px; position:fixed;top:30px;left:400px;background-color:yellow;border:10px groove red; overflow:auto;}
        </style>
    </head>
    <body>
        <div id="a">没有固定定位的div元素。</div>
        <div id="b">固定定位的div元素。</div>
    </body>
</html>
```

按下键盘上的"Ctrl+S"组合键，把文件保存在"E:\Sublime"，文件名为"web10-2.html"。

打开 360 安全浏览器，然后在浏览器的地址栏中输入"file:/// E:\Sublime \web10-2.html"，然后按回车键，效果如图 10.3 所示。

图 10.3　固定定位

10.2.2　相对定位

相对定位是通过将元素从原来的位置向上、向下、向左或者向右移动来定位的，其语法格式如下：

```
position:relative;
top:像素值;
bottom:像素值;
left:像素值;
right:像素值;
双击桌面上的Sublime Text快捷图标,打开软件,然后单击菜单栏中的"File/New File"命令(快捷键
Ctrl+N)，新建一个文件，然后输入如下代码:
<!DOCTYPE html>
<html>
    <head>
        <title>相对定位</title>
        <style type="text/css">
            #mya{width:500px;height:300px;border:5px green dotted;background-
color: yellow;margin-top:30px;margin-left:50px;padding:10px;}
            #mya div{width:300px;height:80px;background-color:pink;border:3px
solid red;margin:10px;}
        </style>
    </head>
    <body>
        <div id="mya">
            <div id="a1">第一个无定位的div元素！</div>
            <div id="s">相对定位的div元素！</div>
            <div id="a2">第二个无定位的div元素！</div>
        </div>
    </body>
</html>
```

按下键盘上的"Ctrl+S"组合键，把文件保存在"E:\Sublime"，文件名为"web10-3.html"。

打开360安全浏览器，然后在浏览器的地址栏中输入"file:/// E:\Sublime \web10-3.html"，然后按回车键，效果如图10.4所示。

注意这里的三个div元素是一样的，下面添加CSS代码，实现相对定位。

```
#s{position:relative;top:20px;left:30px;}
```

刷新一下当前网页，这时就可以看到相对定位效果，如图 10.5 所示。

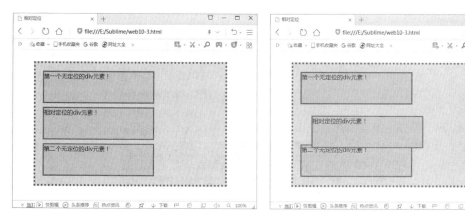

图 10.4　三个 div 元素的初始位置　　　　图 10.5　相对定位

10.2.3　绝对定位

当元素的 position 属性值为 absolute 时，这个元素就变成了绝对定位元素。绝对定位能够很精确地把元素移动到任意想要的位置。需要注意的是，一个元素变成了绝对定位元素，这个元素就完全脱离正常文档流了，绝对定位元素的前面或者后面的元素会认为这个元素并不存在，即这个元素浮于其他元素上面，它是独立出来的。

绝对定位的语法格式如下：

```
position:absolute;
top: 像素值；
bottom: 像素值；
left: 像素值；
right: 像素值；
```
双击桌面上的 Sublime Text 快捷图标，打开软件，然后单击菜单栏中的 "File/New File" 命令（快捷键：Ctrl+N），新建一个文件，然后输入如下代码：
```
<!DOCTYPE html>
<html>
    <head>
        <title>绝对定位</title>
        <style type="text/css">
                #mya{border:5px green dotted;background-color:
yellow;padding:10px;}
                #mya div{background-color:rgb(100,250,100);border:8px inset
red;margin:10px;}
            #s{position: absolute;top:0px;left:250px;}
        </style>
    </head>
    <body>
        <div id="mya">
            <div id="a1">第一个 div 元素！</div>
            <div id="s">第二个 div 元素！</div>
            <div id="a2">第三个 div 元素！</div>
        </div>
    </body>
</html>
```

按下键盘上的"Ctrl+S"组合键，把文件保存在"E:\Sublime"，文件名为"web10-4.html"。

打开360安全浏览器，然后在浏览器的地址栏中输入"file:/// E:\Sublime \web10-4.html"，然后按回车键，效果如图10.6所示。

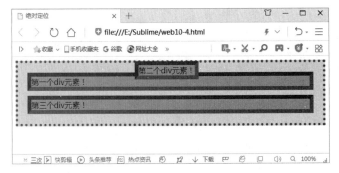

图 10.6　三个 div 元素的初始位置

10.2.4　静态定位

如果没有指定元素的 position 属性值，也就是默认情况下，元素是静态定位的。只要是支持 position 属性的 html 对象都被默认为"static"。static 是 position 属性的默认值，它表示块保留在原本应该在的位置，不会重新定位。

10.3　CSS 浮动布局

CSS 浮动布局主要用到两个属性，分别是浮动属性 float 和清除浮动属性 clear。

10.3.1　浮动属性 float

浮动属性 float 是 CSS 布局的最佳利器，我们可以通过不同的浮动属性值灵活地定位 div 元素，以达到布局网页的目的。我们可以通过 CSS 的属性 float 使元素向左或向右浮动。也就是说，让盒子及其中的内容浮动到文档的右边或者左边。

float 的属性值在上一章"文字环绕效果"中已具体讲过，这里不再重复。

双击桌面上的 Sublime Text 快捷图标，打开软件，然后单击菜单栏中的"File/New File"命令（快捷键：Ctrl+N），新建一个文件，然后输入如下代码：

```
<!DOCTYPE html>
<html>
    <head>
```

```
            <title>CSS 浮动布局 </title>
            <style type="text/css">
                    #mya{border:5px green dotted;background-color:
yellow;padding:10px;}
                    #mya div{background-color:rgb(200,200,100);border:8px inset
red;margin:10px;}
                    P{font-size:15px;text-indent: 30px;color:red;}
            </style>
    </head>
    <body>
        <div id="mya">
            <div id="a1">第一个 div 元素！</div>
            <div id="a2">第二个 div 元素！</div>
            <div id="a3">第三个 div 元素！</div>
            <p>是岁十月之望，步自雪堂，将归于临皋。二客从予过黄泥之坂。霜露既降，木叶尽脱，
人影在地，仰见明月，顾而乐之，行歌相答。已而叹曰："有客无酒，有酒无肴，月白风清，如此良夜何！"客曰：
"今者薄暮，举网得鱼，巨口细鳞，状如松江之鲈。顾安所得酒乎？"归而谋诸妇。妇曰："我有斗酒，藏之久矣，
以待子不时之需。"于是携酒与鱼，复游于赤壁之下。江流有声，断岸千尺；山高月小，水落石出。</p>
        </div>
    </body>
</html>
```

首先定义一个 id 为 mya 的 div 元素，然后在该 div 元素中添加 3 个 div 子元素和一个段落 p 元素。

按下键盘上的"Ctrl+S"组合键，把文件保存在"E:\Sublime"，文件名为"web10-5.html"。

打开 360 安全浏览器，然后在浏览器的地址栏中输入"file:/// E:\Sublime \web10-5.html"，然后按回车键，效果如图 10.7 所示。

下面设置第一个 div 元素为浮动，添加代码如下：

```
#a1{float:left;}
```

由于 a1 设置为左浮动，a1 变成了浮动元素，因此此时 a1 的宽度不再延伸，其宽度为容纳内容的最小宽度，而相邻的下一个 div 元素（a2）就会紧贴着 a1，这是浮动引起的效果。

这时刷新网页，效果如图 10.8 所示。

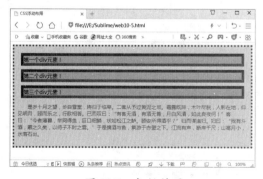

图 10.7　初始效果

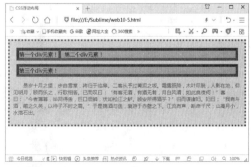

图 10.8　第一个 div 元素为左浮动效果

下面设置第二个 div 元素为浮动，添加代码如下：

```
#a2{float:left;}
```

由于 a2 变成了浮动元素，因此 a2 也跟 a1 一样，宽度不再延伸，而是由内容确定宽度。并且相邻的下一个 div 元素（a3）变成紧贴着浮动的 a2。

这时刷新网页，效果如图 10.9 所示。

这时你会觉得很奇怪，为什么这个时候 box1 和 box2 之间有一定的距离呢？其实原因是这样的：在 CSS 中设置了 a1、a2 和 a 都有一定的外边距（margin:10px;），如果 a1 为浮动元素，而相邻的 a2 不是浮动元素，则 a2 就会紧贴着 a1；但是如果 a1 和 a2 同时为浮动元素，外边距就会生效。

下面设置第三个 div 元素为浮动，添加代码如下：

```
#a3{float:left;}
```

由于 a3 变成了浮动元素，因此 a3 跟 a2 和 a1 一样，宽度不再延伸，而是由内容确定宽度，并且相邻的下一个 p 元素（a3）变成紧贴着浮动的 a3。

由于 a1、a2 和 a3 都是浮动元素，a1、a2 和 a3 之间的 margin 属性生效。

这时刷新网页，效果如图 10.10 所示。

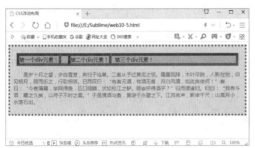

图 10.9　第二个 div 元素为左浮动效果

图 10.10　第三个 div 元素为左浮动效果

如果把第二个 div 元素，改为右浮动，修改代码如下：

```
#a2{float:right;}
```

这时刷新网页，效果如图 10.11 所示。

图 10.11　第二个 div 元素为右浮动效果

10.3.2　清除浮动属性 clear

在 CSS 中，清除浮动都是在设置左浮动或者右浮动之后的元素内设置，其语法格式如下：

```
clear:属性值;
```

clear 属性值及意义如下：

left：清除左浮动。

right：清除右浮动。

both：左右浮动一起清除。

双击桌面上的 Sublime Text 快捷图标，打开软件，然后单击菜单栏中的"File/New File"命令（快捷键：Ctrl+N），新建一个文件，然后输入如下代码：

```
<!DOCTYPE html>
<html>
    <head>
        <title>清除浮动属性 clear</title>
        <style type="text/css">
            #mya{border:5px green dotted;background-color:
yellow;padding:10px;}
            #mya div{background-color:rgb(200,200,100);border:8px inset
red;margin:10px;}
        P{font-size:15px;text-indent: 30px;color:red;}
        #a1{float:left;}
        #a2{float:right;}
        #a3{float:left;}
        p{clear:both;}
        </style>
    </head>
    <body>
        <div id="mya">
            <div id="a1">第一个 div 元素！</div>
            <div id="a2">第二个 div 元素！</div>
            <div id="a3">第三个 div 元素！</div>
            <p>是岁十月之望，步自雪堂，将归于临皋。二客从予过黄泥之坂。霜露既降，木叶尽脱，
人影在地，仰见明月，顾而乐之，行歌相答。已而叹曰："有客无酒，有酒无肴，月白风清，如此良夜何！"客曰：
"今者薄暮，举网得鱼，巨口细鳞，状如松江之鲈。顾安所得酒乎？"归而谋诸妇。妇曰："我有斗酒，藏之久矣，
以待子不时之需。"于是携酒与鱼，复游于赤壁之下。江流有声，断岸千尺；山高月小，水落石出。</p>
        </div>
    </body>
</html>
```

由于 p 元素清除了浮动，所以 p 元素的前一个元素产生的浮动就不会对后续元素产生影响，因此 p 元素的文本不会环绕在浮动元素的周围。

按下键盘上的"Ctrl+S"组合键，把文件保存在"E:\Sublime"，文件名为"web10-6.html"。

打开 360 安全浏览器，然后在浏览器的地址栏中输入"file:/// E:\Sublime \web10-6.html"，然后按回车键，效果如图 10.12 所示。

图 10.12　清除浮动属性 clear

第 11 章
CSS 特殊效果与动画

CSS 的功能越来越强大，过去需要在 Flash 中制作的图形特效和动画，现在在 CSS 中也可以轻松实现。本章来讲解一下 CSS 特殊效果与动画。

本章主要内容包括：

➤ CSS 圆角效果

➤ CSS 渐变色效果

➤ CSS 阴影效果

➤ 过渡动画

➤ 2D 转换动画

➤ 3D 转换动画

➤ animation 动画

11.1 CSS 圆角效果

传统的圆角生成方案，必须使用多张图片作为背景图案。CSS3 的出现，使得我们再也不必浪费时间去制作这些图片了，只需要 border-radius 属性即可。

11.1.1 border-radius 属性

利用 border-radius 属性可以给 HTML 页面中的任何元素添加圆角效果，其语法格式如下：

```
border-radius: 像素值；
```

双击桌面上的 Sublime Text 快捷图标，打开软件，然后单击菜单栏中的"File/New File"命令（快捷键：Ctrl+N），新建一个文件，然后输入如下代码：

```
<!DOCTYPE html>
<html>
    <head>
        <title>border-radius 属性</title>
        <style type="text/css">
            #a{border-radius:40px;background-color:yellow;width:400px;height:1
50px;padding:30px;font-size:15px;text-indent:30px;overflow: auto;}
            #b{border-radius:40px;border:5px groove red;width:400px;height:150
px;padding:30px;font-size:15px;text-indent:30px; overflow:auto;}
        </style>
    </head>
    <body>
        <p id="a">是岁十月之望，步自雪堂，将归于临皋。二客从予过黄泥之坂。霜露既降，木叶尽脱，
人影在地，仰见明月，顾而乐之，行歌相答。已而叹曰："有客无酒，有酒无肴，月白风清，如此良夜何！"客曰：
"今者薄暮，举网得鱼，巨口细鳞，状如松江之鲈。顾安所得酒乎？"归而谋诸妇。妇曰："我有斗酒，藏之久矣，
以待子不时之需。"于是携酒与鱼，复游于赤壁之下。江流有声，断岸千尺；山高月小，水落石出。</p>
        <dir id="b">曾日月之几何，而江山不可复识矣。予乃摄衣而上，履谗①岩，披蒙茸，踞虎豹，
登虬龙，攀栖鹘之危巢，俯冯夷之幽宫。盖二客不能从焉。划然长啸，草木震动，山鸣谷应，风起水涌。予亦悄
然而悲，肃然而恐，凛乎其不可留也。反而登舟，放乎中流，听其所止而休焉。时夜将半，四顾寂寥。适有孤鹤，
横江东来。翅如车轮，玄裳缟衣，戛然长鸣，掠予舟而西也。须臾客去，予亦就睡。梦一道士，羽衣蹁跹，过临
皋之下，揖予而言曰："赤壁之游乐乎？"问其姓名，俯而不答。"呜呼！噫嘻！我知之矣。畴昔之夜，飞鸣而
过我者，非子也邪？"道士顾笑，予亦惊寤。开户视之，不见其处。</dir>
    </body>
</html>
```

按下键盘上的"Ctrl+S"组合键，把文件保存在"E:\Sublime"，文件名为"web11-1.html"。

打开 360 安全浏览器，然后在浏览器的地址栏中输入"file:/// E:\Sublime \web11-1.html"，然后按回车键，效果如图 11.1 所示。

图 11.1　border-radius 属性

11.1.2　为 4 个圆角设置不同的弧度

圆角的其他属性及意义如下：

border-top-left-radius：定义了左上角的弧度。

border-top-right-radius：定义了右上角的弧度。

border-bottom-right-radius：定义了右下角的弧度。

border-bottom-left-radius：定义了左下角的弧度。

双击桌面上的 Sublime Text 快捷图标，打开软件，然后单击菜单栏中的"File/New File"命令（快捷键：Ctrl+N），新建一个文件，然后输入如下代码：

```
<!DOCTYPE html>
<html>
    <head>
        <title>border-radius 属性 </title>
        <style type="text/css">
            #a{border-top-left-radius:30px; border-top-right-
radius:60px;border-bottom-left-radius: 10px;border-bottom-right-radius:100px;
background-color:yellow;width:400px;height:150px;padding:30px;font-size:15px;text-
indent:30px;overflow: auto;color:red;}
        </style>
    </head>
    <body>
        <p id="a">是岁十月之望,步自雪堂,将归于临皋。二客从予过黄泥之坂。霜露既降,木叶尽脱,
人影在地,仰见明月,顾而乐之,行歌相答。已而叹曰:"有客无酒,有酒无肴,月白风清,如此良夜何!"客曰:
"今者薄暮,举网得鱼,巨口细鳞,状如松江之鲈。顾安所得酒乎?"归而谋诸妇。妇曰:"我有斗酒,藏之久矣,
以待子不时之需。"于是携酒与鱼,复游于赤壁之下。江流有声,断岸千尺;山高月小,水落石出。</p>
    </body>
</html>
```

按下键盘上的"Ctrl+S"组合键,把文件保存在"E:\Sublime",文件名为"web11-2.html"。

打开 360 安全浏览器，然后在浏览器的地址栏中输入"file:/// E:\Sublime \web11-2. html"，然后按回车键，效果如图 11.2 所示。

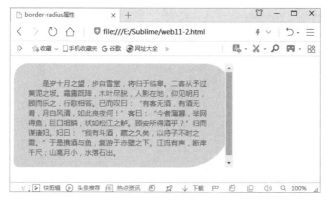

图 11.2　为 4 个圆角设置不同的弧度

11.2　CSS 渐变色效果

在 CSS 中，可以轻松实现渐变色效果。利用 CSS 产生的渐变色效果，与利用图像产生的渐变色效果相比，可以减少下载的时间和宽带的使用。此外，渐变色效果的元素在放大时看起来效果更好，因为渐变色是由浏览器生成的。

11.2.1　线性渐变色

为了创建一个线性渐变色，必须至少定义两种颜色，同量还要设置一个起点和一个方向（或一个角度）。线性渐变色语法格式如下：

```
background: linear-gradient(direction, color-stop1, color-stop2, ...);
```

参数 direction 表示方向；参数 color-stop1 表示第一个颜色，即开始颜色；参数 color-stop2 表示第二个颜色。

从上到下线性渐变，是默认情况的渐变，具体代码如下：

```
background: linear-gradient(red, yellow);
```

起点颜色是红色，慢慢渐变到黄色。

从下到上线性渐变，具体代码如下：

```
background: linear-gradient(to top, red, yellow);
```

从左到右线性渐变，具体代码如下：

```
background: linear-gradient(to right,red, yellow);
```

从右到左线性渐变，具体代码如下：

```
background: linear-gradient(to left, red, yellow);
```

从左上角到右下角线性渐变，具体代码如下：

```
background: linear-gradient(to right bottom,red, yellow);
```

从右下角到左上角线性渐变，具体代码如下：

```
background: linear-gradient(to left top, red, yellow);
```

双击桌面上的 Sublime Text 快捷图标，打开软件，然后单击菜单栏中的"File/New File"命令（快捷键：Ctrl+N），新建一个文件，然后输入如下代码：

```
<!DOCTYPE html>
<html>
    <head>
        <title>线性渐变色</title>
        <style type="text/css">
            #a{ margin:15px; width:200px;height:200px;
background: linear-gradient(red, yellow);
                    float:left;
                }
            #b{ margin:15px; width:200px;height:200px;
background: linear-gradient(to top, red, yellow);
                    float:left;
                }
            #c{ margin:15px; width:200px;height:200px;
background: linear-gradient(to right,red, yellow);
                    float:left;
                }
            #d{ margin:15px; width:200px;height:200px;
background: linear-gradient(to left, red, yellow);
                    float:left;
                }
            #e{ margin:15px; width:200px;height:200px;
background: linear-gradient(to right bottom,red, yellow);
                    float:left;
                }
            #f{ margin:15px; width:200px;height:200px;
background: linear-gradient(to left top, red, yellow);
                    float:left;
                }
        </style>
    </head>
    <body>
        <div id="a">从上到下线性渐变</div>
        <div id="b">从下到上线性渐变</div>
        <div id="c">从左到右线性渐变</div>
        <div id="d">从右到左线性渐变</div>
        <div id="e">从左上角到右下角线性渐变</div>
        <div id="f">从右下角到左上角线性渐变</div>
    </body>
</html>
```

按下键盘上的"Ctrl+S"组合键，把文件保存在"E:\Sublime"，文件名为"web11-3. html"。

打开 360 安全浏览器，然后在浏览器的地址栏中输入"file:/// E:\Sublime \web11-3. html"，然后按回车键，效果如图 11.3 所示。

图 11.3　线性渐变色

11.2.2　复杂的线性渐变色

如果想要在渐变的方向上做更多的控制，可以定义一个角度，而不用预定义的方向，如 to bottom、to top、to right、to left、to bottom right 等，这时语法格式如下：

```
background: linear-gradient(angle, color-stop1, color-stop2);
```

angle 参数表示角度。角度是指水平线和渐变线之间的角度，逆时针方向计算。换句话说，0 度表示将创建一个从下到上的渐变，90 度将创建一个从左到右的渐变。

还可以实现多颜色线性渐变，其语法代码如下：

```
background: linear-gradient(30deg, red, yellow,green,pink);
```

在 CSS3 中，渐变还支持透明度（transparent），可用于创建减弱变淡的效果。为了添加透明度，需要使用 rgba() 函数来定义颜色。rgba() 函数中的最后一个参数可以是从 0 到 1 的值，它定义了颜色的透明度：0 表示完全透明，1 表示完全不透明。

从左边开始的线性渐变，起点是完全透明，慢慢过渡到完全不透明的红色，具体代码如下：

```
background: linear-gradient(to right, rgba(255,0,0,0), rgba(255,0,0,1));
```

在 CSS3 中，利用 repeating-linear-gradient() 函数可以重复线性渐变，具体代码如下：

```
background: repeating-linear-gradient(red, yellow 10%, green 20%);
```

red 表示用于渐变的开始颜色；yellow 10% 表示黄色出现的位置在填充图形的 10% 位置，也就是说，从红色渐变到黄色，共占填充图形的 10%；green 20% 表示绿色出现的位置是 20%，也就是说，从黄色渐变到绿色，是从填充图的 10% 位置开始，到 20% 位置结束。这样利用三种颜色的渐变色，重复填充图形。100%÷20%=5，所以重复填充 5 次。

双击桌面上的 Sublime Text 快捷图标，打开软件，然后单击菜单栏中的"File/New

File"命令（快捷键：Ctrl+N），新建一个文件，然后输入如下代码：

```
<!DOCTYPE html>
<html>
    <head>
        <title>线性渐变色</title>
        <style type="text/css">
            #a{ margin:15px; width:200px;height:200px;
background: linear-gradient(30deg,red, yellow);
                float:left;
            }
            #b{ margin:15px; width:200px;height:200px;
background: linear-gradient(30deg, red, yellow,green,pink);
                float:left;
            }
            #c{ margin:15px; width:200px;height:200px;
background: linear-gradient(120deg, red,orange,yellow,green,blue,indigo,violet);
                float:left;
            }
            #d{ margin:15px; width:200px;height:200px;
background: linear-gradient(to right, rgba(255,0,0,0), rgba(255,0,0,1));
                float:left;
            }
            #e{ margin:15px; width:200px;height:200px;
background: linear-gradient(60deg, rgba(0,255,0,0), rgba(255,0,255,0.3),rgba(255,0,0,1));
                float:left;
            }
            #f{ margin:15px; width:200px;height:200px;
background: repeating-linear-gradient(red, yellow 10%, green 20%);
                float:left;
            }
        </style>
    </head>
    <body>
        <div id="a">30 度角的线性渐变</div>
        <div id="b">30 度角的多颜色线性渐变</div>
        <div id="c">彩虹线性渐变</div>
        <div id="d">带有透明度的单色线性渐变</div>
        <div id="e">带有透明度的多色线性渐变</div>
        <div id="f">从右下角到左上角线性渐变</div>
    </body>
</html>
```

按下键盘上的"Ctrl+S"组合键，把文件保存在"E:\Sublime"，文件名为"web11-4.html"。

打开 360 安全浏览器，然后在浏览器的地址栏中输入"file:/// E:\Sublime \web11-4.html"，然后按回车键，效果如图 11.4 所示。

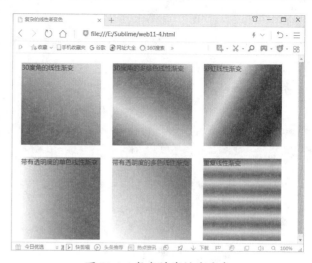

图 11.4　复杂的线性渐变色

11.2.3　径向渐变色

为了创建一个径向渐变色，必须至少定义两种颜色，同时还要指定渐变的中心、形状、大小，其语法格式如下：

```
background: radial-gradient(center, shape size, start-color, ..., last-color);
```

默认情况下，渐变的中心是 center（表示在中心点），渐变的形状是 ellipse（表示椭圆形），渐变的大小是 farthest-corner（表示到最远的角）。

颜色均匀分布的径向渐变，具体代码如下：

```
background: radial-gradient(red, yellow, green);
```

颜色不均匀分布的径向渐变，具体代码如下：

```
background: radial-gradient(red 15%, yellow 30%, green 80%);
```

默认状态下，径向渐变的图形是椭圆形 ellipse，但可以设置为圆形 circle，具体代码如下：

```
background: radial-gradient(circle, red 5%, yellow 60%, green 70%);
```

size 参数定义了渐变的大小，可以有 4 个值，具体如下：

closest-side：指定径向渐变的半径长度为从圆心到离圆心最近的边。

closest-corner：指定径向渐变的半径长度为从圆心到离圆心最近的角。

farthest-side：指定径向渐变的半径长度为从圆心到离圆心最远的边。

farthest-corner：指定径向渐变的半径长度为从圆心到离圆心最远的角。

具体代码如下：

```
background: radial-gradient(closest-side,red, yellow, green);
background: radial-gradient(farthest-side,red, yellow, green);
```

在 CSS3 中，利用 repeating-radial-gradient() 函数可以重复径向渐变，具体代码如下：

```
background: repeating-radial-gradient(red, yellow 10%, green 20%);
```

双击桌面上的 Sublime Text 快捷图标，打开软件，然后单击菜单栏中的"File/New File"命令（快捷键：Ctrl+N），新建一个文件，然后输入如下代码：

```
<!DOCTYPE html>
<html>
    <head>
        <title> 径向渐变色 </title>
        <style type="text/css">
            #a{ margin:15px; width:250px;height:200px;
background: radial-gradient(red, yellow, green);
                    float:left;
            }
            #b{ margin:15px; width:150px;height:200px;
background: radial-gradient(red 15%, yellow 30%, green 80%);
                    float:left;
            }
            #c{ margin:15px; width:200px;height:200px;
background: radial-gradient(circle, red 5%, yellow 60%, green 70%);
                    float:left;
```

```
                }
            #d{ margin:15px; width:250px;height:200px;
background: radial-gradient(closest-side,red, yellow, green);
                    float:left;
                }
            #e{ margin:15px; width:150px;height:200px;
background: radial-gradient(farthest-side,red, yellow, green);
                    float:left;
                }
            #f{ margin:15px; width:200px;height:200px;
background: repeating-radial-gradient(red, yellow 10%, green 20%);
                    float:left;
                }
        </style>
    </head>
    <body>
        <div id="a">颜色均匀分布的径向渐变</div>
        <div id="b">颜色不均匀分布的径向渐变</div>
        <div id="c">径向渐变的图形是圆形</div>
        <div id="d">指定径向渐变的半径长度为从圆心到离圆心最近的边</div>
        <div id="e">指定径向渐变的半径长度为从圆心到离圆心最近的边</div>
        <div id="f">重复径向渐变</div>
    </body>
</html>
```

按下键盘上的"Ctrl+S"组合键，把文件保存在"E:\Sublime"，文件名为"web11-5.html"。

打开360安全浏览器，然后在浏览器的地址栏中输入"file:/// E:\Sublime \web11-5.html"，然后按回车键，效果如图 11.5 所示。

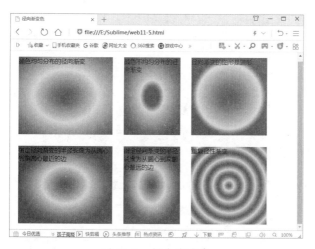

图 11.5　径向渐变色

11.3　CSS 阴影效果

在 CSS 中，可以轻松地给文本添加阴影，具体代码如下：

```
text-shadow: 水平阴影的距离  垂直阴影的距离   模糊的距离  阴影的颜色
```

利用 box-shadow 属性可以为 div 元素添加阴影，具体代码如下：

```
box-shadow: 水平阴影的距离  垂直阴影的距离   模糊的距离  阴影的颜色
```

双击桌面上的 Sublime Text 快捷图标，打开软件，然后单击菜单栏中的"File/New File"命令（快捷键：Ctrl+N），新建一个文件，然后输入如下代码：

```html
<!DOCTYPE html>
<html>
    <head>
        <title> 径向渐变色 </title>
        <style type="text/css">
            h1{text-shadow:5px 5px 5px red}
                #a{width:200px;height:100px;background-color:yellow;margin-left:
250px;border:10px groove red;padding:10px;
                box-shadow:10px 10px 10px blue;
            }
        </style>
    </head>
    <body>
        <h1 align="center"> 文字阴影效果 </h1>
        <hr>
        <div id="a">div 阴影效果 </div>
    </body>
</html>
```

按下键盘上的"Ctrl+S"组合键，把文件保存在"E:\Sublime"，文件名为"web11-6. html"。

打开 360 安全浏览器，然后在浏览器的地址栏中输入"file:/// E:\Sublime \web11-6. html"，然后按回车键，效果如图 11.6 所示。

图 11.6 CSS 阴影效果

11.4 过渡动画

过渡是 CSS 中具有颠覆性的一个特征，可以实现元素不同状态间的平滑过渡（补间动画），经常用来制作动画效果。

> **提醒：** 补间动画是指自动完成从起始状态到终止状态的过渡。不用管中间的状态。

11.4.1　过渡属性

过渡属性有 4 个，具体如下：

transition-property：规定应用过渡的 CSS 属性的名称，默认为 all，即所有属性都应用过渡动画。

transition-duration：定义过渡效果花费的时间，默认为 0。默认为 0 秒，是没有动画效果的；如果设置为 5 秒，即 5 秒内完成过渡动画效果。

transition-timing-function：规定过渡效果的时间曲线，其属性值及意义如下：

（1）linear：规定以相同速度开始至结束的过渡效果。

（2）ease ：规定慢速开始，然后变快，然后慢速结束的过渡效果，这是默认效果。

（3）ease-in：规定以慢速开始的过渡效果。

（4）ease-out：规定以慢速结束的过渡效果。

（5）ease-in-out：规定以慢速开始和结束的过渡效果。

transition-delay：规定过渡效果何时开始，默认为 0，即立即开始。如果设置为 5 秒，即 5 秒后开始过渡动画。

11.4.2　过渡动画效果实例

双击桌面上的 Sublime Text 快捷图标，打开软件，然后单击菜单栏中的 "File/New File" 命令（快捷键：Ctrl+N），新建一个文件，然后输入如下代码：

```
<!DOCTYPE html>
<html>
    <head>
        <title>过渡动画</title>
        <style type="text/css">
            h1{text-shadow:5px 5px 5px red}
                div{width:100px;height:100px;background: linear-gradient(to
right,red, yellow);border:10px red groove;
                border-radius:10px;
                transition-property: all;
                transition-duration: 5s;
                transition-timing-function: ease-in;
                transition-delay: 0s;
            }
            div:hover{width:300px;height:150px;background: linear-gradient(to
left,green, blue);}
        </style>
    </head>
    <body>
        <h1>过渡动画</h1>
        <hr>
        <div></div>
    </body>
```

```
</html>
```

这里的页面很简单，一个带有阴影的标题，一个 div 元素。利用 CSS 定义 div 元素的初始样式，注意过渡属性如下：

```
transition-property: all;
transition-duration: 5s;
transition-timing-function: ease-in;
transition-delay: 0s;
```

所有属性都进行过渡动画、动画时间为 5 秒、过渡效果的时间曲线为 ease-in、动画延时时间为 0 秒，即立即开始过渡动画效果。

接下来，定义 div 元素的 hover 事件，即鼠标放到 div 元素上方时执行的代码，具体代码如下：

```
div:hover{width:300px;height:150px;background: linear-gradient(to left,green,
blue);}
```

在这里可以看到宽度和高度都变大了，背景颜色也变了。

按下键盘上的"Ctrl+S"组合键，把文件保存在"E:\Sublime"，文件名为"web11-7.html"。

打开 360 安全浏览器，然后在浏览器的地址栏中输入"file:/// E:\Sublime \web11-7.html"，然后按回车键，效果如图 11.7 所示。

当鼠标放到 div 矩形方块上时，就会出现动画效果，如图 11.8 所示。

图 11.7　网页运行效果　　　　　图 11.8　过渡动画效果

11.5　2D 转换动画

在 CSS 中，转换可以对元素进行移动、缩放、转动、拉伸等操作。转换再配合过渡动画，可以取代大量早期只能靠 Flash 才可以实现的效果。

转换可分两种，分别是 2D 转换和 3D 转换，下面先来看一下 2D 转换。

11.5.1　2D 缩放动画效果

利用转换 transform 的 scale() 方法，可以制作 2D 缩放动画效果，该方法的语法格式
如下：

```
transform: scale(x, y);
```

其中参数 x 表示水平方向的缩放倍数；参数 y 表示垂直方向的缩放倍数。需要注意的
是，大于 1 表示放大，小于 1 表示缩小，不能为百分比。

双击桌面上的 Sublime Text 快捷图标，打开软件，然后单击菜单栏中的"File/New
File"命令（快捷键：Ctrl+N），新建一个文件，然后输入如下代码：

```
<!DOCTYPE html>
<html>
    <head>
        <title>2D 缩放动画效果 </title>
        <style type="text/css">
            h1{text-shadow:5px 5px 5px red}
                div{width:100px;height:100px;background: linear-gradient(to
right,red, yellow);border:10px red groove;
                border-radius:10px;margin-left: 200px;
                transition-property: all;
                transition-duration: 0.5s;
                transition-timing-function: ease;
                transition-delay: 0s;
                }
            div:hover{transform:scale(2,0.5);}
        </style>
    </head>
    <body>
        <h1>2D 缩放动画效果 </h1>
        <hr>
        <div></div>
    </body>
</html>
```

按下键盘上的"Ctrl+S"组合键，把文件保存在"E:\Sublime"，文件名为"web11-8.
html"。

打开 360 安全浏览器，然后
在浏览器的地址栏中输入"file:///
E:\Sublime \web11-8.html"，
然后按回车键，接着鼠标移动到
div 元素上，就可以看到 2D 缩放
动画效果，如图 11.9 所示。

图 11.9　2D 缩放动画效果

11.5.2 2D 移动动画效果

利用转换 transform 的 translate() 方法，可以制作 2D 移动动画效果，该方法的语法格式如下：

```
transform: translate(水平位移，垂直位移);
```

参数为百分比，即相对于自身移动。水平位移是正值，表示向右移动，为负值时，表示向左移动。垂直位移是正值，表示向下移动，为负值时，表示向上移动。

注意，如果只写一个值，则表示水平移动。

双击桌面上的 Sublime Text 快捷图标，打开软件，然后单击菜单栏中的"File/New File"命令（快捷键：Ctrl+N），新建一个文件，然后输入如下代码：

```
<!DOCTYPE html>
<html>
    <head>
        <title>2D 移动动画效果</title>
        <style type="text/css">
            h1{text-shadow:5px 5px 5px red}
                div{width:100px;height:100px;background: linear-gradient(to
right,red, yellow);border:10px red groove;
                border-radius:10px;margin-left: 200px;
                transition-property: all;
                transition-duration: 0.5s;
                transition-timing-function: ease;
                transition-delay: 0s;
                }
            div:hover{transform: translate(50%,-50%);}
        </style>
    </head>
    <body>
        <h1>2D 移动动画效果</h1>
        <hr>
        <div></div>
    </body>
</html>
```

按下键盘上的"Ctrl+S"组合键，把文件保存在"E:\Sublime"，文件名为"web11-9. html"。

打开 360 安全浏览器，然后在浏览器的地址栏中输入"file:/// E:\Sublime \web11-9.html"，然后按回车键，接着鼠标移动到 div 元素上，就可以看到 2D 移动动画效果，如图 11.10 所示。

图 11.10　2D 移动动画效果

11.5.3　2D 旋转动画效果

利用转换 transform 的 rotate() 方法，可以制作 2D 旋转动画效果，该方法的语法格式如下：

```
transform: rotate(角度);
```

如果角度为正数，表示顺时针旋转的角度；如果角度为负数，表示逆时针旋转的角度。

双击桌面上的 Sublime Text 快捷图标，打开软件，然后单击菜单栏中的"File/New File"命令（快捷键：Ctrl+N），新建一个文件，然后输入如下代码：

```
<!DOCTYPE html>
<html>
    <head>
        <title>2D 旋转动画效果 </title>
        <style type="text/css">
            h1{text-shadow:5px 5px 5px red}
                div{width:100px;height:100px;background: linear-gradient(to
right,red, yellow);border:10px red groove;
                border-radius:10px;margin-left: 200px;
                transition-property: all;
                transition-duration: 5s;
                transition-timing-function: ease;
                transition-delay: 0s;
                }
            div:hover{transform:rotate(360deg);}
        </style>
    </head>
    <body>
        <h1>2D 旋转动画效果 </h1>
        <hr>
        <div></div>
    </body>
</html>
```

按下键盘上的"Ctrl+S"组合键，把文件保存在"E:\Sublime"，文件名为"web11-10.html"。

打开 360 安全浏览器，然后在浏览器的地址栏中输入"file:/// E:\Sublime \web11-10.html"，然后按回车键，接着鼠标移动到 div 元素上，就可以看到 2D 旋转动画效果，如图 11.11 所示。

图 11.11　2D 旋转动画效果

11.5.4 2D 拉伸动画效果

利用转换 transform 的 skew() 方法，可以制作 2D 拉伸动画效果，该方法的语法格式如下：

```
transform:skew(<angle> [,<angle>]);
```

包含两个参数值，分别表示 X 轴和 Y 轴倾斜的角度。

如果第二个参数为空，则默认为 0，参数为负表示向相反方向倾斜。

双击桌面上的 Sublime Text 快捷图标，打开软件，然后单击菜单栏中的"File/New File"命令（快捷键：Ctrl+N），新建一个文件，然后输入如下代码：

```
<!DOCTYPE html>
<html>
    <head>
        <title>2D 拉伸动画效果</title>
        <style type="text/css">
            h1{text-shadow:5px 5px 5px red}
                div{width:100px;height:100px;background: linear-gradient(to
right,red, yellow);border:10px red groove;
                border-radius:10px;margin-left: 200px;
                transition-property: all;
                transition-duration: 5s;
                transition-timing-function: ease;
                transition-delay: 0s;
                }
            div:hover{transform:skew(30deg,60deg);}
        </style>
    </head>
    <body>
        <h1>2D 拉伸动画效果</h1>
        <hr>
        <div></div>
    </body>
</html>
```

按下键盘上的"Ctrl+S"组合键，把文件保存在"E:\Sublime"，文件名为"web11-11. html"。

打开 360 安全浏览器，然后在浏览器的地址栏中输入"file:/// E:\Sublime \web11-11.html"，然后按回车键，接着鼠标移动到 div 元素上，就可以看到 2D 拉伸动画效果，如图 11.12 所示。

图 11.12 2D 拉伸动画效果

11.6 3D 转换动画

前面讲解了 2D 转换动画，下面来讲解 3D 转换动画。

11.6.1 3D 转换常用属性

3D 转换常用属性具体如下：

1. transform–Origin 属性

transform–Origin 属性用来改转换元素的位置，其语法格式如下：

```
transform-origin: x-axis y-axis z-axis;
```

"x–axis"用来设置 x 轴的位置，其值可以是 left、center、right、length。"y–axis"用来设置 y 轴的位置，其值可以是 left、center、bottom、length。"z–axis"用来设置 z 轴的位置，其值是 length。

2. transform–style 属性

transform–style 属性指定嵌套元素怎样在三维空间中呈现，其语法格式如下：

```
transform-style: flat|preserve-3d;
```

flat 表示所有子元素在 2D 平面呈现。preserve-3d 表示所有子元素在 3D 平面呈现。

3. perspective 属性

perspective 属性用来设置元素的透视效果，其语法格式如下：

```
perspective: number|none;
```

number 用来设置元素距离视图的距离，以像素为单位。none 表示 0，即没有透视，为默认值。

4. perspective-origin 属性

perspective-origin 属性定义 3D 元素所基于的 X 轴和 Y 轴，其语法格式如下：

```
perspective-origin: x-axis y-axis;
```

5. backface-visibility 属性

backface-visibility 属性定义当元素不面向屏幕时是否可见，其语法格式如下：

```
backface-visibility: visible|hidden;
```

visible 表示背面是可见的。hidden 表示背面是不可见的。

11.6.2 3D 旋转动画效果

利用转换 transform 的 rotate3d() 方法，可以制作 3D 旋转动画效果，该方法的语法格式如下：

```
rotate3d(x, y, z, a)
```

x 可以是 0 到 1 之间的数值，表示旋转轴 X 坐标方向的矢量。y 可以是 0 到 1 之间的数值，表示旋转轴 Y 坐标方向的矢量。z 可以是 0 到 1 之间的数值，表示旋转轴 Z 坐标方向的矢量。a 表示旋转角度，正的角度值表示顺时针旋转，负值表示逆时针旋转。

双击桌面上的 Sublime Text 快捷图标，打开软件，然后单击菜单栏中的 "File/New File" 命令（快捷键：Ctrl+N），新建一个文件，然后输入如下代码：

```html
<!DOCTYPE html>
<html>
    <head>
        <title>3D旋转动画效果</title>
        <style type="text/css">
          h1{text-shadow:5px 5px 5px red}
          .myimage{
            width:100px;
            height:100px;
            margin:30px;
            perspective:40px;
          }
          img{
            transition-property: all;
            transition-duration: 5s;
            transition-timing-function: ease;
            transition-delay: 0s;
          }
          .myimage:hover img {
            transform:rotate3d(1,0,0,360deg);
          }
        </style>
    </head>
    <body>
        <h1>3D旋转动画效果</h1>
        <hr>
        <div class="myimage">
            <img src="b.png">
        </div>
    </body>
</html>
```

按下键盘上的 "Ctrl+S" 组合键，把文件保存在 "E:\Sublime"，文件名为 "web11-12.html"。

打开 360 安全浏览器，然后在浏览器的地址栏中输入 "file:/// E:\Sublime \web11-12.html"，然后按回车键，效果如图 11.13 所示。

当鼠标放到图像上时，就会出现沿着 x 轴旋转的 3D 动画效果，如图 11.14 所示。

图 11.13　网页运行效果　　　　图 11.14　沿着 x 轴旋转的 3D 动画效果

如果修改 hover 事件代码，就可以实现沿着 y 轴旋转的 3D 动画效果，具体如下：

```
.myimage:hover img {
    /*transform:rotate3d(1,0,0,360deg);*/
    transform:rotate3d(0,1,0,360deg);
}
```

重新刷新网页，当鼠标放到图像上时，就会出现沿着 y 轴旋转的 3D 动画效果，如图 11.15 所示。

如果修改 hover 事件代码，就可以实现沿着 z 轴旋转的 3D 动画效果，具体如下：

```
.myimage:hover img {
    /*transform:rotate3d(1,0,0,360deg);*/
    /*transform:rotate3d(0,1,0,360deg);*/
    transform:rotate3d(0,0,1,360deg);
}
```

重新刷新网页，当鼠标放到图像上时，就会出现沿着 z 轴旋转的 3D 动画效果，如图 11.16 所示。

图 11.15　沿着 y 轴旋转的 3D 动画效果　　　　图 11.16　沿着 z 轴旋转的 3D 动画效果

11.6.3　3D 缩放动画效果

利用转换 transform 的 scale3d() 方法，可以制作 3D 缩放动画效果，该方法的语法格式如下：

```
scale3d(x,y,z);
```

"x" 表示沿着 x 轴方向的缩放的比例，如果是 1，表示没有缩放，即大小不变；如果小于 1，表示沿着 x 轴方向缩小；如果大小 1，表示沿着 x 轴方向放大。

"y"表示沿着 y 轴方向的缩放的比例，如果是 1，表示没有缩放，即大小不变；如果小于 1，表示沿着 y 轴方向缩小；如果大小 1，表示沿着 y 轴方向放大。

"z"表示沿着 y 轴方向的缩放的比例，如果是 1，表示没有缩放，即大小不变；如果小于 1，表示沿着 z 轴方向缩小；如果大小 1，表示沿着 z 轴方向放大。

双击桌面上的 Sublime Text 快捷图标，打开软件，然后单击菜单栏中的"File/New File"命令（快捷键：Ctrl+N），新建一个文件，然后输入如下代码：

```
<!DOCTYPE html>
<html>
    <head>
        <title>3D 缩放动画效果 </title>
        <style type="text/css">
          h1{text-shadow:5px 5px 5px red}
          .myimage{
              width:100px;
              height:100px;
              margin:100px;
              perspective:40px;
          }
          img{
              transition-property: all;
              transition-duration: 5s;
              transition-timing-function: ease;
              transition-delay: 0s;
          }
          .myimage:hover img {
            transform:scale3d(0,1,1);
          }
        </style>
    </head>
    <body>
        <h1>3D 缩放动画效果 </h1>
        <hr>
        <div class="myimage">
            <img src="b.png">
        </div>
    </body>
</html>
```

按下键盘上的"Ctrl+S"组合键，把文件保存在"E:\Sublime"，文件名为"web11-13.html"。

打开 360 安全浏览器，然后在浏览器的地址栏中输入"file:/// E:\Sublime\web11-13.html"，然后按回车键，接着鼠标移动到图像上，就可以看到沿着 x 方向的缩小动画效果，如图 11.17 所示。

如果修改 hover 事件代码，就可以实现沿着 x 轴放大的 3D 动画效果，具体如下：

```
        .myimage:hover img {
          /*transform:scale3d(0,1,1);*/
          transform:scale3d(3,1,1);
        }
```

重新刷新网页，当鼠标放到图像上时，就会出现沿着 x 轴放大的 3D 动画效果，如

图 11.18 所示。

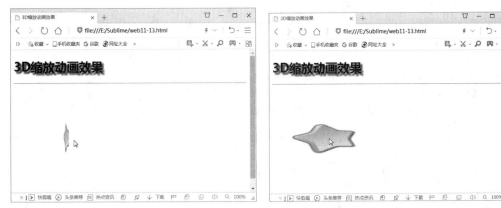
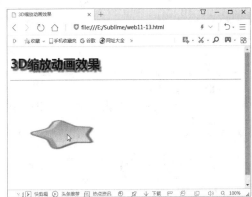

图 11.17　沿着 x 方向的缩小动画效果　　　图 11.18　沿着 x 轴放大的 3D 动画效果

同理，可以制作沿着 y 轴放大和缩小的 3D 动画效果。

当然，也可以制作沿着 z 轴放大和缩小的 3D 动画效果。

当然，还可以制作同时沿着 x、y、z 轴放大的 3D 动画效果，具体代码如下：

```
transform:scale3d(3,4,5);
```

在这里设置沿着 x 轴放大 3 倍；沿着 y 轴放大 4 倍；沿着 z 轴放大 5 倍。

重新刷新网页，当鼠标放到图像上时，就会出现同时沿着 x、y、z 轴放大的 3D 动画效果，如图 11.19 所示。

图 11.19　同时沿着 x、y、z 轴放大的 3D 动画效果

11.6.4　3D 移动动画效果

利用转换 transform 的 translate3d() 方法，可以制作 3D 移动动画效果，该方法的语法格式如下：

```
translate3d(x,y,z);
```

"x"表示沿着 x 轴移动的距离，单位为像素；"y"表示沿着 y 轴移动的距离，单位为像素；"z"表示沿着 z 轴移动的距离，单位为像素。

双击桌面上的 Sublime Text 快捷图标，打开软件，然后单击菜单栏中的"File/New File"命令（快捷键：Ctrl+N），新建一个文件，然后输入如下代码：

```html
<!DOCTYPE html>
<html>
    <head>
        <title>3D移动动画效果</title>
        <style type="text/css">
          h1{text-shadow:5px 5px 5px red}
          .myimage{
            width:100px;
            height:100px;
            margin:100px;
            perspective:40px;
          }
          img{
            transition-property: all;
            transition-duration: 5s;
            transition-timing-function: ease;
            transition-delay: 0s;
          }
          .myimage:hover img {
            transform:translate3d(200px,0px,0px);
          }
        </style>
    </head>
    <body>
        <h1>3D移动动画效果</h1>
        <hr>
        <div class="myimage">
            <img src="b.png">
        </div>
    </body>
</html>
```

按下键盘上的"Ctrl+S"组合键，把文件保存在"E:\Sublime"，文件名为"web11-14. html"。

打开 360 安全浏览器，然后在浏览器的地址栏中输入"file:/// E:\Sublime \web11-14.html"，然后按回车键，接着鼠标移动到图像上，就可以看到沿着 x 方向的移动的动画效果，如图 11.20 所示。

同理，可以制作沿着 y 轴移动的 3D 动画效果。

当然，也可以制作沿着 z 轴移动的 3D 动画效果。

当然，还可以制作沿着 x、y、z 轴同时移动的 3D 动画效果，具体代码如下：

```
transform:translate3d(50px,50px,50px);
```

重新刷新网页，当鼠标放到图像上时，就会出现沿着 x、y、z 轴同时移动的 3D 动画效果，如图 11.21 所示。

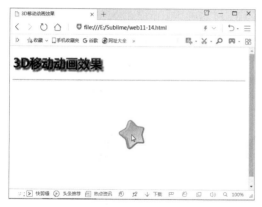 

图 11.20　沿着 x 方向的移动的动画效果　　图 11.21　沿着 x、y、z 轴同时移动的 3D 动画

效果

11.7　animation 动画

animation 动画，可通过设置多个节点来精确控制一个或一组动画，常用来实现复杂的动画效果。

11.7.1　animation 属性

创建 animation 动画，首先要使用 "@keyframes" 定义关键帧，其语法格式如下：

```
@keyframes animationname {keyframes-selector {css-styles;}}
```

其中 "animationname" 是动画名称，是必须使用的。

"keyframes-selector" 表示动画持续的百分比，也是必须使用的。合法值是 0% 到 100%，也可以是 from 和 to，from 表示 0%，而 to 表示 100%。

"css-styles" 就是一个或多个 CSS 样式。

animation-name 属性：指定要绑定的动画名称。

animation-duration 属性：定义动画完成一个周期需要多少秒。

animation-timing-function 属性：指定动画将如何完成一个周期，其属性值及意义如下：

（1）linear：规定以相同速度开始至结束的过渡效果。

（2）ease ：规定慢速开始，然后变快，然后慢速结束的过渡效果，这是默认效果。

（3）ease-in：规定以慢速开始的过渡效果。

（4）ease-out：规定以慢速结束的过渡效果。

（5）ease-in-out：规定以慢速开始和结束的过渡效果。

animation-delay 属性：规定过渡效果何时开始，默认为 0，即立即开始。如果设置为 5 秒，即 5 秒后开始 animation 动画。

animation-iteration-count 属性：定义动画应该播放多少次，默认值为 1，即播放一次。如果该属性值为 infinite，表示该动画一直播放。

animation-direction 属性：定义是否循环交替反向播放动画，其属性值及意义如下：

（1）normal：默认值，动画按正常播放。

（2）reverse：动画反向播放。

（3）alternate：动画在奇数次（1、3、5…）正向播放，在偶数次（2、4、6…）反向播放。

（4）alternate-reverse：动画在奇数次（1、3、5…）反向播放，在偶数次（2、4、6…）正向播放。

需要注意的是，如果动画被设置为只播放一次，animation-direction 属性将不起作用。

11.7.2　制作 animation 动画的流程

第一步，通过 @keyframes 定义动画。keyframes，即关键帧，制作 animation 动画，就是创建关键帧动画。

第二步，将这段动画通过百分比，分割成多个节点；然后各节点中分别定义各属性。

第三步，在 HTML 的元素里，通过 animation 属性调用动画。

（1）双击桌面上的 Sublime Text 快捷图标，打开软件，然后单击菜单栏中的"File/New File"命令（快捷键：Ctrl+N），新建一个文件，然后输入如下代码：

```html
<!DOCTYPE html>
<html>
    <head>
        <title>animation 动画 </title>
        <style type="text/css">
          h1{text-shadow:5px 5px 5px red}
          .myc{
            width:120px;
            height:120px;
            margin:20px;
            border-radius:15px;
            color:yellow;
            text-align:center;
            padding:5px;
            background-color:red;
            border:15px yellow groove;
            animation-name: move;
            animation-duration: 2s;
            animation-iteration-count: infinite;
            animation-direction: alternate;
          }
          @keyframes move{
            0% {
```

```
                    transform: translate3d(0px,0px,0px);
                    border-radius:15px;
                }
                25% {
                    transform: translate3d(500px,0px,0px);
                    border-radius:50px;
                    background-color:orange;
                }
                50% {
                    transform: translate3d(500px,300px,0px);
                    border-radius:0px;
                    background-color:green;
                }
                75% {
                    transform: translate3d(0px,300px,0px);
                    border-radius:50px;
                    background-color:blue;
                }
                100% {
                    transform: translate3d(0px,0px,0px);
                    border-radius:15px;
                }
            }
        </style>
    </head>
    <body>
        <h1 align="center">animation 动画 </h1>
        <hr>
        <div class="myc">关键帧动画 </div>
    </body>
</html>
```

在这里定义了 5 个关键帧，分别是 0%、25%、50%、75%、100%。其中 0% 和 100% 的 CSS 样式相同。

（2）按下键盘上的"Ctrl+S"组合键，把文件保存在"E:\Sublime"，文件名为"web11-15.html"。

（3）打开 360 安全浏览器，然后在浏览器的地址栏中输入"file:/// E:\Sublime\web11-15.html"，然后按回车键，就可以看到 animation 动画效果，如图 11.22 所示。

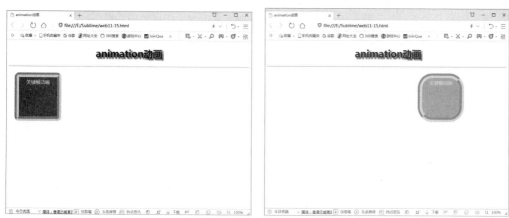

图 11.22　animation 动画效果

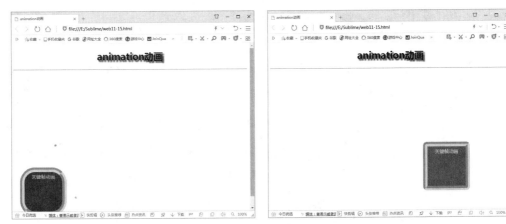

图 11.22　animation 动画效果（续）

第 12 章
JavaScript 编程的初步知识

JavaScript 是目前非常流行的一种开发动态网页的脚本语言，它可以嵌入 HTML 文档中，使网页更加生动活泼，并具有交互性。

本章主要内容包括：

➤ 数值型、字符串型和布尔型
➤ 空值和未定义
➤ 变量的定义和命名规则
➤ 变量的声明和赋值
➤ 数据类型的自动转换和强制转换

➤ 基本数据类型转换
➤ 算术运算符的应用
➤ 赋值运算符的应用
➤ 位运算符的应用
➤ JavaScript 的语法规则

12.1　基本数据类型

程序设计语言所支持的数据类型是这种语言最为基本的部分。JavaScript 能够处理多种类型的数据，这些数据类型可以分为两类：基本数据类型和引用数据类型。

JavaScript 的基本数据类型包括常用的数值型、字符串型和布尔型，以及两个特殊的数据类型：空值和未定义。JavaScript 的引用数据类型包括数组、函数、对象等。

需要注意的是，由于 JavaScript 采用弱类型的形式，因而数据在使用前不必先作声明，而是在使用或赋值时确定其数据类型。下面先讲解基本数据类型。

12.1.1　数值型

数值型（number）是最基本的数据类型，可以用于完成数学运算。JavaScript 和其他程序设计语言的不同之处在于它并不区别整型数值和浮点型数值。在 JavaScript 中，所有数字都是由浮点型表示的。

如果一个数值直接出现在 JavaScript 程序中时，称为数值常量。JavaScript 支持的数值直接量的形式有 3 种，分别是整型常量、浮点型常量和特殊的数值常量，如图 12.1 所示。

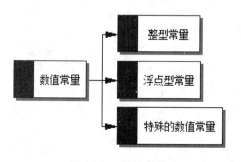

图 12.1　数值常量

1. 整型常量

一个整型直接量可以是十进制、十六进制和八进制数。一个十进制数值是由一串数字序列组成，它的第一个数字不能为 0。一个八进制数值是以数字 0 开头，其后是一个数字序列，这个序列中的每个数字都在 0 到 7 之间（包括 0 和 7）。一个十六进制数值是以 0x 开头，其后跟随的是十六进制的数字串，即每个数字可以用数字 0 到 9，或字母 a(A) 到 e(E) 来表示 0 到 15 之间的数字。

整型常量代码如下：

```
25                  整数 25 的十进制表示
037                 整数 31 的八进制表示
0x1A                整数 26 的十六进制表示
```

2. 浮点型常量

浮点型常量也就是带小数点的数。它既可以使用常规表示法，也可以使用科学记数法来表示。使用科学计数法表示时，指数部分是在一个整数后跟一个 "e" 或 "E"，它可以是一个有符号的数。

浮点型常量代码如下：

```
3.1415              常规表示法
-3.1E12             常规表示法
.1e12               科学记数法，该数等于 0.1×1012
52E-12              科学记数法，该数等于 52×10-12
```

在这里可以看出，一个浮点数组必须包含一个数字、一个小数点或 "e"（或 "E"）。

3. 特殊的数值常量

JavaScript 还使用了一些特殊的数值常量，具体如下：

第一，当一个浮点值大于所能表示的最大值时，其结果是一个特殊的无穷大值，JavaScript 将它输出为 "Infinity"。

第二，当一个负值比所能表示的最小负值还小的话，结果就是负无穷大，输出为 "-Infinity"。

第三，当一个算术运算（如用 0 除以 0）产生了未定义的结果或出错返回时，结果是一个非数字的特殊值，输出为 "NaN(Not a Number)"。这个值比较特殊，它和任何数值都不相等，包括它自己在内，所以需要一个专门的函数 isNaN() 来检测这个值。

双击桌面上的 Sublime Text 快捷图标，打开软件，然后单击菜单栏中的 "File/New File" 命令（快捷键：Ctrl+N），新建一个文件，然后输入如下代码：

```html
<!DOSTYPE html>
<html>
    <head>
            <meta charset="utf-8">
            <title>JavaScript 的数值常量</title>
    </head>
    <body>
            <h3>JavaScript 的数值常量</h3>
            <hr>
            <script type="text/javascript">
                    const mya1 = 25 ;            // 十进制整型常量
                    const mya2 = 037;            // 八进制整型常量
                    const mya3 = 0x1A ;          // 十六进制整型常量
                    const mya4 = 3.1415;         // 浮点型常量
                    const mya5 = 52E-12          // 科学记数法
                    const mya6 = 0/0 ;           // 零除零
                    const mya7 = 3E200*5E200
                    const mya8 = -3E200*5E200
```

```
                    document.write(mya1+"<br>");
                    document.write(mya2+"<br>");
                    document.write(mya3+"<br>");
                    document.write(mya4+"<br>");
                    document.write(mya5+"<br>");
                    document.write(mya6+"<br>");
                    document.write(mya7+"<br>");
                    document.write(mya8+"<br>");
        </script>
    </body>
</html>
```

在 HTML 网页中，添加 JavaScript 代码，要添加到 script 元素之中。script 元素的开始标签为"<script>"，结束标签为"</script>"。需要注意 script 元素最常用的属性是 type，要调用 JavaScript 代码，其属性值为 text/javascript。

在 JavaScript 中，定义常量要用到关键字 const，具体代码如下：

```
const mya1 = 25 ;   // 十进制整型常量
```

在 JavaScript 中，利用 document.write() 函数在 HTML 页面中显示信息，具体代码如下：

```
document.write(mya1+"<br>");
```

其中"mya1"是前面定义的数值常量，"+"号是连接符，"<.br>"是 HTML 中的元素。

按下键盘上的"Ctrl+S"组合键，把文件保存在"E:\Sublime"，文件名为"web12-1.html"。

打开 360 安全浏览器，然后在浏览器的地址栏中输入"file:/// E:\Sublime \web12-1.html"，然后按回车键，效果如图 12.2 所示。

图 12.2 JavaScript 的数值常量

12.1.2 字符串型

字符串（string）是由 Unicode 字符、数字、标点符号等组成的序列，它是

JavaScript 中用来表示文本的数据类型。

> **提醒：** JavaScript 和 C、C++、Java 不同的是，它没有 char 这样的字符数据类型，要表示单个字符，必须使用长度为 1 的字符串。

1. 字符串常量

字符串常量是由单引号或双引号括起来的一串字符，其中可以包含 0 个或多个 Unicode 字符，具体代码如下：

```
"fish"
'李白'
"5467"
"a line"
"That's very good."
'"What are you doing?", he asked.'
```

字符串常量在使用时应注意以下几点：

第一，字符串两边的引号必须相同，即对一个字符串来说，要么两边都是双引号，要么两边都是单引号，否则一边加单引号，一边加双引号会产生错误。

第二，由单引号定界的字符串中可以含有双引号，由双引号定界的字符串中也可以含有单引号。

第三，两个引号之间没有任何字符的字符串称作空串（""就是一个空串）。

第四，放在引号中的数字也是字符串，例如"25"代表由 2 和 5 组成的字符串，同数值 25 不同，不能对字符串"25"进行加、减、乘、除算术运算，但可以进行字符串运算。

第五，字符串常量必须写在一行中，如果将它们放在两行中，可能会将它们截断。如果必须在字符串常量中添加一个换行符，可以使用转义字符"\n"，下面我们将对此进行说明。

2. 转义字符

有些字符需要包含在字符串中，但由于这些字符在屏幕上不能显示，或者 JavaScript 语法上已经有了特殊用途，而不能以常规的形式直接写进去。例如上面的换行符，以及要在单引号定界的字符串中加使用撇号时都不能直接加入这些符号，否则会引起歧义。为了解决这个问题，JavaScript 专门为这类字符提供了一种特殊的表达方式，称作转义字符，它以反斜杠 (\) 开始，后面跟一些符号。这些由反斜杠开头的字符表示的是控制字符而不是原来的值。表 12.1 列出了 JavaScript 支持的转义字符其及代表的实际字符。

表 12.1　JavaScript 转义字符

字符	含　义
\0	NUL 字符 (\u0000)
\b	退格符 (\u0008)

续上表

字符	含义
\t	水平制表符 (\u0009)
\n	换行符 (\u000A)
\v	垂直制表符 (\u000B)
\f	换页符 (\uDDCC)
\r	回车符 (\uDDCD)
\"	双引号 (\u0022)
\'	撇号或单引号 (\u0027)
\\	反斜杠符 \ (\u005C)
\xXX	由两个十六进制数值 XX 指定的 Latin-1 编码字符，如 \xA9 即是版权符号的十六进制码
\uXXXX	由四位十六进制数的 XXXX 指定的 Unicode 字符，如 \u00A9 即是版权符号的 Unicode 编码
\XXX	由一位到三位八进制数（从 1 到 377）指定的 Latin-1 编码字符，如 \251 即是版权符号的八进制码

　　双击桌面上的 Sublime Text 快捷图标，打开软件，然后单击菜单栏中的"File/New File"命令（快捷键：Ctrl+N），新建一个文件，然后输入如下代码：

```
<!DOSTYPE html>
<html>
    <head>
        <meta charset="utf-8">
        <title>字符串常量和转义字符</title>
    </head>
    <body>
        <h3>字符串常量和转义字符</h3>
        <hr>
        <script type="text/javascript">
            const mya1 = "fish" ;
            const mya2 = '李白' ;
            const mya3 = "25" ;
            const mya4 = "a line" ;
            const mya5 = "That's very good." ;
            const mya6 = '"What are you doing?", he asked.' ;
            const mya7 = "c:\\file\\myt";
            document.write(mya1+"<br>");
            document.write(mya2+"<br>");
            document.write(mya3+"<br>");
            document.write(mya4+"<br>");
            document.write(mya5+"<br>");
            document.write(mya6+"<br>");
            document.write(mya7+"<br>");
        </script>
    </body>
</html>
```

　　按下键盘上的"Ctrl+S"组合键，把文件保存在"E:\Sublime"，文件名为"web12-2. html"。

　　打开 360 安全浏览器，然后在浏览器的地址栏中输入"file:/// E:\Sublime \web12-2. html"，然后按回车键，效果如图 12.3 所示。

图 12.3　字符串常量和转义字符

12.1.3　布尔型

数值型数据和字符串型数据的值都有无穷多，但是布尔型数据的值只有两个，分别由布尔型常量"true"和"false"来表示，分别代表真和假。它主要用来说明或代表一种状态或标志，通常是在程序中比较所得的结果。

布尔型常量代码如下：

```
true      真
false     假
```

双击桌面上的 Sublime Text 快捷图标，打开软件，然后单击菜单栏中的"File/New File"命令（快捷键：Ctrl+N），新建一个文件，然后输入如下代码：

```
<!DOSTYPE html>
<html>
    <head>
        <meta charset="utf-8">
        <title>布尔型常量</title>
    </head>
    <body>
        <h3>布尔型常量</h3>
        <hr>
        <script type="text/javascript">
            const mya1 = true ;
            const mya2 = false ;
            document.write(mya1+"<br>");
            document.write(mya2+"<br>");
        </script>
    </body>
</html>
```

按下键盘上的"Ctrl+S"组合键，把文件保存在"E:\Sublime"，文件名为"web12-3. html"。

打开 360 安全浏览器，然后在浏览器的地址栏中输入"file:/// E:\Sublime \web12-3. html"，然后按回车键，效果如图 12.4 所示。

图 12.4　布尔型常量符

12.1.4　空值型

JavaScript 中还有一个特殊的空值型数据，用关键字 null 来表示，它表示"无值"。它并不表示"null"这四个字母，也不是 0 和空字符串，而是 JavaScript 的一种对象类型。null 常常被看作对象类型的一个特殊值，即代表"无对象"的值。null 是个独一无二的值，有别于其他所有的值。如果一个变量的值为 null，那么就表示它的值不是有效的对象、数字、字符串和布尔值。

null 可用于初始化变量，以避免产生错误，也可用于清除变量的内容，从而释放与变量相关联的内存空间。当把 null 赋值给某个变量后，这个变量中就不再保存任何有效的数据。

12.1.5　未定义值

在 JavaScript 中还有一个特殊的未定义值，用 undefined 来表示。如下情况使返回 undefined 值：

第一，使用了一个并未声明的变量时。

第二，使用了已经声明但还没有赋值的变量时。

第三，使用了一个并不存在的对象属性时。

双击桌面上的 Sublime Text 快捷图标，打开软件，然后单击菜单栏中的"File/New File"命令（快捷键：Ctrl+N），新建一个文件，然后输入如下代码：

```
<!DOSTYPE html>
<html>
    <head>
            <meta charset="utf-8">
            <title>空值型和未定义值</title>
    </head>
    <body>
            <h3>空值型和未定义值</h3>
            <hr>
            <script type="text/javascript">
```

```
                    document.write("null 的数据类型是: "+typeof(null)+"<br>");
                    document.write("undefined 的 数 据 类 型 是:
"+typeof(undefined)+"<br>");
                    document.writeln("null==undefined 的 值:
"+(null==undefined)+"<br>");
                    document.writeln("null===undefined 的 值:
"+(null===undefined)+"<br>");
            </script>
        </body>
    </html>
```

按下键盘上的"Ctrl+S"组合键，把文件保存在"E:\Sublime"，文件名为"web12-4.
html"。

打开 360 安全浏览器，然后在浏览器的地址栏中输入"file:/// E:\Sublime \web12-4.
html"，然后按回车键，效果如图 12.5 所示。

图 12.5　空值型和未定义值

从该程序可以看出以下几点：

第一，null 关键字的数据类型为对象（object），它是系统的一个内置对象。(typeof
运算符报告 null 值为 Object 类型，而非类型 null。)

第二，undefined 是 JavaScript 的一个预定义全局变量，其类型为 undefined。

第三，使用等号"= ="判断"null"与"undefined"是否相等时，结果为"true"，
即 = = 运算符将二者看作相等。

第四，使用一致性测试运算符"= = ="判断"null"与"undefined"是否相等时，
结果为"false"，即 = = = 运算符将二者看作不相等。

12.2　变量

无论使用什么语言编程，其最终目的都是对数据进行处理。程序在编程过程中，为了
处理数据更加方便，通常会将其存储在变量中。

12.2.1　什么是变量

变量是指在程序执行过程中其值可以变化的量，系统为程序中的每个变量分配一个存储单元。变量名实质上就是计算机内存中存储单元的命名。因此，借助变量名就可以访问内存中的数据。

12.2.2　变量的命名规则

变量是一个名称，给变量命名时，应遵循以下规则：

第一，变量名必须以大写字母（A 到 Z）、小写字母（a 到 z）或下画线（_）开头，其他的字符可以用字母、下画线或数字（0 到 9）。变量名中不能有空格、加号、减号等其他符号。

第二，不能使用 JavaScript 中的保留字作为变量名。这些保留字是 JavaScript 内部使用的，不能作为变量的名称。例如 var、int、double、true 等都不能作为变量的名称。

第三，在对变量命名时，最好把变量名的意义与其代表的内容对应起来，以便能方便地区分变量的含义。例如，name 这样的变量就很容易让人明白其代表的内容。

第四，JavaScript 变量名是区分大小写的，因此在使用时必须确保大小写相同。不同大小写的变量，例如 name、Name、NAME，将被视为不同的变量。

第五，JavaScript 变量命名约定与 Java 类似，也就是说，对于变量名为一个单词的，则要求其为小写字母，例如 area；对于变量名由两个或两个以上的单词组成，则要求第二个和第二个以后的单词的首字母为大写，例如 userName。

合法的变量名：

```
user_name
_user_name
my_variable_example
myVariableExample
```

不合法的变量名：

```
%user_name
2user_name
$user_name
~user_name
+user_name
```

12.2.3　变量的声明

变量在使用之间必须声明。这不仅是 JavaScript 的要求，也是一个好的编程习惯。由于 JavaScript 是弱类型语言，因此它不像大多数高级语言那样强制限定每种变量的类型，也就是说在创建一个变量时可以不指定该变量将要存放何种类型的信息。实际上，根据需要，还可以给同一个变量赋予一些不同类型的数据。

在 JavaScript 中声明变量的方式有两种：一种是使用关键字 var 显式声明变量；另一种是使用赋值语句隐式地声明变量。为了提高程序的可读性和正确性，建议对所有变量都使用显式声明。

1. 使用关键字 var 显式声明变量

使用关键字 var 显式声明变量，其语法格式如下：

```
格式 1: var 变量名 1[, 变量名 2, 变量名 3, …]
```

例如：

```
var   i;
var   a,b,c;
var   name,password;
```

使用以上语句声明变量后，再将它存入一个值之间，它的初值就是寻找一个特殊的未定义值 undefined。

在声明变量的同时，可以为变量指定一个值，这个过程称为变量的初始化。但这个过程不是强制性，可以声明一个变量，但不初始化这个变量，此时，该变量的数据类型为 undefined。建议在声明变量的同时初始化变量，其语法格式如下：

```
var 变量名 1=值 1[, 变量名 2=值 2 变量名 3=值 3, …]
```

例如：

```
var   name=' 张三 ';
var   i=0,j=1;
var   flag=true;
```

在为变量赋初值后，JavaScript 会自动根据所赋的值而确定变量的类型，例如上面的变量 "name" 会自动定义为字符串型，变量 "i" 和 j 为数值型，变量 "flag" 为布尔型。

> **提醒：**可以用 typeof 函数来检测某一变量的数据类型。

2. 使用赋值语句隐式地声明变量

在 JavaScript 中声明变量时，还可以在声明变量时省略关键字 var，即直接在赋值语句中隐式地声明变量。使用赋值语句隐式声明变量的格式为：

```
变量名 1=值 1[, 变量名 2=值 2 变量名 3=值 3, …]
```

例如：

```
name=' 张三 ';
i=0,j=1;
flag=true;
```

需要注意的是，在一行中有多个赋值语句时，之间要用分号分隔。

还需要注意，不能这样定义变量：

```
int   i=0;
或者
var   int i=0;
```

双击桌面上的 Sublime Text 快捷图标，打开软件，然后单击菜单栏中的"File/New File"命令（快捷键：Ctrl+N），新建一个文件，然后输入如下代码：

```html
<!DOSTYPE html>
<html>
    <head>
        <meta charset="utf-8">
        <title> 变量的声明 </title>
    </head>
    <body>
        <h3> 变量的声明 </h3>
        <hr>
        <script type="text/javascript">
            var myname;              // 显式声明变量但未初始化变量
            var myscore=95.5;        // 显式声明变量并初始化变量
            mysex=' 男 ';            // 使用赋值语句隐式声明变量
            document.writeln(" 变量 myname 的初始值: "+myname);
            document.writeln("<br> 变量 myname 的类型是: "+typeof(myname)
+"<hr>");

            document.writeln("<br> 变量 myscore 的初始值: "+ myscore);
            document.writeln("<br> 变量 myscore 的类型是: "+typeof(myscore)
+"<hr>");

            document.writeln("<br> 变量 mysex 的初始值: "+mysex);
            document.writeln("<br> 变 量 mysex 的 类 型 是: "+typeof(mysex)
+"<hr>");

        </script>
    </body>
</html>
```

按下键盘上的"Ctrl+S"组合键，把文件保存在"E:\Sublime"，文件名为"web12-5.html"。

打开360安全浏览器，然后在浏览器的地址栏中输入"file:/// E:\Sublime \web12-5.html"，然后按回车键，效果如图 12.6 所示。

图 12.6　变量的声明

12.2.4　变量的赋值

不管声明变量的时候是否赋值，在程序中任何地方需要改变变量的值时都可以使用赋值语句来给变量赋值。赋值语句由变量名、等号以及确定的值组成，其语法格式如下：

```
变量名 = 值；
```

双击桌面上的 Sublime Text 快捷图标，打开软件，然后单击菜单栏中的"File/New File"命令（快捷键：Ctrl+N），新建一个文件，然后输入如下代码：

```
<!DOSTYPE html>
<html>
    <head>
            <meta charset="utf-8">
            <title>变量的赋值</title>
    </head>
    <body>
            <h3>变量的赋值</h3>
            <hr>
            <script type="text/javascript">
                    var salary=null;            // 在声明变量salary的同时给变量赋值
                    document.writeln("变量salary的初始值：",salary);
                    document.writeln("<br>变量salary的类型是：",typeof(salary),
"<hr>");

                    salary=7500;                // 使用赋值语句改变变量salary的值
                    document.writeln("<br>变量salary改变后的值：",salary);
                    document.writeln("<br>变量salary的类型是：",typeof(salary),
"<hr>");

                    salary='我的工资'          // 使用赋值语句将变量salary的类型由数值型
变为了字符型

                    document.writeln("<br>变量salary改变类型后的值：",salary);
                    document.writeln("<br>变量salary改变类型后的类型是：
",typeof(salary),"<hr>");
            </script>
    </body>
</html>
```

按下键盘上的"Ctrl+S"组合键，把文件保存在"E:\Sublime"，文件名为"web12-6.html"。

打开360安全浏览器，然后在浏览器的地址栏中输入"file:/// E:\Sublime \web12-6.html"，然后按回车键，效果如图 12.7 所示。

图 12.7　变量的赋值

12.3 数据类型的转换

JavaScript 是一种松散类型的程序设计语言，并没有严格规定变量的数据类型，也就是说，已经定义数据类型的变量，可以在表达式中自动转换数据类型，或通过相应的方法来转换数据类型。

12.3.1 数据类型的自动转换

当表达式中出现不同数据类型时，JavaScript 会自动进行数据类型转换以使它们相容。通常来讲，类型转换是根据优先级进行的。在 JavaScript 中，字符串优先级最高，然后依次是浮点型、整型、布尔型。表 12.2 为数据类型自动转换的规则。

表 12.2　JavaScipt 数据类型自动转换的规则

操作数 A	操作数 B	运算结果
字符串	浮点型或整型或布尔型	字符串
浮点型	整型或布尔型	浮点型
整型	布尔型	整型

因此，如果我们表达式中有一个操作数是字符串型，JavaScript 会将其他所有的值转换为字符型，因而结果也将是字符型。一个字符串和非字符串使用 "+" 操作符进行运算，非字符串首先转换位相应的字符串，然后进行字符串连接。只要有一个操作数是字符串，"+"将用来进行字符串连接。

12.3.2 数据类型的强制转换

例如，字符串 "5" 想要和数字 10 进行算术加法运算，就需要将字符串 "5" 转换为数值型。

除了需要将字符串类型转换为数值型外，有时候也需要把数值型转换为字符串，或在其他数据类型之间进行转换。

为了适应不同的情况，JavaScript 提供了两种数据类型转换的方法：一种是将整个值从一种类型转换为另一种数据类型（称作基本数据类型转换）；另一种方法是从一个值中提取另一种类型的值，并完成类型转换工作。完成后一种数据类型转换的方法有三种：parseInt()、parseFloat()、eval()。

12.3.3 基本数据类型转换

JavaScript 提供了三个方法实现基本数据类型之间的转换，具体如下：

String()：将其他类型的值转换为字符串，例如 String(123) 将数值 123 转换为字符串"123"。

Number()：将其他类型的值转换为数值型数据，例如 Number(false) 可以将布尔型直接量 false 转换为数值 0。

Boolean()：将其他类型的值转换为布尔型值。除 0、NaN、null、undefined、""（空字符串）被转换为 false 外，所有其他值都被转换为 true。

双击桌面上的 Sublime Text 快捷图标，打开软件，然后单击菜单栏中的 "File/New File" 命令（快捷键：Ctrl+N），新建一个文件，然后输入如下代码：

```html
<!DOSTYPE html>
<html>
    <head>
            <meta charset="utf-8">
            <title>基本数据类型转换</title>
    </head>
    <body>
            <h3>基本数据类型转换</h3>
            <hr>
            <script type="text/javascript">
                    var num1 ="120";
                    var num2="160";
                    document.write("num1='120'  num2='160'");
                    var result=Number(num1)+Number(num2);
                    document.write("<br>数值的运算结果为: ",result);
                    var st=String(num1);
                    result=st+200;
                    document.write("<br>字符串与数字的运算结果为: ",result);
                    var bo=Boolean(num1);
                    result=bo+num2;
                    document.write("<br>字符串与布尔值的运算结果为: ",result);
                    result=bo+200;
                    document.write("<br>数值与布尔值的运算结果为: ",result);
            </script>
    </body>
</html>
```

按下键盘上的 "Ctrl+S" 组合键，把文件保存在 "E:\Sublime"，文件名为 "web12-7.html"。

打开 360 安全浏览器，然后在浏览器的地址栏中输入 "file:/// E:\Sublime \web12-7.html"，然后按回车键，效果如图 12.8 所示。

图 12.8　基本数据类型转换

12.3.4 提取整数的 parseInt() 方法

parseInt() 方法用于将字符串转换为整数，其语法格式如下：

```
parseInt(numString,[radix])
```

参数 numString 为必选项，指定要转化为整数的字符串。当使用仅包括第一个参数的 parseInt() 方法，表示将字符串转换为整数，其转换过程为：从字符串第一个字符开始读取数字，直到遇到非数字字符时停止读取，将已经读取的数字字符串转换为整数，并返加该整数值。如果字符串的开始位置不是数字，而是其他字符（空格除外），那么 parseInt() 方法返回 NaN，表示所传递的参数不能转换为一个整数。

例如，parseInt（"123abc45"）的返回值是 123。

第二个参数 radix 是可选项，使用该参数的 parseInt() 方法还能够完成八进制、十六进制等数据的转换。radix 表示要将 numString 作为几进制数进行转化。当省略第二个参数时，默认将第一个参数按十进制转换。但如果字符以 0x 或 0X 开头那么按十六进制转换。不管指定按哪一种进制转换，方法 parseInt() 总是以十进制值返加结果。

例如，parseInt（"100abc",8) 表示将"100abc"按八进制数进行转化，由于"abc"不是数字，所以实际是将八进制数 100 转换为十进制，转换的结果为十进制数 64。

12.3.5 提取浮点数的 parseFloat() 方法

parseFloat() 方法用于将字符串转换为浮点数，其语法格式如下：

```
parseFloat(numString)
```

parseFloat() 方法与 parseInt() 方法很相似，不同之个在于 parseFloat() 方法能够转换浮点数。参数 numString 即为要转换的字符串，如果字符串不以数字开始，则 parseFloat() 方法返加 NaN，表示所传递的参数不能转换为一个浮点数。

例如，parseFloat(12.3abc) 转化的结果为 12.3。

12.3.6 计算表达式值的 eval() 方法

eval() 方法用于计算字符串表达式或语句的值，其语法格式为：

```
eval(codeString)
```

其中，codeString 是由 JavaScript 语句或表达式组成的一个字符串，eval() 方法能够计算出该字符串表达式的值。

例如，eval("2+3*5-8") 可以计算表达式 2+3*5-8 的值，返回计算结果 9。

双击桌面上的 Sublime Text 快捷图标，打开软件，然后单击菜单栏中的"File/New File"命令（快捷键：Ctrl+N），新建一个文件，然后输入如下代码：

```
<!DOSTYPE html>
<html>
    <head>
            <meta charset="utf-8">
            <title>数据类型转换方法的运用</title>
    </head>
    <body>

            <h3>数据类型转换方法的运用</h3>
            <hr>
            <script type="text/javascript">
                    var s1 ="100abc";
                    var s2="20.5";
                    document.write("s1=\"100abc\"   s2=\"20.05\"");
                    num1=parseInt(s1);
                    num2=parseInt(s2);
                    document.write("<br>将 s1 转换为整型后的结果为 :",num1);
                    document.write("<br>将 s2 转换为整型后的结果为 :",num2);
                    num1=parseInt(s1,8);
                    num2=parseInt(s1,2);
                    document.write("<br>将 s1 作为八进制数转换的结果为 :",num1);
                    document.write("<br>将 s1 作为二进制数转换的结果为 :",num2,
"<hr>");

                    num2=parseFloat(s2);
                    document.write("<br>将 s2 转换为浮点型的结果，即 num2 的值为 :",
num2);

                    result=eval("100+num2");
                    document.write("<br>eval(\"100+num2\")的返回值为 :",result);
            </script>
    </body>
</html>
```

按下键盘上的"Ctrl+S"组合键，把文件保存在"E:\Sublime"，文件名为"web12-8.
html"。

打 开 360 安 全 浏 览 器，
然后在浏览器的地址栏中输入
"file:/// E:\Sublime \web12-
8.html"，然后按回车键，效果
如图 12.9 所示。

图 12.9　数据类型转换方法的运用

12.4　运算符的应用

运算是对数据的加工，最基本的运算形式可以用一些简洁的符号来描述，这些符号称
为运算符。被运算的对象（即数据）称为运算量。例如，12 + 6 = 18，其中"12"和"6"
称为运算量，"+"称为运算符。

12.4.1 算术运算符的应用

JavaScript 运行的算术运算符见表 12.3。

表 12.3 JavaScript 算术运算符

运算符	说 明
+	加法运算符
−	减法运算符
*	乘法运算符
/	除法运算符
%	取模运算符，即计算两个数相除的余数
−	取反运算符，即将运算数的符号变成相反的
++	增量运算符，递加 1 并返回数值或返回数值后递加 1，取决于运算符的位置在操作数前还是后
−−	减量运算符，递减 1 并返回数值或返回数值后递减 1，取决于运算符的位置在操作数前还是后

第一，加（+）、减（−）、乘（*）、除（/）运算符。

加（+）、减（−）、乘（*）、除（/）运算符符合日常的数学运算规则，两边的运算数的类型要求是数值型的（+ 也可用于字符串连接操作）。

第二，取模运算符（%）。

这个运算符也可以称为取余运算符，其两边的运算数的类型与（1）中的一样必须是数值型的。A%B 的结果是数 A 除以数 B 后得到的余数。例如，11%2=1。

以上的运算符都是双目运算符，使用这些运算符时一定要特别小心，因为如果不注意，有可能会出现 NaN 或其他错误的结果。例如，如果除数为 0，就会出现问题。

第三，取反运算（−）。

取反运算的作用就是将值的符号变成相反的，即把一个正值转换成相应的负值，反之亦然。例如，x=5，则 −x=−5。该运算符都是单目运算符，同样也要求操作数都是数值型的，如果不是数值型的，会被转换成数值。

双击桌面上的 Sublime Text 快捷图标，打开软件，然后单击菜单栏中的 "File/New File" 命令（快捷键：Ctrl+N），新建一个文件，然后输入如下代码：

```
<!DOSTYPE html>
<html>
    <head>
            <meta charset="utf-8">
            <title>算术运算符的应用 </title>
    </head>
    <body>
            <h3> 算术运算符的应用 </h3>
            <hr>
            <script type="text/javascript">
                    var num1=16;
                    var num2=7;
```

```
              document.write("num1=",num1);
              document.write("<br>num2=",num2);
              document.write("<br>num1+num2=",num1+num2);
              document.write("<br>num1-num2=",num1-num2);
              document.write("<br>num1*num2=",num1*num2);
              document.write("<br>num1/num2=",num1/num2);
              document.write("<br>-num1=",-num1);
              document.write("<br>-num2=",-num2);
              document.write("<br>num1%num2=",num1%num2);
              document.write("<br>num1%(-num2)=",num1%(-num2));
              document.write("<br>(-num1)%num2=",(-num1)%num2);
      document.write("<br>(-num1)%(-num2)=",(-num1)%(-num2));
          </script>
      </body>
</html>
```

按下键盘上的"Ctrl+S"组合键，把文件保存在"E:\Sublime"，文件名为"web12-9.html"。

打开360安全浏览器，然后在浏览器的地址栏中输入"file:/// E:\Sublime \web12-9.html"，然后按回车键，效果如图 12.10 所示。

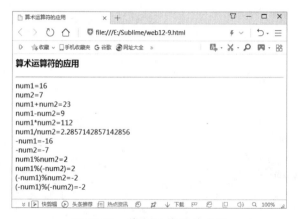

图 12.10　算术运算符的应用

第四，增量运算符（++）和减量运算符（--）

这两种运算符实际上是代替变量 x 进行 x=x+1 和 x=x-1 这两种操作的简单而有效的方法，但是该运算符是置于变量之前和置于变量之后所得到的结果是不同的。

将运算符置于变量之前，表示先对变量进行加 1 或减 1 操作，然后再在表达式中进行计算。

例如：

如果 x=5，则 ++x+4=10，这是因为 x 先加 1 得到 6，然后再进行加法运算，所以得到结果 10，这相当于先执行了 x=x+1，然后执行 x+4；

同理，如果 x=5，则 --x+4=8，这是因为 x 先减 1 得到 4，然后再进行加法运算，所以得到结果 8，这相当于先执行了 x=x-1，然后执行 x+4；

如果将运算符置于变量之后，表示先将变量的值在表达式中参加运算后，再进行加 1 或减 1。

例如：

如果 x=5，则 x+++4=9，这是因为 x 的值先与 4 相加得到 9，然后 x 才加 1 得到 6，这相当于先执行了 x+4，然后再执行 x=x+1；

同理，如果 x=5，则 x--+4=9，这是因为 x 的值也是先与 4 相加得到 9，然后 x 才减 1 得到 4，这相当于先执行了 x+4，然后再执行 x=x-1；

这两个运算符都是单目运算符，同样也要求操作数都是数值型的，如果不是数值型的，会被转换成数值。

双击桌面上的 Sublime Text 快捷图标，打开软件，然后单击菜单栏中的 "File/New File" 命令（快捷键：Ctrl+N），新建一个文件，然后输入如下代码：

```html
<!DOSTYPE html>
<html>
    <head>
            <meta charset="utf-8">
            <title>增量运算符（++）和减量运算符（--）的应用</title>
    </head>
    <body>
            <h3>增量运算符（++）和减量运算符（--）的应用</h3>
            <hr>
            <script type="text/javascript">
                    var a=5;
                    var b;
                    document.write("a=",a);
                    b=a++;
                    document.write("<br>执行b=a++后，a=",a);
                    document.write("  b=",b);
                    a=5;
                    document.write("<br>a=",a);
                    b=++a;
                    document.write("<br>执行b=++a后，a=",a);
                    document.write("  b=",b);
                    a=5;
                    document.write("<br>a=",a);
                    b=a--;
                    document.write("<br>执行b=a--后，a=",a);
                    document.write("  b=",b);
                    a=5;
                    document.write("<br>a=",a);
                    b=--a;
                    document.write("<br>执行b=--a后，a=",a);
                    document.write("  b=",b);
                    a=5;
                    document.write("<br>a=",a);
                    b=a+++5;
                    document.write("<br>执行b=a+++5后，a=",a);
                    document.write("  b=",b);
                    a=5;
                    document.write("<br>a=",a);
                    b=++a+5;
                    document.write("<br>执行b=++a+5后，a=",a);
                    document.write("  b=",b);
```

```
                    a=5;
                    document.write("<br>a=",a);
                    b=a--+5;
                    document.write("<br> 执行b=a--+5 后, a=",a);
                    document.write("  b=",b);
                    a=5;
                    document.write("<br>a=",a);
                    b=--a+5;
                    document.write("<br> 执行b=--a+5后, a=",a);
                    document.write("  b=",b);
            </script>
        </body>
    </html>
```

按下键盘上的"Ctrl+S"组合键, 把文件保存在"E:\Sublime", 文件名为"web12-10. html"。

打开360安全浏览器, 然后在浏览器的地址栏中输入"file:/// E:\Sublime \web12-10.html", 然后按回车键, 效果如图12.11所示。

图 12.11　增量运算符(++)和减量运算符(--)的应用

12.4.2　赋值运算符的应用

在前面创建变量时, 实际上已经使用赋值运算符(＝)给变量赋初值了。赋值运算符(＝)的作用是将它右边的表达式计算出来的值复制给左边的变量。

例如, a=5+1 就表示把赋值号右边的表达式5+1计算出来的结果值6复制给左边的变量a, 这样变量a的值就是6。

赋值运算符(=)还以用来给多个变量指定同一个值, 例如, a=b=c=1, 执行该语句后, 变量a、b、c的值都为1。

还可以在赋值运算符(＝)之前加上其他的运算符构成复合赋值运算符。表12.4为常用的复合赋值运算符。

表 12.4　JavaScript 常用的赋值运算符

运算符	说　明
=	赋值运算符，将运算符左边的变量设置为右边表达式的值
+=	加法赋值运算符，将运算符左边的变量递增右边表达式的值。即 a+=b，等同于 a=a+b
−=	减法赋值运算符，将运算符左边的变量递减右边表达式的值。即 a−=b，等同于 a=a−b
*=	乘法赋值运算符，将运算符左边的变量乘以右边表达式的值。即 a*=b，等同于 a=a*b
/=	除法赋值运算符，将运算符左边的变量除以右边表达式的值。即 a/=b，等同于 a=a/b
%=	取模赋值运算符，将运算符左边的变量用右边表达式的值求模。即 a%=b，等同于 a=a%b

例如：

```
a+=3，等同于 a=a+3;
a-=3，等同于 a=a-3;
a*=3，等同于 a=a*3;
a/=3，等同于 a=a/3;
a%=3，等同于 a=a%3;
```

双击桌面上的 Sublime Text 快捷图标，打开软件，然后单击菜单栏中的"File/New File"命令（快捷键：Ctrl+N），新建一个文件，然后输入如下代码：

```html
<!DOSTYPE html>
<html>
    <head>
            <meta charset="utf-8">
            <title>赋值运算符的应用</title>
    </head>
    <body>
            <h3>赋值运算符的应用</h3>
            <hr>
            <script type="text/javascript">
                    var a=10;
                    document.write("a=",a);
                    a+=3;
                    document.write("  执行 a+=3 后,a=",a);
                    a=10;
                    document.write("<br>a=",a);
                    a-=3;
                    document.write("  执行 a-=3 后,a=",a);
                    a=10;
                    document.write("<br>a=",a);
                    a*=3;
                    document.write("  执行 a*=3 后,a=",a);
                    a=10;
                    document.write("<br>a=",a);
                    a/=3;
            document.write("  执行 a/=3 后,a=",a);
                    a=10;
                    document.write("<br>a=",a);
                    a%=3;
            document.write("  执行 a%=3 后,a=",a);
            </script>
    </body>
</html>
```

按下键盘上的"Ctrl+S"组合键，把文件保存在"E:\Sublime"，文件名为"web12-11. html"。

打开 360 安全浏览器，然后在浏览器的地址栏中输入"file:/// E:\Sublime
\web12-11.html"，然后按回车键，效果如图 12.12 所示。

图 12.12　赋值运算符的应用

12.4.3　位运算符的应用

位运算符是把数字看作二进制来进行计算的。位运算符及意义见表 12.5。

表 12.5　位运算符及意义

运算符	说　明
&	按位与运算符：参与运算的两个值，如果两个相应位都为 1，则该位的结果为 1，否则为 0
|	按位或运算符：只要对应的二个二进位有一个为 1 时，结果位就为 1
^	按位异或运算符：当两对应的二进位相异时，结果为 1
~	按位取反运算符：对数据的每个二进制位取反，即把 1 变为 0，把 0 变为 1
<<	左移动运算符：运算数的各二进位全部左移若干位，由 "<<" 右边的数指定移动的位数，高位丢弃，低位补 0
>>	右移动运算符：把 ">>" 左边的运算数的各二进位全部右移若干位，">>" 右边的数指定移动的位数

双击桌面上的 Sublime Text 快捷图标，打开软件，然后单击菜单栏中的"File/New
File"命令（快捷键：Ctrl+N），新建一个文件，然后输入如下代码：

```
<!DOSTYPE html>
<html>
    <head>
            <meta charset="utf-8">
            <title>赋值运算符的应用</title>
    </head>
    <body>
            <h3>赋值运算符的应用</h3>
            <hr>
            <script type="text/javascript">
                    var a = 60;                    //60 = 0011 1100
                    var b = 13;                    //13 = 0000 1101
                    var c = 0 ;
                    document.write("a 的值为：",a,"<br>");
                    document.write("b 的值为：",b,"<br><br>");
                    c = a & b ;                    //12 = 0000 1100
                    document.write("a&b 的值为：",c,"<br>");
                    c = a | b ;                    //61 = 0011 1101
```

```
                    document.write("a|b 的值为: ",c,"<br>");
                    c = a ^ b ;                 //49 = 0011 0001
                    document.write("a^b 的值为: ",c,"<br>");
                    c = ~ a ;                   //-61 = 1100 0011
                    document.write("~a 的值为: ",c,"<br>");
                    c = a << 2 ;                //240 = 1111 0000
                    document.write("a << 2 的值为: ",c,"<br>");
                    c = a >> 2                  //15 = 0000 1111
                    document.write("a >> 2 的值为: ",c,"<br>");
            </script>
        </body>
    </html>
```

按下键盘上的"Ctrl+S"组合键，把文件保存在"E:\Sublime"，文件名为"web12-12.html"。

打开 360 安全浏览器，然后在浏览器的地址栏中输入"file:/// E:\Sublime\web12-12.html"，然后按回车键，效果如图 12.13 所示。

图 12.13　位运算符的应用

12.5　JavaScript 的语法规则

像人类使用的语言一样，所有的编程语言也都有自己的一套语法规则，用来详细说明应该如何用这种语言来编写程序，如规定变量名是什么样的，注释应该使用什么字符以及语句之间应如何分隔等之类的规则。对不同的编程语言来说，许多规则是类似的，如果你已经熟悉了某种或某些编程语言，比如 C++、Java 等，就会发现 JavaScript 的语法规则和这些语言很相似，这将有助于你快速掌握 JavaScript。但是这些语言之间也存在不少差异，也要注意区分它们之间的不同之处。总之，必须遵守这些语言各自的语法规则，否则程序就有可能不能运行或出现错误的运行结果。另外，当编写 JavaScript 代码时，由于JavaScript 不是一种独立运行的语言，所以必须既关注 JavaScript 的语法规则，又要熟悉 HTML 的语法规则。

12.5.1　大小写敏感性

　　JavaScript 是一种区分大小写的语言。这就是说，在输入语言的关键字、变量、函数名以及所有的标识符时，都必须采取一致的字符大小写形式。例如，JavaScript 定义函数的保留字是 "function"，如果把它拼写成其他形式，如 "Function" 或者 "FUNCTION"，那么 JavaScript 解释器就不能正确地识别这个保留字，从而导致程序错误或这段代码被解释器忽略。同样，如果在 JavaScript 中定义了变量："area" "Area" "AREA"，一定要格外注意，这是三个不同的变量，而不是一个变量。一般来说，JavaScript 中使用的大多数名称都采用小写形式，如保留字全部都为小写，但也有一些名称采用大小写组合方式，比如 onClick、onLoad、Date.getFullYear 等。因此，在编写代码时，要特别注意大小写问题。

　　另外还要注意，HTML 标记并不区分大小写，也就是说，在输入表格标记时，无论是键入 "<table>" "<Table>" 还是 "<TABLE>"，或者任意使用大小写字母，对于浏览器来说，意义都是一样的，都代表表格标记。由于 HTML 标记和客户端 JavaScript 经常联系在一起，所以很容易混淆。例如许多 JavaScript 对象和属性都与它们所代表的 HTML 标签和属性同名，在 HTML 中，这些标签和属性可以以任意大小写的方式输入，但是在 JavaScript 中，它们必须按规定的格式书写。

12.5.2　可选的分号

　　程序是由语句组成的，每一条语句都要完成某个操作（空语句除外）。在 JavaScript 程序中，一行可以写一条语句，也可以写多条语句。一行中写多条语句时，语句之间使用英文分号 (;) 分隔。一行中只写一条语句时，可以省略语句结尾的分号，此时以回车换行符作为语句的结束。

　　例如，以下写法都是正确的：

```
a=1;                        // 此行结尾的分号可以省略
b=2;
或
a=1;   b=2;                 // 此行 a=1; 之后的分号不能省略
或
a=1                         // 语句结尾省略了分号
b=2;
```

　　为了便于阅读，这里建议，即使一行只有一条语句，也要在语句末尾加上一个分号。

　　如果一个语句被分成了一行以上，即在两个记号之间放置了换行符，JavaScript 会自动在该行结尾自动插入分号，使换行符之前的一行形成一个语句。应该注意这一点，以免产生歧义，尤其是在使用 return 语句、break 语句和 continue 语句时。例如，如果按如下格式输入以下语句：

```
return
false;
```

实际想达到的意图是：

```
return false;
```

但 JavaScript 在解释时会在 return 之后自动插入一个分号，而形成如下两个语句：

```
return;
false;
```

从而产生错误。因此，要注意同一个语句要写在一行中，其间不要插入换行符。

12.5.3 代码注释

注释是加到脚本中的解释、说明信息，用来描述整个程序功能或部分程序功能，也可以是用浅显的语言来说明创建脚本的理由、脚本的作用和限制等。注释的功能是帮助开发人员理解、维护和调试脚本程序，而 JavaScript 脚本解释器并不执行注释，而是直接跳过注释，因而有无注释并不会对程序的运行结果产生影响，但是不要因此而不写注释。其实，注释是好脚本的主要组成部分，注释有利于提高脚本程序的可读性。为自己的程序加入适当的注释，人们就可以借助它们来理解和维护脚本，从而有利于团队合作开发，提高开发效率。

JavaScript 可以使用两种方式书写注释：单行注释和多行注释。

1. 单行注释

单行注释以两个斜杠开头，然后在该行中书写注释文字，注释内容不超过一行。例如：

```
// 这是一个单行注释
```

2. 多行注释

多行注释又叫注释块，它表示一段文字都是注释的内容。多行注释以符号"/*"开头，并以"*/"结尾，中间部分为注释的内容，注释内容可以跨越多行，但其中不能有嵌套的注释。例如：

```
/* 这是一个多行注释，这一行是注释的开始
这里我们还可以写更多注释
……
直到这一行作为注释的结束 */
```

> **提醒：** 不能用 HTML 的注释字符（即以"<!--"作为注释的开始，以"-->"作为注释行的结束），也不能用 JavaScript 的注释字符（即"//"和"/* */"）编写 HTML 注释。

第 13 章
JavaScript 编程的判断结构

　　判断结构是一种程序化设计的基本结构，它用于解决这样一类问题：可以根据不同的条件选择不同的操作。对选择条件进行判断只有两种结果，"条件成立"或"条件不成立"。在程序设计中通常用"真"表示条件成立，用"True"表示；用"假"表示条件不成立，用"False"表示；并称"真"和"假"为逻辑值。

本章主要内容包括：

➤ if 语句的一般格式

➤ 实例：任意输入两个数，显示两个数的大小关系

➤ if……else 语句的一般格式

➤ 实例：任意输入两个学生的成绩，显示成绩较高的学生成绩

➤ 实例：任意输入一个正数，判断奇偶性

➤ 实例：企业奖金发放系统

➤ 实例：每周计划系统

➤ 关系运算符及意义

➤ 实例：成绩评语系统

➤ 逻辑运算符及意义

➤ 实例：判断是否是闰年

➤ 实例：剪刀、石头、布游戏

➤ 嵌套 if 语句的一般格式

➤ 实例：判断一个数是否是 5 或 7 的倍数

➤ 实例：用户登录系统

➤ 条件运算符和条件表达式

➤ switch 语句的一般格式

➤ 实例：根据输入的数显示相应的星期几

13.1 if 语句

if 语句是根据条件判断之后再做处理的一种语法结构。默认情况下，if 语句控制着下方紧跟的一条语句的执行。不过，通过语句块，if 语句可以控制多个语句。

13.1.1 if 语句的一般格式

在 JavaScript 中，if 语句的一般格式如下：

```
if(判断条件)
{
    语句块 1
}
```

如果"判断条件"为 true，将执行"语句块 1"块语句；如果"判断条件"为 false，就不执行"语句块 1"块语句，而直接执行语句块 1 后面的语句。

13.1.2 实例：任意输入两个数，显示两个数的大小关系

双击桌面上的 Sublime Text 快捷图标，打开软件，然后单击菜单栏中的"File/New File"命令（快捷键：Ctrl+N），新建一个文件，然后输入如下代码：

```
<!DOSTYPE html>
<html>
    <head>
            <meta charset="utf-8">
            <title>任意输入两个数，显示两个数的大小关系</title>
    </head>
    <body>
            <h3>任意输入两个数，显示两个数的大小关系</h3>
            <hr>
            <script type="text/javascript">
                    var x1,y1,x,y;
                    x1 = prompt("请输入一个学生的成绩：","") ;
                    y1 = prompt("请输入另一个学生的成绩：","") ;
                    x = parseFloat(x1);
                    y = parseFloat(y1);
                    if (x>y)
                    {
                            document.write("x=",x,"<br>");
                            document.write("y=",y,"<br>");
                            document.write("x 大于 y!<br>");
                    }
                    if (x==y)
                    {
                            document.write("x=",x,"<br>");
                            document.write("y=",y,"<br>");
                            document.write("x 等于 y!<br>");
                    }
```

```
                    if (x<y)
                    {
                            document.write("x=",x,"<br>");
                            document.write("y=",y,"<br>");
                            document.write("x 小于 y!<br>");
                    }
            </script>
    </body>
</html>
```

这里调用 prompt() 函数,动态输入学生的成绩,默认情况下,输入的学生成绩是字符型。在这里利用 parseFloat() 函数把字符型转化为浮点型，然后再利用 if 语句，比较两个学生成绩的大小。

按下键盘上的"Ctrl+S"组合键，把文件保存在"E:\Sublime"，文件名为"web13-1.html"。

打开 360 安全浏览器，然后在浏览器的地址栏中输入"file:/// E:\Sublime \ web13-1.html"，然后按回车键，就会弹出提示对话框，如图 13.1 所示。

在对话框中，提示"输入一个学生的成绩"，在这里输入"89"，然后单击"确定"按钮，这时弹出另一个提示对话框，提示"输入另一个学生的成绩"，在这里输入"96.5"，如图 13.2 所示。

图 13.1　提示对话框　　　　　　　　　图 13.2　输入另一个学生的成绩

然后单击"确定"按钮，就可以看到两个学生的成绩及它们之间的大小关系，如图 13.3 所示。

图 13.3　两个学生的成绩及它们之间的大小关系

13.2 if......else 语句

if......else 语句是指 JavaScript 编程语言中用来判定所给定的条件是否满足，根据判定的结果（真或假）决定执行给出的两种操作之一。

13.2.1 if......else 语句的一般格式

在 Java 中，if......else 语句的一般格式如下：

```
if ( 判断条件 )
{
        语句块 1
}
else
{
        语句块 2
}
```

if......else 语句的执行具体如下：

第一，如果"判断条件"为 true，将执行"语句块 1"块语句，if 语句结束；

第二，如果"判断条件"为 false，将执行"语句块 2"块语句，if 语句结束。

13.2.2 实例：任意输入两个学生的成绩，显示成绩较高的学生成绩

双击桌面上的 Sublime Text 快捷图标，打开软件，然后单击菜单栏中的"File/New File"命令（快捷键：Ctrl+N），新建一个文件，然后输入如下代码：

```
<!DOSTYPE html>
<html>
    <head>
            <meta charset="utf-8">
            <title>任意输入两个学生的成绩，显示成绩较高的学生成绩</title>
    </head>
    <body>
            <h3>任意输入两个学生的成绩，显示成绩较高的学生成绩</h3>
            <hr>
            <script type="text/javascript">
                    var x1,y1,x,y;
                    x1 = prompt("请输入一个学生的成绩：","") ;
                    y1 = prompt("请输入另一个学生的成绩：","") ;
                    x = parseFloat(x1);
                    y = parseFloat(y1);
                    if (x>y)
                    {
                            document.write("第一个学生的成绩是：",x,"<br>");
                            document.write("第二个学生的成绩是：",y,"<br>");
                            document.write("成绩较高的学生成绩是：",x,"<br>");
                    }
                    else
                    {
                            document.write("第一个学生的成绩是：",x,"<br>");
                            document.write("第二个学生的成绩是：",y,"<br>");
                            document.write("成绩较高的学生成绩是：",y,"<br>");
```

```
            }
        </script>
    </body>
</html>
```

按下键盘上的"Ctrl+S"组合键,把文件保存在"E:\Sublime",文件名为"web13-2.html"。

打开 360 安全浏览器,然后在浏览器的地址栏中输入"file:/// E:\Sublime \ web13-2.html",然后按回车键,就会弹出提示对话框,如图 13.4 所示。

在对话框中,提示"输入一个学生的成绩",在这里输入"88.5",然后单击"确定"按钮,这时弹出另一个提示对话框,提示"输入另一个学生的成绩",在这里输入"83.5",如图 13.5 所示。

图 13.4 提示对话框   图 13.5   输入另一个学生的成绩

然后单击"确定"按钮,就可以看到两个学生的成绩,并显示成绩较高的学生成绩,如图 13.6 所示。

图 13.6   任意输入两个学生的成绩,显示成绩较高的学生成绩

13.2.3   实例:任意输入一个正数,判断奇偶性

双击桌面上的 Sublime Text 快捷图标,打开软件,然后单击菜单栏中的"File/New File"命令(快捷键:Ctrl+N),新建一个文件,然后输入如下代码:

```
<!DOSTYPE html>
<html>
    <head>
        <meta charset="utf-8">
        <title>任意输入一个正数,判断奇偶性</title>
    </head>
```

. 225

```
<body>
        <h3> 任意输入一个正数，判断奇偶性 </h3>
        <hr>
        <script type="text/javascript">
                var x1,x;
                x1 = prompt("请输入一个正整数：","") ;
                x = parseFloat(x1);
                // 下面利用 if 语句，判断输入的正数是奇数，还是偶数
                if (x%2==1)
                {
                        // 如果输入的数取模于 2，即除以 2 求余数，如果余数为 1，就是奇数
                        document.write(" 输入的正整数是：",x,"<br>");
                        document.write(x," 是一个奇数！ ","<br>");
                }
                else
                {
                        // 如果输入的数取模于 2，即除以 2 求余数，如果余数不为 1，就是偶数
                        document.write(" 输入的正整数是：",x,"<br>");
                        document.write(x," 是一个偶数！ ","<br>");
                }
        </script>
</body>
</html>
```

按下键盘上的"Ctrl+S"组合键，把文件保存在"E:\Sublime"，文件名为"web13-3.html"。

打开 360 安全浏览器，然后在浏览器的地址栏中输入"file:/// E:\Sublime \ web13-3.html"，然后按回车键，就会弹出提示对话框，如图 13.7 所示。

在对话框中，提示"输入一个正整数"，在这里输入"85"，然后单击"确定"按钮，就可以判断显示 85 是奇数还是偶数，如图 13.8 所示。

图 13.7 提示对话框   图 13.8 85 是一个奇数

如果在提示对话框中输入"112"，然后单击"确定"按钮，就可以判断显示 112 是奇数，还是偶数，如图 13.9 所示。

图 13.9 "112"是一个偶数

13.3 多个 if......else 语句

if......else 语句可以多个同时使用，构成多个分支。多个 if......else 语句的语法格式如下：

```
if( 判断条件 1)
{
        语句块 1
}
else if ( 判断条件 2)
{
        语句块 2
}
......
else if ( 判断条件 n)
{
        语句块 n
}
else
{
        语句块 n+1
}
```

多个 if......else 语句的执行具体如下：

首先，如果"判断条件 1"为 True，将执行"语句块 1"块语句，if 语句结束；

其次，如果"判断条件 1"为 False，再看"判断条件 2"，如果其为 True，将执行"语句块 2"块语句，if 语句结束。

......

如果"判断条件 n"为 True，将执行"语句块 n"块语句，if 语句结束；如果"判断条件 n"为 False，将执行"语句块 n+1"块语句，if 语句结束。

13.3.1 实例：企业奖金发放系统

企业发放奖金一般是根据利润提成来定的，具体规则如下：

第一，利润低于或等于 10 万元时，奖金可提 5%；

第二，利润高于 10 万元，低于 20 万元时，低于 10 万元的部分，奖金按 5% 提成，高于 10 万元的部分，奖金可提成 8%；

第三，20 万元到 40 万元之间时，高于 20 万元的部分，奖金可提成 10%；

第四，40 万元到 60 万元之间时，高于 40 万元的部分，奖金可提成 15%；

第五，60 万元到 100 万元之间时，高于 60 万元的部分，奖金可提成 20%；

第六，高于 100 万元时，超过 100 万元的部分，奖金按 25% 提成。

下面编写代码，实现动态输入员工的利润，算出员工的提成，即发放的奖金。

双击桌面上的 Sublime Text 快捷图标，打开软件，然后单击菜单栏中的"File/New File"命令（快捷键：Ctrl+N），新建一个文件，然后输入如下代码：

```html
<!DOSTYPE html>
<html>
    <head>
            <meta charset="utf-8">
            <title>企业奖金发放系统</title>
    </head>
    <body>
            <h3>企业奖金发放系统</h3>
            <hr>
            <script type="text/javascript">
                    var gain ;                      //用于存放动态输入的利润
                    var reward1,reward2,reward3,reward4,reward5,reward ;
                    gain = parseFloat(prompt("请输入你当前年的利润：","")) ;
                    //根据不同的利润，编写不同的提成计算方法
                    reward1 = 100000 * 0.05 ;
                    reward2 = reward1 + 100000 * 0.08 ;
                    reward3 = reward2 + 200000 * 0.1 ;
                    reward4 = reward3 + 200000 * 0.15 ;
                    reward5 = reward4  + 400000 * 0.2  ;
                    if (gain < 100000)
                     {
                            reward = gain * 0.05 ;
                     }
                    else if (gain<2000000)
                     {
                            reward = reward1 + (gain-100000) * 0.08 ;
                     }
                    else if (gain<4000000)
                     {
                            reward = reward2 + (gain-200000) * 0.1 ;
                     }
                    else if (gain<6000000)
                     {
                            reward = reward3 + (gain-400000) * 0.15 ;
                     }
                    else if (gain<10000000)
                     {
                            reward = reward4 + (gain-600000) * 0.2 ;
                     }
                    else
                     {
                            reward = reward5 + (gain- 1000000) * 0.25 ;
                     }
                    document.write("员工的利润是：",gain,"<br>");
                    document.write("其奖金提成为：",reward,"<br>");
            </script>
    </body>
</html>
```

按下键盘上的"Ctrl+S"组合键，把文件保存在"E:\Sublime"，文件名为"web13-4.html"。

打开 360 安全浏览器，然后在浏览器的地址栏中输入"file:/// E:\Sublime \ web13-4.html"，然后按回车键，就会弹出提示对话框，如图 13.10 所示。

在对话框中，提示"输入你当前年的利润"，在这里输入"2760000"，然后单击"确

定"按钮，就可以看到其奖金提成，如图 13.11 所示。

图 13.10　提示对话框　　　　　　　图 13.11　企业奖金发放系统

13.3.2　实例：每周计划系统

下面编写程序，实现星期一，即输入"1"，显示"新的一周开始，开始努力工作！"；星期二到星期五，即输入 2~5 的任何整数，显示"努力工作中！"；星期六到星期天，即输入 6 或 7，显示"世界这么大，我要出去看看！"；如果输入 1~7 之外的数，会显示"兄弟，一周就七天，你懂的！"。

双击桌面上的 Sublime Text 快捷图标，打开软件，然后单击菜单栏中的"File/New File"命令（快捷键：Ctrl+N），新建一个文件，然后输入如下代码：

```html
<!DOSTYPE html>
<html>
    <head>
        <meta charset="utf-8">
        <title>每周计划系统</title>
    </head>
    <body>
        <h3>每周计划系统</h3>
        <hr>
        <script type="text/javascript">
            var  myday ;
            myday = parseInt(prompt("请输入今天星期几：","")) ;
            if (myday == 1)
            {
                document.write("新的一周开始，开始努力工作！<br>");
            }
            else if (myday>=2 && myday<=5 )
            {
                document.write("努力工作中！<br>");
            }
            else if (myday==6 || myday==7 )
            {
                document.write("世界这么大，我要出去看看！<br>");
            }
            else
            {
                document.write("兄弟，一周就七天，你懂的！<br>");
            }
        </script>
    </body>
</html>
```

按下键盘上的"Ctrl+S"组合键，把文件保存在"E:\Sublime"，文件名为"web13-5.html"。

打开 360 安全浏览器，然后在浏览器的地址栏中输入"file:/// E:\Sublime \web13-5.html"，然后按回车键，就会弹出提示对话框，如图 13.12 所示。

在对话框中，提示"输入今天星期几"，假如输入"1"，然后单击"确定"按钮，效果如图 13.13 所示。

图 13.12　提示对话框　　　　　　　图 13.13　输入 1 的显示信息

如果输入的是 2 到 5 之间的任何一个数，就会显示"努力工作中！"。

如果输入的是 6 或 7，就会显示"世界这么大，我要出去看看！"。

如果输入的是 1 到 7 之外的数，就会显示"兄弟，一周就七天，你懂的！"，如图 13.14 所示。

图 13.14　输入 1 到 7 之外的数的显示信息

13.4　关系运算符

关系运算用于对两个量进行比较。在 Java 中，关系运算符有 6 种关系，分别为小于、小于等于、大于、等于、大于等于、不等于。

13.4.1　关系运算符及意义

关系运算符及意义见表 13.1。

表 13.1 关系运算符及意义

关系运算符	意义
==	等于，比较对象是否相等
===	严格等于
!=	不等于，比较两个对象是否不相等
!==	严格不等于
>	大于，返回 x 是否大于 y
<	小于，返回 x 是否小于 y
>=	大于等于，返回 x 是否大于等于 y
<=	小于等于，返回 x 是否小于等于 y

在使用关系运算符时，要注意以下 3 点：

第一，后 4 种关系运算符的优先级别相同，前 4 种也相同。后 4 种高于前 4 种。

第二，关系运算符的优先级低于算术运算符。

第三，关系运算符的优先级高于赋值运算符。

13.4.2 实例：成绩评语系统

某学校学生的成绩分为 5 级，分别是 A、B、C、D、E。A 表示学生的成绩在全县或全区的前 10%；B 表示学生的成绩在全县或全区的前 10%~20%；C 表示学生的成绩在全县或全区的前 20%~50%；D 表示学生的成绩在全县或全区的 50%~80%；E 表示学生的成绩在全县或全区的后 20%。在一次期末考试成绩中，成绩大于等于 90 的，是 A；成绩大于等于 82 的是 B；成绩大于等于 75 的是 C；成绩大于等于 50 的是 D；成绩小于 50 的是 E，下面编程实现成绩评语系统。

双击桌面上的 Sublime Text 快捷图标，打开软件，然后单击菜单栏中的 "File/New File" 命令（快捷键：Ctrl+N），新建一个文件，然后输入如下代码：

```
<!DOSTYPE html>
<html>
    <head>
        <meta charset="utf-8">
        <title>成绩评语系统</title>
    </head>
    <body>
        <h3>成绩评语系统</h3>
        <hr>
        <script type="text/javascript">
            var score ;
            score = parseInt(prompt("请输入学生的成绩：","")) ;
            if (score>100)
            {
                document.write("你输入的成绩是：",score,"<br>");
                document.write("学生的成绩最高为100，不要开玩笑！<br>");
            }
```

```
                    else if (score==100)
                    {
                            document.write(" 你输入的成绩是：",score,"<br>");
                            document.write(" 你太牛了，满分，是 A 级！<br>");
                    }
                    else if (score>=90)
                    {
                            document.write(" 你输入的成绩是：",score,"<br>");
                            document.write(" 你的成绩很优秀，是 A 级！<br>");
                    }
                    else if (score>=82)
                    {
                            document.write(" 你输入的成绩是：",score,"<br>");
                            document.write(" 你的成绩优良，是 B 级，还要努力呀！<br>");
                    }
                    else if (score>=75)
                    {
                            document.write(" 你输入的成绩是：",score,"<br>");
                            document.write(" 你的成绩中等，是 C 级，加油才行哦！<br>");
                    }
                    else if (score>=50)
                    {
                            document.write(" 你输入的成绩是：",score,"<br>");
                            document.write(" 你的成绩差，是 D 级，不要放弃，爱拼才会赢！
<br>");
                    }
                    else if (score>=0)
                    {
                            document.write(" 你输入的成绩是：",score,"<br>");
                            document.write(" 你的成绩很差，是 E 级，只要努力，一定会有所
进步！<br>");
                    }
                    else
                    {
                            document.write(" 你输入的成绩的是：",score,"<br>");
                            document.write(" 哈哈，你输错了吧，不可能 0 分以下！<br>");
                    }
            </script>
    </body>
</html>
```

首先定义一个变量，用于存放动态输入的学生，然后根据输入的成绩进行评语。

按下键盘上的"Ctrl+S"组合键，把文件保存在"E:\Sublime"，文件名为"web13-6.html"。

打开 360 安全浏览器，然后在浏览器的地址栏中输入"file:/// E:\Sublime \web13-6.html"，然后按回车键，就会弹出提示对话框，如图 13.15 所示。

在对话框中提示"输入学生的成绩"，如果输入的成绩大于 100，然后单击"确定"按钮，就会显示"学生的成绩最高为 100，不要开玩笑！"，如图 13.16 所示。

图 13.15 提示对话框

图 13.16 输入的成绩大于 100 的显示信息

如果输入的成绩为 100，然后单击"确定"按钮，会显示"你太牛了，满分，是 A 级！"，如图 13.17 所示。

如果输入的成绩大于等于 90 而小于 100，会显示"你的成绩很优秀，是 A 级！"。

如果输入的成绩大于等于 82 而小于 90，会显示"你的成绩优良，是 B 级，还要努力呀！"。

如果输入的成绩大于等于 75 而小于 82，会显示"你的成绩中等，是 C 级，加油再行哦！"。

如果输入的成绩大于等于 50 而小于 75，会显示"你的成绩差，是 D 级，不要放弃，爱拼才会赢！"。

如果输入的成绩大于等于 0 而小于 50，会显示"你的成绩很差，是 E 级，只要努力，一定会有所进步！"。

如果输入的成绩小于 0，然后单击"确定"按钮，会显示"哈哈，你输错了吧，不可能 0 分以下！"，如图 13.18 所示。

图 13.17 输入的成绩为 100 的显示信息

图 13.18 输入成绩小于 0 的显示信息

13.5 逻辑运算符

逻辑运算符可以把语句连接成更复杂的语句。在 Java 中，逻辑运算符有 3 个，分别是 &&、‖ 和！。

13.5.1 逻辑运算符及意义

逻辑运算符及意义见表 13.2。

表 13.2 逻辑运算符及意义

运算符	逻辑表达式	意义
&&	x && y	如果两个操作数都非零，则条件为真
||	x || y	如果两个操作数中有任意一个非零，则条件为真
！	！x	用来逆转操作数的逻辑状态。如果条件为真则逻辑非运算符将使其为假

在使用逻辑运算符时，要注意以下 2 点：

第一，逻辑运算符的优先级低于关系运算符。

第二，当！、&&、|| 在一起使用时，优先级为！＞&&＞||。

13.5.2 实例：判断是否是闰年

闰年是为了弥补因人为历法规定造成的年度天数与地球实际公转周期的时间差而设立的，补上时间差的年份为闰年。

闰年分两种，分别是普通闰年和世纪闰年。

普通闰年是指能被 4 整除但不能被 100 整除的年份。例如，2012 年、2016 年是普通闰年，而 2017 年、2018 年不是普通闰年。

世纪闰年是指能被 400 整除的年份。例如，2000 年是世纪闰年，但 1900 不是世纪闰年。

下面编写程序实现，判断输入的年份是否是闰年。

双击桌面上的 Sublime Text 快捷图标，打开软件，然后单击菜单栏中的"File/New File"命令（快捷键：Ctrl+N），新建一个文件，然后输入如下代码：

```
<!DOSTYPE html>
<html>
    <head>
        <meta charset="utf-8">
        <title> 判断是否是闰年 </title>
    </head>
<body>
        <h3> 判断是否是闰年 </h3>
        <hr>
        <script type="text/javascript">
            var  year ;
            year = parseInt(prompt("请输入一个年份: ","")) ;
            if ((year % 400 ==0)|| (year % 4 ==0  && year % 100 !=0))
            {
                document.write("你输入的年份是: ",year,"<br>");
                document.write(year+" 年, 是闰年。<br>");
            }
            else
            {
                document.write("你输入的年份是: ",year,"<br>");
```

```
                    document.write(year+"年, 不是闰年。<br>");
                }
        </script>
    </body>
</html>
```

按下键盘上的"Ctrl+S"组合键，把文件保存在"E:\Sublime"，文件名为"web13-7.html"。

打开 360 安全浏览器，然后在浏览器的地址栏中输入"file:/// E:\Sublime \ web13-7.html"，然后按回车键，就会弹出提示对话框，如图 13.19 所示。

在对话框中提示"输入一个年份"，假如输入 2020，然后单击"确定"按钮，效果如图 13.20 所示。

图 13.19　提示对话框　　　　　图 13.20　2020 年是闰年

假如输入 2019，然后单击"确定"按钮，效果如图 13.21 所示。

图 13.21　2019 年不是闰年

13.5.3　实例：剪刀、石头、布游戏

下面利用 JavaScript 代码，实现剪刀、石头、布游戏，其中 1 表示布，2 表示剪刀、3 表示石头。

双击桌面上的 Sublime Text 快捷图标，打开软件，然后单击菜单栏中的"File/New File"命令（快捷键：Ctrl+N），新建一个文件，然后输入如下代码：

```
<!DOSTYPE html>
<html>
    <head>
            <meta charset="utf-8">
            <title>剪刀、石头、布游戏</title>
```

```
        </head>
        <body>
                <h3>剪刀、石头、布游戏</h3>
                <hr>
                <script type="text/javascript">
                        var gamecomputer,gameplayer ;
                        gameplayer = parseInt(prompt("请输入你要出的拳，其中1表示布、2
表示剪刀、3表示石头 :","")) ;
                        //随机生成1~3的随机数并赋值给变量gameplayer
                        gamecomputer=Math.floor(Math.random()*3+1);
                        if ((gameplayer ==1 && gamecomputer == 3 ) || (gameplayer
== 2 && gamecomputer == 1) || (gameplayer == 3 && gamecomputer == 2))
                        {
                                document.write("你是高手，你赢了! <br>");
                        }
                        else if (gameplayer == gamecomputer)
                        {
                                document.write("你和电脑一样厉害，平了! <br>");
                        }
                        else
                        {
                                document.write("电脑就是厉害，电脑赢了! <br>");
                        }
                </script>
        </body>
</html>
```

在 JavaScript 中，要产生一个随机数，需使用 Math.random() 函数，但该函数产生的是 0~1 的随机数，但注意包括 0，不包括 1。Math.random()*3+1 这样产生的随机数范围就是 1~4，但注意不包括 4。Math.floor() 的作用是返回小于等于 x 的最大整数，所以 Math.floor(Math.random()*3+1) 产生的随机数就是 1、2、3。

按下键盘上的 "Ctrl+S" 组合键，把文件保存在 "E:\Sublime"，文件名为 "web13-8.html"。

打开 360 安全浏览器，然后在浏览器的地址栏中输入 "file:/// E:\Sublime \ web13-8.html"，然后按回车键，就会弹出提示对话框，如图 13.22 所示。

在对话框中提示 "输入你要出的拳，其中 1 表示布、2 表示剪刀、3 表示石头"，如果你输入 "1"，即布；然后单击 "确定" 按钮，这时电脑随机产生一个数，然后进行条件判断，效果如图 13.23 所示。

图 13.22　提示对话框

图 13.23　剪刀、石头、布游戏

13.6 嵌套 if 语句

在嵌套 if 语句中，可以把 if...else 结构放在另外一个 if...else 结构中。

13.6.1 嵌套 if 语句的一般格式

嵌套 if 语句的一般格式如下：

```
if   (判断条件 1)
{
    语句块 1
    if (判断条件 2)
    {
        语句块 2
     }
    else if   (判断条件 3)
        {
    语句块 3
}
    else
        {
            语句块 4
        }
}
else if (判断条件 4)
{
    语句块 5
}
else:
{
    语句块 6
}
```

嵌套 if 语句的执行具体如下：

如果"判断条件 1"为 True，将执行"语句块 1"，并判断"判断条件 2"；如果"判断条件 2"为 True 将执行"语句块 2"；如果"判断条件 2"为 False，将判断"判断条件 3"；如果"判断条件 3"为 True 将执行"语句块 3"；如果"判断条件 3"为 False，将执行"语句块 4"。

如果"判断条件 1"为 False，将判断"判断条件 4"，如果"判断条件 4"为 True 将执行"语句块 5"；如果"判断条件 4"为 False，将执行"语句块 6"。

13.6.2 实例：判断一个数是否是 5 或 7 的倍数

双击桌面上的 Sublime Text 快捷图标，打开软件，然后单击菜单栏中的"File/New File"命令（快捷键：Ctrl+N），新建一个文件，然后输入如下代码：

```
<!DOSTYPE html>
<html>
    <head>
            <meta charset="utf-8">
```

```html
            <title>判断一个数是否是 5 或 7 的倍数</title>
      </head>
      <body>
          <h3>判断一个数是否是 5 或 7 的倍数</h3>
          <hr>
          <script type="text/javascript">
                  var num ;
                  num = parseInt(prompt(" 请输入一个数: ","")) ;
                  if (num % 5 == 0)
                  {
                          if (num % 7 == 0)
                          {
                                  document.write(" 输入的数是: ",num,", 可以整除 5,
也可以整除 7。<br>") ;
                          }
                          else
                          {
                                  document.write(" 输入的数是: ",num,", 可以整除 5,
不能整除 7。<br>") ;
                          }
                  }
                  else
                  {
                          if (num % 7 == 0)
                          {
                                  document.write(" 输入的数是: ",num,", 不能整除 5,
可以整除 7。<br>") ;
                          }
                          else
                          {
                                  document.write(" 输入的数是: ",num,", 不能整除 5,
也不能整除 7。<br>") ;
                          }
                  }
          </script>
      </body>
  </html>
```

按下键盘上的"Ctrl+S"组合键，把文件保存在"E:\Sublime"，文件名为"web13-9.html"。

打开 360 安全浏览器，然后在浏览器的地址栏中输入"file:/// E:\Sublime \ web13-9.html"，然后按回车键，就会弹出提示对话框，如图 13.24 所示。

在对话框中提示"输入一个数"，如果输入"35"，就会显示"输入的数是：35，可以整除 5，也可以整除 7。"；如图输入"38"，就会显示"输入的数是：38，不能整除 5，也不能整除 7。"。在这里输入 25，显示"输入的数是：25，可以整除 5，不能整除 7。"，效果如图 13.25 所示。

图 13.24　提示对话框

图 13.25　判断一个数是否是 5 或 7 的倍数

13.6.3　实例：用户登录系统

双击桌面上的 Sublime Text 快捷图标，打开软件，然后单击菜单栏中的"File/New File"命令（快捷键：Ctrl+N），新建一个文件，然后输入如下代码：

```
<!DOSTYPE html>
<html>
    <head>
            <meta charset="utf-8">
            <title>用户登录系统</title>
    </head>
    <body>
            <h3>用户登录系统</h3>
            <hr>
            <script type="text/javascript">
                    var myname,mypwd ;
                    myname = prompt("请输入用户名：","") ;
                    mypwd = prompt("请输入密码：","") ;
                    if (myname =="admin")
                    {
                            if (mypwd == "admin888")
                            {
                                    document.write("输入的用户名是：",myname,
"<br>");
                                    document.write("输入的密码是：",mypwd,"<br>");
                                    document.write("用户名和密码都正确，可以成功登录！
<br>");
                            }
                            else
                            {
                                    document.write("输入的用户名是：",myname,
"<br>");
                                    document.write("输入的密码是：",mypwd,"<br>");
                                    document.write("用户名正确，密码不正确，请重新输
入！<br>");
                            }
                    }
                    else
                    {
                            if (mypwd == "admin888")
                            {
                                    document.write("输入的用户名是：",myname,
"<br>");
                                    document.write("输入的密码是：",mypwd,"<br>");
                                    document.write("用户名不正确，密码正确，请重新输
入！<br>");
                            }
                            else
                            {
                                    document.write("输入的用户名是：
",myname,"<br>");
                                    document.write("输入的密码是：",mypwd,"<br>");
                                    document.write("用户名和密码都不正确，请重新输入！
<br>");
                            }
                    }
            </script>
    </body>
</html>
```

按下键盘上的"Ctrl+S"组合键，把文件保存在"E:\Sublime"，文件名为"web13-10.html"。

打开 360 安全浏览器，然后在浏览器的地址栏中输入"file:/// E:\Sublime \ web13-10.html"，然后按回车键，就会弹出提示对话框，如图 13.26 所示。

在对话框中提示"输入用户名"，如果输入"admin"，然后单击"确定"按钮，又弹出提示对话框并提醒"输入密码"。如果输入"admin888"，然后单击"确定"按钮，效果如图 13.27 所示。

图 13.26　提示对话框

图 13.27　用户登录系统

如果用户名是"admin"，密码不是"admin888"，就会显示"用户名正确，密码不正确，请重新输入！"。

如果用户名不是"admin"，密码是"admin888"，就会显示"用户名不正确，密码正确，请重新输入！"。

如果用户名不是"admin"，密码不是"admin888"，就会显示"用户名和密码都不正确，请重新输入！"。

13.7　条件运算符和条件表达式

在 JavaScript 中，把"？："称为条件运算符。由条件运算符构成的表达式称为表达式，其语法格式如下：

```
表达式 1 ？ 表达式 2 ： 表达式 3
```

其求值规则为：如果表达式 1 的值为真，则以表达式 2 的值作为整个条件表达式的值，否则以表达式 3 的值作为整个条件表达式的值。条件表达式通常用于赋值语句之中。

下面利用条件表达式实现任意输入 4 个数，显示这个 4 数中的最大数。

双击桌面上的 Sublime Text 快捷图标，打开软件，然后单击菜单栏中的"File/New File"命令（快捷键：Ctrl+N），新建一个文件，然后输入如下代码：

```html
<!DOSTYPE html>
<html>
    <head>
            <meta charset="utf-8">
            <title> 条件运算符和条件表达式 </title>
    </head>
    <body>
            <h3> 条件运算符和条件表达式 </h3>
            <hr>
            <script type="text/javascript">
                    var a, b, c, d, m, n,z;
                    a = parseInt(prompt(" 请输入第一个数: ",""));
                    b = parseInt(prompt(" 请输入第二个数: ",""));
                    c = parseInt(prompt(" 请输入第三个数: ",""));
                    d = parseInt(prompt(" 请输入第四个数: ",""));
                    //m 为 a 和 b 中的大数
                    m = a > b ? a : b;
                    //n 为 c 和 d 中的大数
            n = c > d ? c : d;
            //z 为 m 和 n 中的大数, 所以 z 是 4 个数中的最大数
            z = m > n ? m : n;
            document.write(" 第一个数是: ",a,"<br>");
            document.write(" 第二个数是: ",b,"<br>");
            document.write(" 第三个数是: ",c,"<br>");
            document.write(" 第四个数是: ",d,"<br>");
            document.write(" 这四个数中, 最大的数是: ",z,"<br>");
            </script>
    </body>
</html>
```

按下键盘上的"Ctrl+S"组合键，把文件保存在"E:\Sublime"，文件名为"web13-11.html"。

打开 360 安全浏览器，然后在浏览器的地址栏中输入"file:/// E:\Sublime \web13-11.html"，然后按回车键，就会弹出提示对话框，如图 13.28 所示。

在对话框中提示"输入第一个数"，如果输入"82"，然后单击"确定"按钮，又弹出提示对话框并提醒"输入第二个数"。如果输入"45"，然后单击"确定"按钮，又弹出提示对话框并提醒"输入第三个数"。如果输入"186"，然后单击"确定"按钮，又弹出提示对话框并提醒"输入第四个数"。如果输入"36"，然后单击"确定"按钮，这时效果如图 13.29 所示。

图 13.28　提示对话框

图 13.29　条件运算符和条件表达式

13.8 switch 语句

switch 语句是另外一种选择结构的语句，用来代替简单的、拥有多个分支的 if…else 语句。

13.8.1 switch 语句的一般格式

switch 语句可以构成多分支选择结构，其语法格式如下：

```
switch(表达式){
    case 整型数值1: 语句 1;
    case 整型数值2: 语句 2;
    ......
    case 整型数值n: 语句 n;
    default: 语句 n+1;
}
```

switch 语句的执行过程是：

第一，计算"表达式"的值，假设为 m。

第二，从第一个"case"开始，比较"整型数值 1"和 m，如果它们相等，就执行冒号后面的所有语句，也就是从"语句 1"，一直执行到"语句 n+1"，而不管后面的"case"是否匹配成功。

第三，如果"整型数值 1"和 m 不相等，就跳过冒号后面的"语句 1"，继续比较第二个"case"、第三个"case"……一旦发现和某个整型数值相等了，就会执行后面所有的语句。假设 m 和"整型数值 5"相等，那么就会从"语句 5"一直执行到"语句 n+1"。

第四，如果直到最后一个"整型数值 n"都没有找到相等的值，那么就执行"default"后的"语句 n+1"。

13.8.2 实例：根据输入的数显示相应的星期几

如果你输入"1"，就会显示"星期一"；如果你输入"2"，就会显示"星期二"……如果输入"7"，就会显示星期日。

双击桌面上的 Sublime Text 快捷图标，打开软件，然后单击菜单栏中的"File/New File"命令（快捷键：Ctrl+N），新建一个文件，然后输入如下代码：

```
<!DOSTYPE html>
<html>
    <head>
            <meta charset="utf-8">
            <title> 根据输入的数显示相应的星期几</title>
    </head>
    <body>
```

```
<h3>根据输入的数显示相应的星期几</h3>
<hr>
<script type="text/javascript">
        var  week ;
        week = parseInt(prompt("请输入 1~7 之间的任意一个整数 :","")) ;
        switch(week)
        {
            case 1: document.write("星期一 <br>"); break ;
        case 2: document.write("星期二 <br>"); break ;
        case 3: document.write("星期三 <br>"); break ;
        case 4: document.write("星期四 <br>"); break ;
        case 5: document.write("星期五 <br>"); break ;
        case 6: document.write("星期六 <br>"); break ;
        case 7: document.write("星期日 <br>"); break ;
            default:document.write("输入的数，不在 1~7 之间，请重新输入!
<br>"); break ;
        }
    </script>
    </body>
</html>
```

按下键盘上的"Ctrl+S"组合键，把文件保存在"E:\Sublime"，文件名为"web13-12.
html"。

打开 360 安全浏览器，然后在浏览器的地址栏中输入"file:/// E:\Sublime \
web13-12.html"，然后按回车键，就会弹出提示对话框，如图 13.30 所示。

在对话框中提示"输入 1~7 之间的任意一个整数"，如果输入"5"，然后单击"确定"
按钮，效果如图 13.31 所示。

图 13.30　提示对话框

图 13.31　根据输入的数显示相应的星期几

第 14 章
JavaScript 编程的循环结构

在程序设计中，循环是指从某处开始有规律地反复执行某一块语句的现象。我们将复制执行的块语句称为循环的循环体。使用循环体可以简化程序、节约内存、提高效率。

本章主要内容包括：

➤ while 循环的一般格式

➤ 实例：利用 while 循环显示 100 之内的自然数

➤ 实例：随机产生 10 个随机数，并显示最大的数

➤ 实例：猴子吃桃问题

➤ do–while 循环的一般格式

➤ 实例：计算 1+2+3+……+100 的和

➤ 实例：阶乘求和

➤ for 循环的一般格式

➤ 实例：利用 for 循环显示 100 之内的偶数

➤ 实例：小球反弹的高度

➤ for...in 语句

➤ 实例：九九乘法表

➤ 实例：分解质因数

➤ 实例：绘制 "#" 号的菱形

➤ 实例：杨辉三角

➤ 实例：弗洛伊德三角形

➤ break 语句

➤ continue 语句

14.1 while 循环

while 循环是计算机的一种基本循环模式，当满足条件时进入循环；进入循环后，当条件不满足时，跳出循环。

14.1.1 while 循环的一般格式

在 Java 中，while 循环的一般格式如下：

```
while(表达式)
{
    语句块
}
```

while 循环的具体运行是，先计算"表达式"的值，当值为真时，执行"语句块"；执行完"语句块"，再次计算表达式的值，如果为真，继续执行"语句块"……这个过程会一直重复，直到表达式的值为假，就退出循环，执行 while 后面的代码。

14.1.2 实例：利用 while 循环显示 100 之内的自然数

双击桌面上的 Sublime Text 快捷图标，打开软件，然后单击菜单栏中的"File/New File"命令（快捷键：Ctrl+N），新建一个文件，然后输入如下代码：

```html
<!DOSTYPE html>
<html>
    <head>
        <meta charset="utf-8">
        <title> 利用 while 循环显示 100 之内的自然数 </title>
    </head>
    <body>
        <h3> 利用 while 循环显示 100 之内的自然数 </h3>
        <hr>
        <script type="text/javascript">
            var  x = 1 ;
            while(x <= 100)
            {
                document.write(x,"    ");
                if ( x%10 == 0)
                {
                    document.write("<br>");
                }
                x++ ;
            }
        </script>
    </body>
</html>
```

这里利用 if 语句实现每显示 10 个数就换行。

按下键盘上的"Ctrl+S"组合键，把文件保存在"E:\Sublime"，文件名为"web14-1.html"。

打开 360 安全浏览器，然后在浏览器的地址栏中输入"file:/// E:\Sublime \web14-1.html"，然后按回车键，效果如图 14.1 所示。

图 14.1　利用 while 循环显示 100 之内的自然数

14.1.3　实例：随机产生 10 个随机数，并显示最大的数

双击桌面上的 Sublime Text 快捷图标，打开软件，然后单击菜单栏中的"File/New File"命令（快捷键：Ctrl+N），新建一个文件，然后输入如下代码：

```html
<!DOSTYPE html>
<html>
    <head>
        <meta charset="utf-8">
        <title>随机产生 10 个随机数，并显示最大的数</title>
    </head>
    <body>
        <h3>随机产生 10 个随机数，并显示最大的数</h3>
        <hr>
        <script type="text/javascript">
            var max=0 ;                      // 定义变量，存放随机数中的最大数
            var i, t ;
            i =0 ;
            while (i<10)
            {
                // 在 1~1000 之间随机产生一个数
                t = Math.floor(Math.random()*1000+1) ;
                i = i+1 ;
                document.write("第 ",i,"个随机数是 :",t,"<br>") ;
                if (t>max)
                {
                    max = t ;        // 把随机数中的最大数放到 max 中
                }
            }
            document.write("<br>这 10 个数中，最大的数是：",max);
        </script>
    </body>
</html>
```

按下键盘上的"Ctrl+S"组合键，把文件保存在"E:\Sublime"，文件名为"web14-2.html"。

打开 360 安全浏览器，然后在浏览器的地址栏中输入"file:/// E:\Sublime \ web14-2.html"，然后按回车键，效果如图 14.2 所示。

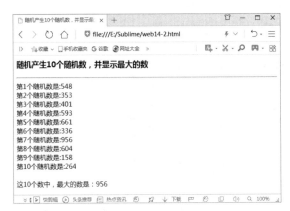

图 14.2　随机产生 10 个随机数，并显示最大的数

14.1.4　实例：猴子吃桃问题

猴子第一天摘下若干个桃子，当即吃了一半，还不过瘾，又多吃了一个；第二天早上将剩下的桃子吃掉一半，又多吃了一个。以后每天早上都吃了前一天剩下的一半多一个，到第 10 天早上想再吃时，见只剩下一个桃子了。求第一天共摘了多少个桃子。

这里采用逆向思维，从后往前推，具体如下：

假设 x1 为前一天桃子数，x2 为第二天桃子数，则：

x2=x1/2-1，x1=(x2+1)*2

x3=x2/2-1，x2=(x3+1)*2

以此类推：x 前 =(x 后 +1)*2

这样，从第 10 天可以类推到第 1 天，是一个循环过程，利用 while 循环来实现。

双击桌面上的 Sublime Text 快捷图标，打开软件，然后单击菜单栏中的"File/New File"命令（快捷键：Ctrl+N），新建一个文件，然后输入如下代码：

```html
<!DOSTYPE html>
<html>
    <head>
            <meta charset="utf-8">
            <title>猴子吃桃问题</title>
    </head>
    <body>
            <h3>猴子吃桃问题</h3>
            <hr>
            <script type="text/javascript">
                    var day,x1,x2;
```

```
                        x1 = 0 ;
                        x2 = 1 ;
                        day =9 ;
                        document.write(" 第 10 天的桃子数量是：1<br>") ;
                        while(day>0)
                        {
                                x1 =(x2+1)*2 ;  // 第一天的桃子数是第 2 天桃子数加 1 后的 2 倍
                        x2 = x1 ;
                        document.write(" 第 ",day," 天的桃数为：",x1,"<br>");
                        day-- ;
                        }
                </script>
        </body>
</html>
```

按下键盘上的"Ctrl+S"组合键，把文件保存在"E:\Sublime"，文件名为"web14-3.
html"。

打开 360 安全浏览器，然后在浏览器的地址栏中输入"file:/// E:\Sublime \
web14-3.html"，然后按回车键，效果如图 14.3 所示。

图 14.3　猴子吃桃问题

14.2　do-while 循环

除了 while 循环，在 JavaScript 语言中还有一种 do-while 循环。

14.2.1　do-while 循环的一般格式

在 JavaScript 语言中，do-while 循环的一般格式如下：

```
do
{
    语句块
}
while( 表达式 );
```

do-while 循环与 while 循环的不同在于：它会先执行"语句块"，然后再判断表达式是否为真，如果为真则继续循环；如果为假，则终止循环。因此，do-while 循环至少要执行一次"语句块"。

14.2.2 实例：计算 1+2+3+……+100 的和

双击桌面上的 Sublime Text 快捷图标，打开软件，然后单击菜单栏中的"File/New File"命令（快捷键：Ctrl+N），新建一个文件，然后输入如下代码：

```html
<!DOSTYPE html>
<html>
    <head>
            <meta charset="utf-8">
            <title>计算1+2+3+……+100 的和</title>
    </head>
    <body>
            <h3>计算1+2+3+……+100 的和</h3>
            <hr>
            <script type="text/javascript">
                    var mysum = 0;
                    var num = 1 ;
                    do
                    {
                            mysum= mysum + num  ;
                            num +=1 ;
                    } while (num<=100) ;
                    document.write("1+2+3+……+100=",mysum);
            </script>
    </body>
</html>
```

按下键盘上的"Ctrl+S"组合键，把文件保存在"E:\Sublime"，文件名为"web14-4.html"。

打开 360 安全浏览器，然后在浏览器的地址栏中输入"file:/// E:\Sublime \ web14-4.html"，然后按回车键，效果如图 14.4 所示。

图 14.4　计算 1+2+3+……+100 的和

14.2.3 实例：阶乘求和

阶乘是基斯顿·卡曼（Christian Kramp，1760 ～ 1826）于 1808 年发明的运算符号，

是数学术语。

一个正整数的阶乘是所有小于及等于该数的正整数的积，并且 0 的阶乘为 1。自然数 n 的阶乘写作 n!，其计算公式如下：

$n!=1×2×3×…×n$

下面编写 JavaScript 代码，求出 1！+2！+……+10！之和。

双击桌面上的 Sublime Text 快捷图标，打开软件，然后单击菜单栏中的"File/New File"命令（快捷键：Ctrl+N），新建一个文件，然后输入如下代码：

```html
<!DOSTYPE html>
<html>
    <head>
            <meta charset="utf-8">
            <title>阶乘求和</title>
    </head>
        <body>

            <h3>阶乘求和</h3>
            <hr>
            <script type="text/javascript">
                    var n = 0 ;     //用于统计循环次数
                    var t = 1 ;     //用于计算每个数的阶乘
                    var s = 0 ;     //用于计算阶乘之和
                    do
                    {
                    n = n +1 ;          /* 变量n加1*/
                    t = t * n ;         /* 每个数的阶乘 */
                    s = s + t ;         /* 阶乘之和 */
                    } while(n<10) ;
                    document.write("1！+2！+……+10！=",s);
            </script>
    </body>
</html>
```

按下键盘上的"Ctrl+S"组合键，把文件保存在"E:\Sublime"，文件名为"web14-5. html"。

打开 360 安全浏览器，然后在浏览器的地址栏中输入"file:/// E:\Sublime \ web14-5.html"，然后按回车键，效果如图 14.5 所示。

图 14.5　阶乘求和

14.3 for 循环

除了 while 循环，Java 语言中还有 for 循环，它的使用更加灵活。

14.3.1 for 循环的一般格式

在 Java 语言中，for 循环的一般格式如下：

```
for(表达式1; 表达式2; 表达式3)
{
    语句块
}
```

for 循环的运行过程如下：

第一，先执行"表达式 1"。

第二，再执行"表达式 2"，如果它的值为真，则执行循环体，否则结束循环。

第三，执行完循环体后，再执行"表达式 3"。

第四，重复执行第二和第三，直到"表达式 2"的值为假，就结束循环。

14.3.2 实例：利用 for 循环显示 100 之内的偶数

双击桌面上的 Sublime Text 快捷图标，打开软件，然后单击菜单栏中的"File/New File"命令（快捷键：Ctrl+N），新建一个文件，然后输入如下代码：

```html
<!DOSTYPE html>
<html>
    <head>
        <meta charset="utf-8">
        <title> 利用 for 循环显示 100 之内的偶数 </title>
    </head>
    <body>
        <h3> 利用 for 循环显示 100 之内的偶数 </h3>
        <hr>
        <script type="text/javascript">
            var  x ;
            for(x=1;x<=100;x++)
            {
                if(x%2 == 0)
                {
                    document.write(x,"    ");
                }
                if ( x%10 == 0)
                {
                    document.write("<br>");
                }
            }
        </script>
    </body>
</html>
```

按下键盘上的"Ctrl+S"组合键，把文件保存在"E:\Sublime"，文件名为"web14-6.
html"。

打开 360 安全浏览器，然后在浏览器的地址栏中输入"file:/// E:\Sublime \
web14-6.html"，然后按回车键，效果如图 14.6 所示。

图 14.6　阶乘求和

14.3.3　实例：小球反弹的高度

一个小球从 300 米高度自由落下，每次落地后反跳回原高度的一半；再落下，求它在
第 15 次落地时，共经过多少米？

双击桌面上的 Sublime Text 快捷图标，打开软件，然后单击菜单栏中的"File/New
File"命令（快捷键：Ctrl+N），新建一个文件，然后输入如下代码：

```html
<!DOSTYPE html>
<html>
    <head>
            <meta charset="utf-8">
            <title>小球反弹的高度</title>
    </head>
    <body>
            <h3>小球反弹的高度</h3>
            <hr>
            <script type="text/javascript">
                var i ;
                var h = 300 ;                   // 存放每次反弹的高度
                var s = 300 ;                   // 存放一共反弹的高度
                h = h/2;
                document.write("第 1 次反弹的高度是：",h,"米。<br>");
                for ( i=2 ; i<= 15 ; i++ )
            {
                s=s+2*h;
                h=h/2;
                document.write("第 ",i," 次反弹的高度是：",h,"米。<br>");
            }
                document.write("<br>第 15 次落地时，一共反弹 ",s," 米。<br>");
            </script>
    </body>
</html>
```

　　按下键盘上的"Ctrl+S"组合键，把文件保存在"E:\Sublime"，文件名为"web14-7.html"。

　　打开 360 安全浏览器，然后在浏览器的地址栏中输入"file:/// E:\Sublime \web14-7.html"，然后按回车键，就可以看到每次小球反弹的高度及第 15 次落地时，一共反弹多少米，如图 14.7 所示。

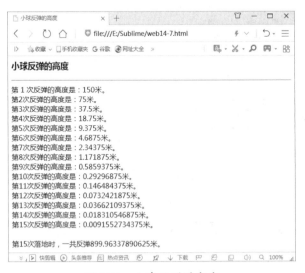

图 14.7　小球反弹的高度

14.4　for...in 语句

　　JavaScript 中还有一个特殊的 for 语句，就是 for...in 语句，它是专门用来处理有关数组和对象的循环的，例如列出对象的所有属性，操作数组的所有元素等。for...in 语句的语法格式如下：

```
for （变量 in 数组或对象）
{
    语句组；
}
```

　　for...in 语句在执行时，对数组或对象中的每一个元素，重复执行语句组的内容，直到处理完最后一个元素为止。

　　双击桌面上的 Sublime Text 快捷图标，打开软件，然后单击菜单栏中的"File/New File"命令（快捷键：Ctrl+N），新建一个文件，然后输入如下代码：

```
<!DOSTYPE html>
<html>
    <head>
```

```
                <meta charset="utf-8">
                <title>for…in 语句 </title>
        </head>
        <body>
                <h3>for…in 语句 </h3>
                <hr>
                <script type="text/javascript">
                        var x;
                        var mycars = new Array();            // 定义一个数组
                        mycars[0] = " 张平 ";
                        mycars[1] = " 李亮 ";
                        mycars[2] = " 周涛 ";
                        mycars[3] = " 赵杰 ";
                        mycars[4] = " 李红波 ";
                        mycars[5] = " 王可儿 ";
                        for (x in mycars)
                        {
                                document.write(mycars[x] + "<br>");
                        }
                </script>
        </body>
</html>
```

按下键盘上的 "Ctrl+S" 组合键，把文件保存在 "E:\Sublime"，文件名为 "web14-8. html"。

打开 360 安全浏览器，然后在浏览器的地址栏中输入 "file:/// E:\Sublime \ web14-8.html"，然后按回车键，如图 14.8 所示。

图 14.8　for…in 语句

14.5　循环嵌套

while 循环、do-while 循环和 for 循环，这三种形式的循环可以互相嵌套，构成多层次的复杂循环结构，从而解决一些实际生活中的问题。但需要注意的是，每一层循环在逻辑上必须是完整的。另外，采用按层缩进的格式书写多层次循环有利于阅读程序和发现程序中的问题。

14.5.1 实例：九九乘法表

双击桌面上的 Sublime Text 快捷图标，打开软件，然后单击菜单栏中的 "File/New File" 命令（快捷键：Ctrl+N），新建一个文件，然后输入如下代码：

```
<!DOSTYPE html>
<html>
    <head>
            <meta charset="utf-8">
            <title>九九乘法表</title>
    </head>
    <body>
            <h3>九九乘法表</h3>
            <hr>
            <script type="text/javascript">
                    var i,j ;
                    for(i=1;i<=9;i++)
            {
                    for(j=1;j<=i;j++)
                    {
                    document.write(j,"×",i,"=",j*i,"    ");
                    }
                    document.write("<br>");
            }
            </script>
    </body>
</html>
```

按下键盘上的 "Ctrl+S" 组合键，把文件保存在 "E:\Sublime"，文件名为 "web14-9.html"。

打开 360 安全浏览器，然后在浏览器的地址栏中输入 "file:/// E:\Sublime \ web14-9.html"，然后按回车键，就可以看到九九乘法表，如图 14.9 所示。

图 14.9　九九乘法表

14.5.2 实例：分解质因数

每个合数都可以写成几个质数相乘的形式，其中每个质数都是这个合数的因数，把一个合数用质因数相乘的形式表示出来，叫作分解质因数，如 $30=2×3×5$。分解质因数只针对合数，合数是指除 1 和它本身外，还有因数的数。下面编写程序代码，实现分解质因数。

双击桌面上的 Sublime Text 快捷图标，打开软件，然后单击菜单栏中的"File/New File"命令（快捷键：Ctrl+N），新建一个文件，然后输入如下代码：

```
<!DOSTYPE html>
<html>
    <head>
            <meta charset="utf-8">
            <title>分解质因数</title>
    </head>
    <body>
            <h3>分解质因数</h3>
            <hr>
            <script type="text/javascript">
                    var i ,n ;
                    n = parseInt(prompt("请输入一个合数: ",""));
                    document.write(" 合数分解质因数是: ",n,"=");
                     /*利用 for 循环让合数分别短除 2 到 n*/
                    for(i=2;i<=n;i++)
                    {
                        /* 利用 while 循环让合数取模 i, 余数为 0, 则显示 */
                        while(n%i==0)
                        {
                            document.write(i) ;
                        n/=i;        /*n 为 n 除以 i 的商 */
                            if(n!=1) document.write("*");    /* 一直到 n 等于 1, 退出
while 循环, 如果不等于 1, 则显示乘号 */
                        }
                    }
            </script>
    </body>
</html>
```

这里是一个循环嵌套，即 for 循环中嵌套 while 循环，从而实现合数分解质因数。

按下键盘上的"Ctrl+S"组合键，把文件保存在"E:\Sublime"，文件名为"web14-10.html"。

打开 360 安全浏览器，然后在浏览器的地址栏中输入"file:/// E:\Sublime \web14-10.html"，然后按回车键，弹出一个提示对话框，如图 14.10 所示。

在对话框中提示"输入一个合数"，在这里输入"270"，然后单击"确定"按钮，就可以看到 270 的分解质因数，如图 14.11 所示。

图 14.10　提示对话框

图 14.11　分解质因数

14.5.3 实例：绘制 "#" 号的菱形

双击桌面上的 Sublime Text 快捷图标，打开软件，然后单击菜单栏中的 "File/New File" 命令（快捷键：Ctrl+N），新建一个文件，然后输入如下代码：

```html
<!DOSTYPE html>
<html>
    <head>
            <meta charset="utf-8">
            <title> 绘制 # 号的菱形 </title>
    </head>
    <body>
            <h3> 绘制 # 号的菱形 </h3>
            <hr>
            <script type="text/javascript">
                    var i,j,k;
                // 绘制菱形的上半部分，利用 i 控制显示？的行数
                for(i=0;i<=10;i++)
                {
                    // 利用 j 控制显示每行空格的个数
                    for(j=0;j<=9-i;j++)
                    {
                        document.write("  ");
                    }
                    // 利用 k 控制显示每行 # 的个数
                    for(k=0;k<=2*i;k++)
                    {
                            document.write("#");
                    }
                    // 换行
                    document.write("<br>");
                }
                // 同理，利用 for 嵌套绘制菱形的下半部分
                for(i=0;i<=9;i++)
                {
                    for(j=0;j<=i;j++)
                    {
                            document.write("  ");
                    }
                    for(k=0;k<=18-2*i;k++)
                    {
                            document.write("#");
                    }
                    document.write("<br>");
                }
            </script>
    </body>
</html>
```

按下键盘上的 "Ctrl+S" 组合键，把文件保存在 "E:\Sublime"，文件名为 "web14-11. html"。

打开 360 安全浏览器，然后在浏览器的地址栏中输入 "file:/// E:\Sublime \ web14-11.html"，然后按回车键，就可以看到绘制的 "#" 号菱形，如图 14.12 所示。

图 14.12　绘制的 "#" 号菱形

14.5.4　实例：杨辉三角

杨辉三角，是二项式系数在三角形中的一种几何排列。在欧洲，这个表叫作帕斯卡三角形。帕斯卡是在 1654 年发现这一规律的，比杨辉要迟 393 年。杨辉三角是中国古代数学的杰出研究成果之一，它把二项式系数图形化，把组合数内在的一些代数性质直观地从图形中体现出来，是一种离散型的数与形的结合，如图 14.13 所示。

```
                         1
                      1    1
                    1    2    1
                  1    3    3    1
                1    4    6    4    1
              1    5    10   10   5    1
            1    6    15   20   15   6    1
          1    7    21   35   35   21   7    1
        1    8    28   56   70   56   28   8    1
      1    9    36   84   126  126  84   36   9    1
    1    10   45   120  210  252  210  120  45   10   1
  1    11   55   165  330  462  462  330  165  55   11   1
1    12   66   220  495  792  924  792  495  220  66   12   1
...
```

图 14.13　杨辉三角

杨辉三角的特点如下：

第一，每行端点与结尾的数为 1。

第二，每个数等于它上方两数之和。

第三，每行数字左右对称，由 1 开始逐渐变大。

第四，第 n 行的数字有 n 项。

第五，第 n 行的 m 个数可表示为 C(n-1，m-1)，即为从 n-1 个不同元素中取 m-1 个元素的组合数。

第六，第 n 行的第 m 个数和第 n-m+1 个数相等，为组合数性质之一。

双击桌面上的 Sublime Text 快捷图标，打开软件，然后单击菜单栏中的 "File/New File" 命令（快捷键：Ctrl+N），新建一个文件，然后输入如下代码：

```html
<!DOSTYPE html>
<html>
    <head>
            <meta charset="utf-8">
            <title>杨辉三角</title>
    </head>
    <body>
            <h3>杨辉三角</h3>
            <hr>
            <script type="text/javascript">
                    var rows, coef, space, i, j;
                    coef =1 ;
                    rows = parseInt(prompt("请输入要显示杨辉三角的行数：",""));
                    // 利用 i 控制杨辉三角的行数
            for(i=0; i<rows; i++)
            {
                    // 利用 space 控制每行的空格数
                    for(space=1; space <= rows-i; space++)
                    {
                            document.write("  ");
                    }
                            // 利用 j 控制每行要显示的杨辉三角
                    for(j=0; j <= i; j++)
                    {
                            if (j==0||i==0)
                            {
                                coef = 1;
                            }
                            else
                            {
                                coef = coef*(i-j+1)/j;
                            }
                document.write("  ",coef,"  ");
                    }
                    document.write("<br>");
            }
            </script>
    </body>
</html>
```

按下键盘上的 "Ctrl+S" 组合键，把文件保存在 "E:\Sublime"，文件名为 "web14-12.html"。

打开 360 安全浏览器，然后在浏览器的地址栏中输入 "file:/// E:\Sublime \ web14-12.html"，弹出提示对话框，在这里输入 "15"，然后单击 "确定" 按钮，就可以看到杨辉三角，如图 14.14 所示。

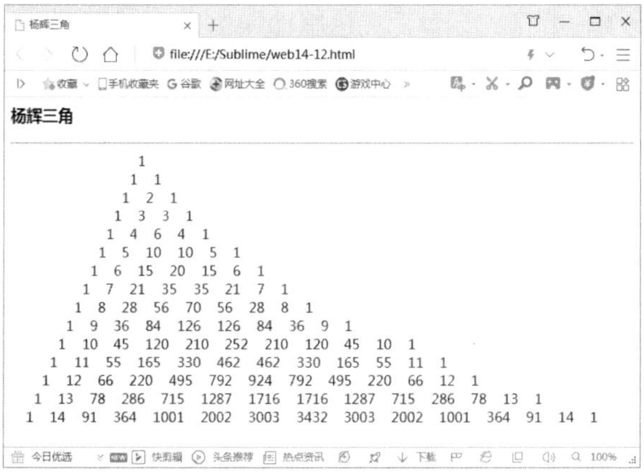

图 14.14　杨辉三角

14.5.5　实例：弗洛伊德三角形

弗洛伊德三角形是一组直角三角形自然数，用于计算机科学教育。它是以罗伯特·弗洛伊德的名字命名的。它的定义是用连续的数字填充三角形的行，从左上角的"1"开始。

双击桌面上的 Sublime Text 快捷图标，打开软件，然后单击菜单栏中的"File/New File"命令（快捷键：Ctrl+N），新建一个文件，然后输入如下代码：

```html
<!DOSTYPE html>
<html>
    <head>
            <meta charset="utf-8">
            <title> 弗洛伊德三角形 </title>
    </head>
    <body>
            <h3> 弗洛伊德三角形 </h3>
            <hr>
            <script type="text/javascript">
                    var i,j,l,n;
                    n = parseInt(prompt(" 请输入要显示弗洛伊德三角形的行数：",""));
                    // 利用 i 控制行数
                for(i=1,j=1;i<=n;i++)
                {
                    // 利用 l 控制每行有多个数，利用 j 输入每行的具体数值
                    for(l=1;l<i+1;l++,j++)
                    {
                            document.write("  ",j,"  ");
                    }
                    // 换行
                    document.write("<br>");
                }
            </script>
    </body>
</html>
```

按下键盘上的"Ctrl+S"组合键，把文件保存在"E:\Sublime"，文件名为"web14-13.html"。

打开 360 安全浏览器，然后在浏览器的地址栏中输入"file:/// E:\Sublime \

web14-13.html"，弹出提示对话框，在这里输入 15，然后单击"确定"按钮，就可以看到弗洛伊德三角形，如图 14.15 所示。

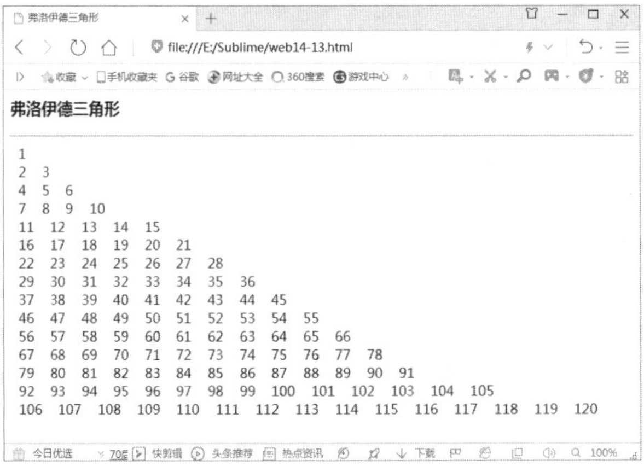

图 14.15　弗洛伊德三角形

14.6　break 语句

使用break 语句可以使流程跳出while 或for 的本层循环，特别是在多层次循环结构中，利用 break 语句可以提前结束内层循环。

双击桌面上的 Sublime Text 快捷图标，打开软件，然后单击菜单栏中的"File/New File"命令（快捷键：Ctrl+N），新建一个文件，然后输入如下代码：

```
<!DOSTYPE html>
<html>
    <head>
        <meta charset="utf-8">
        <title>break 语句 </title>
    </head>
    <body>
        <h3>break 语句 </h3>
        <hr>
        <script type="text/javascript">
            var a = 12 ;
            while ( a <=30 )
            {
                document.write("变量a 的值：",a,"<br>")
                a = a +1 ;
                if ( a> 21 )
                {
                break;                          // 使用 break 语句终止循环
                }
            }
        </script>
    </body>
</html>
```

如果不使用 break 语句，程序的输入是从 12 到 30；使用 break 语句后，程序的输入是从 12 到 21。

按下键盘上的 "Ctrl+S" 组合键，把文件保存在 "E:\Sublime"，文件名为 "web14-14.html"。

打开 360 安全浏览器，然后在浏览器的地址栏中输入 "file:/// E:\Sublime \ web14-14.html"，然后按回车键，如图 14.16 所示。

图 14.16　break 语句

14.7　continue 语句

continue 语句被用来告诉 JavaScript 跳过当前循环块中的剩余语句，然后继续进行下一轮循环，下面通过实例来说明一下。

双击桌面上的 Sublime Text 快捷图标，打开软件，然后单击菜单栏中的 "File/New File" 命令（快捷键：Ctrl+N），新建一个文件，然后输入如下代码：

```
<!DOSTYPE html>
<html>
    <head>
        <meta charset="utf-8">
        <title>continue 语句 </title>
    </head>
    <body>
        <h3>continue 语句 </h3>
        <hr>
        <script type="text/javascript">
            var a = 6;
            while( a < 20 )
            {
                a++;
                if( a == 8 || a==10 || a==12 ||a==14 || a==16 || a==18)
```

```
                    {
                            /* 使用 continue 语句跳出本次循环 */
                            continue ;
                    }
                    document.write(" 变量 a 的值: ",a,"<br>") ;
                    }
            </script>
        </body>
</html>
```

如果没有加 continue 语句，会显示 7~20 的整数，包括 7 和 20。在这里加上 continue 语句，就不会显示 7~20 整数中的 8、10、12、14、16 和 18。

按下键盘上的"Ctrl+S"组合键，把文件保存在"E:\Sublime"，文件名为"web14-15. html"。

打开 360 安全浏览器，然后在浏览器的地址栏中输入"file:/// E:\Sublime \ web14-15.html"，然后按回车键，如图 14.17 所示。

图 14.17   continue 语句

第 15 章

JavaScript 编程的函数和正则表达式

函数是集成化的子程序，是用来实现某些运算和完成各种特定操作的重要手段。在程序设计中，灵活运用函数库，能体现程序设计智能化，提高程序可读性，充分体现算法设计的正确性、可读性、健壮性、效率与低存储量需求。正则表达式在英文中称为"Regular Expression"，简称 RegExp。类似于我们在磁盘上查找文件时可以使用通配符"*"和"?"，正则表达式是一种可以用于文字模式匹配和替换的强有力的工具，它可用于在一个文件或字符串里查找和替代文本。

本章主要内容包括：

- ➤ 初识函数
- ➤ 函数的定义与调用
- ➤ 值传递和地址传递
- ➤ return 语句的语法格式
- ➤ 实例：显示数组中的最大数

- ➤ 递归函数
- ➤ 正则表达式的语法格式
- ➤ RegExp 对象及属性
- ➤ String 对象的 4 个方法
- ➤ 高级正则表达式

15.1　初识函数

在编写程序时，经常要重复使用某段程序代码，如果每次都重新编写，显然比较麻烦。因此，从程序代码的维护性和结构性来考虑，可以将经常使用的程序代码依照功能独立出来，也就是使用函数，这样日后维护起来就比较轻松。

函数是完成特定任务的一段程序代码，比如我们前面使用的数据类型转换函数 parseInt() 就完成将其他类型数据转换为整型的任务。一般来说，如果一个函数是某个对象的成员，那么习惯上称这个函数为对象的方法。函数能够被一个或多个程序多次调用，也能够在多人开发的不同程序中应用。函数还可以把大段的代码划分为一个易于维护、易于组织的代码单位。这样，编写函数的人只需要关心函数的实现细节，使用函数的人只需要知道函数的功能、使用方法即可。比如我们使用 parseInt() 函数并不知道它是怎样完成转换工作的，只要知道如何使用该函数就可以了。

函数为程序设计人员提供了很多方便。通常在设计复杂程序时，总是根据所要完成的功能，将程序划分为一些相对独立的部分，每部分编写一个函数，从而使程序各部分充分独立，并完成单一的任务；也使得整个程序结构清晰，达到易读、易懂、易维护的目标。

JavaScript 本身提供了许多内置函数，可以在编写程序时直接调用。除此之外，JavaScript 还提供了自己定义函数的方法，开发人员能够根据需要编写自定义函数，并在开发过程中调用，也能够将自定义好的函数与其他人分享。

15.2　函数的定义与调用

在使用函数之前，必须首先定义函数（JavaScript 的内置函数是在设计 JavaScript 解释器时已经定义好的一组函数，只不过这个定义过程由解释器的开发者完成，而不是应用程序的开发人员完成而已）。函数一般定义在 HTML 网页的 head 元素中的 script 子元素中。此外，函数也可以在单独的脚本文件中定义，并保存在外部文件中。

15.2.1　定义函数

定义函数的语法格式如下：

```
function 函数名 (形式参数 1, 形式参数 2, …, 形式参数 n)
{
    语句组;
}
```

第一，function 是定义函数的保留关键字。

第二，函数名是用户自己定义的，可以是任何有效的标识符，但通常要为函数赋予一个有意义的名称。

第三，函数可以带零个或多个参数，用于接收调用函数时传递的变量和值。通常把在定义函数时的参数称为形式参数，也可以简称为形参。形式参数必须用圆括号括起来放在函数名之后，圆括号不能省略，即使是不带参数时，也要在函数名后加上括号。如果有多个形式参数，形式参数之间用逗号分隔。

第四，用来实现函数功能的一条或多条语句放在大括号中，称为函数体。一般来说，函数体是一段相对独立的程序代码，用于完成一个独立的功能。函数体的最后，一般使用 return 语句返回调用函数的程序，还可以使用 return 语句带回返加值。

下面定义一个函数 hello()，具体代码如下：

```
function hello()
{
    document.write("你好! ");
}
```

这是一个不带参数的非常简单的函数，用于显示"你好！"。

15.2.2　调用函数

在定义函数之后，就可以使用这个函数了。使用函数的过程称作调用函数，只有调用该函数，才会实现该函数的功能。JavaScript 中，可以在程序代码中调用函数，也可以在事件响应中调用函数。调用函数的方法非常简单，只要写上函数名、圆括号以及在圆括号中写上要传递的参数或值就可以了。

调用函数的语法格式如下：

```
函数名 (实际参数 1, 实际参数 2, …, 实际参数 n)
```

第一，函数名要与定义函数时使用的名称相同。

第二，实际参数是要传递给函数的变量或值，也可以简称为实参，其参数的类型、个数、意义以及次序要与定义函数时的形式参数相同，参数名可以不同。函数在执行时，会按顺序将实际参数的值传递给形式参数。

第三，同定义函数时相同，函数名之后的圆括号是不能省略的，既使没有参数也要带圆括号。

要调用上面定义的 hello() 函数输出"你好！"，只要在程序中加入如下代码即可：

```
hello();
```

双击桌面上的 Sublime Text 快捷图标，打开软件，然后单击菜单栏中的"File/New File"命令（快捷键：Ctrl+N），新建一个文件，然后输入如下代码：

```
<!DOSTYPE html>
<html>
    <head>
            <meta charset="utf-8">
            <title> 函数的定义与调用 </title>
            <script type="text/javascript">
                    function myresume()                        // 定义函数
                {
                    document.write(" 姓名： 张平 ");
                    document.write("<br> 性别： 男 ");
                    document.write("<br> 年龄： 36");
                    document.write("<br> 职业： 教师 ");
                    document.write("<br> 爱好： 足球 ");
                }
            </script>
    </head>
    <body>
            <h3> 函数的定义与调用 </h3>
            <hr>
            <script type="text/javascript">        myresume();</script>
    </body>
</html>
```

需要注意的是，定义函数是在 head 元素中；调用函数是在 body 元素之中。另外，无论是定义函数，还是调用函数，都应该在 script 元素之中。

按下键盘上的"Ctrl+S"组合键，把文件保存在"E:\Sublime"，文件名为"web15-1.html"。

打开 360 安全浏览器，然后在浏览器的地址栏中输入"file:/// E:\Sublime \web15-1.html"，然后按回车键，效果如图 15.1 所示。

图 15.1　函数的定义与调用

15.3　函数参数的使用

如果在定义函数时声明了形式参数，调用函数时就应该为这些参数提供实际的参数。在 JavaScript 中，有两种参数传递方式：值传递和地址传递。

15.3.1　值传递

当函数参数为常量、基本类型变量时，JavaScript 采用值传递的方式，即实参将变量的值传给形参，当在函数内对形参的值进行了修改时，并不影响实参的值。

调用函数的实参应该与定义函数时的形参相对应，如果出现参数不等时，JavaScript 按如下原则进行处理：

第一，如果调用函数时实参的个数多于定义函数时形参的个数，则忽略最后多余的参数。

第二，如果调用函数时实参的个数少于定义函数时形参的个数，则将最后没有接收传递值的参数的值赋为 undefined。

例如，下面是实参个数多于形参个数的情形：

```
function hanshu(a,b,c,d)
{
......
}
hanshu(5,x,y);
hanshu(1,2,3,4,5);
```

其中，定义函数时，声明了四个形参 a、b、c、d，而在调用时，在第一个调用函数的语句中，实参个数少于形参个数，只有三个实参，程序在执行时，会按顺序把"5"传递给形参 a，把变量"x"的值传递给形参 b，把变量"y"的值传递给形参 c，而形参 d 则赋值为"undefined"。

在第二个调用该函数的语句中，实参个数又多于形参个数，这时会依次将数值 1、2、3、4 分别传递给形参 a、b、c、d，而忽略最后的实参。

注意，在函数参数传递时尽量不要出现这两种情况。

双击桌面上的 Sublime Text 快捷图标，打开软件，然后单击菜单栏中的"File/New File"命令（快捷键：Ctrl+N），新建一个文件，然后输入如下代码：

```html
<!DOSTYPE html>
<html>
    <head>
        <meta charset="utf-8">
        <title> 函数参数的值传递 </title>
        <script type="text/javascript">
            function resume(xm,xb,nl,zy,ah)          // 定义函数
          {
            document.write("<br> 姓名 : ",xm,"  ");
            document.write(" 性别 : ",xb,"  ");
            document.write(" 年龄 : ",nl,"  ");
            document.write(" 职业 : ",zy,"  ");
            document.write(" 爱好 : ",ah,"  ");
          }
        </script>
    </head>
    <body>
        <h3> 函数参数的值传递 </h3>
```

```
        <hr>
        <script type="text/javascript">
                var name,sex,age,profession,interest;
                name="张三";
                sex="男";
                age=28;
                profession="教师";
                interest="足球";
                resume(name,sex,age,profession,interest);   // 调用函数
                name="王五";
                profession="工人";
                resume("李四","女",25,"记者","音乐");        // 调用函数
                resume(name,"男",32,profession,"读书");       // 调用函数
        </script>
    </body>
</html>
```

按下键盘上的"Ctrl+S"组合键，把文件保存在"E:\Sublime"，文件名为"web15-2.html"。

打开 360 安全浏览器，然后在浏览器的地址栏中输入"file:/// E:\Sublime \web15-2.html"，然后按回车键，效果如图 15.2 所示。

图 15.2　函数参数的值传递

15.3.2　地址传递

在上例中，使用基本类型变量传递参数，如果当简历中涉及的变量比较多时，比较麻烦，因此，可以采用数组作为函数参数，下面举例进一步说明。

双击桌面上的 Sublime Text 快捷图标，打开软件，然后单击菜单栏中的"File/New File"命令（快捷键：Ctrl+N），新建一个文件，然后输入如下代码：

```
<!DOSTYPE html>
<html>
    <head>
        <meta charset="utf-8">
        <title> 函数参数的地址传递 </title>
        <script type="text/javascript">
                function resume(a)                            // 定义函数
              {
                        for (i in a)
                        {
                            document.write(a[i]+"   ");
                        }
                        document.write("<br>");
```

```
                    }
        </script>
    </head>
    <body>
        <h3> 函数参数的地址传递 </h3>
        <hr>
        <script type="text/javascript">
                var a=new Array(" 张三 "," 男 ",28," 教师 "," 足球 ");
                document.write(" 姓名   性别   年龄   职业   爱好 <br>");
                resume(a);                              // 调用函数
                a[0]=" 李四 ";
                a[1]=" 女 ";
                a[2]=25;
                a[3]=" 记者 ";
                a[4]=" 音乐 ";
                resume(a);
        </script>
    </body>
</html>
```

按下键盘上的"Ctrl+S"组合键，把文件保存在"E:\Sublime"，文件名为"web15-3. html"。

打开 360 安全浏览器，然后在浏览器的地址栏中输入"file:/// E:\Sublime \ web15-3.html"，然后按回车键，效果如图 15.3 所示。

图 15.3　函数参数的地址传递

当函数参数为数组、对象时，JavaScript 采用地址传递的方式，即在调用函数并传递参数时，将实参变量对应的地址传递给形参变量，函数会根据地址取得参数的值。这样由于形参与实参变量的地址相同，即指向同一个变量，因此，当形参的值改变时，实参也会跟着改变。

下面再举一个例子，看一下值传递和地址传递的区别。

双击桌面上的 Sublime Text 快捷图标，打开软件，然后单击菜单栏中的"File/New File"命令（快捷键：Ctrl+N），新建一个文件，然后输入如下代码：

```
<!DOSTYPE html>
<html>
    <head>
        <meta charset="utf-8">
        <title> 函数参数的值传递和地址传递 </title>
        <script type="text/javascript">
                function example(a,b)                   // 定义函数
                {
```

```
            a[0]=10;
                a[1]=20;
                a[2]=30;
                b=50;
                document.write("<hr> 函数中 :<br>");
                document.write(" 基本类型变量的值为 :",b,"<br>");
                document.write(" 数组的值为 :");
            for(i=0;i<a.length;i++)
            {
                document.write(a[i],"  ");
            }
                document.write("<br>");
                }
        </script>
    </head>
    <body>
        <h3> 函数参数的值传递和地址传递 </h3>
        <hr>
        <script type="text/javascript">
            var x=new Array(1,2,3);
            var y=5;
            document.write(" 调用函数前 :<br>");
            document.write(" 基本类型变量的值为 :",y,"<br>");
            document.write(" 数组的值为 :");
            for(i=0;i<x.length;i++)
            {
                    document.write(x[i],"  ");
            }
            document.write("<br>");
            example(x,y);                           // 调用函数
            document.write("<hr> 调用函数后 :<br>");
            document.write(" 基本类型变量的值为 :",y,"<br>");
            document.write(" 数组的值为 :");
            for(i=0;i<x.length;i++)
            {
                    document.write(x[i],"  ");
            }
        </script>
    </body>
</html>
```

按下键盘上的 "Ctrl+S" 组合键，把文件保存在 "E:\Sublime"，文件名为 "web15-4. html"。

打开 360 安全浏览器，然后在浏览器的地址栏中输入 "file:/// E:\Sublime \ web15-4.html"，然后按回车键，效果如图 15.4 所示。

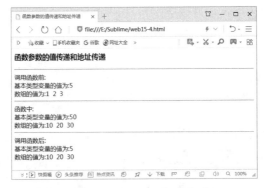

图 15.4　值传递和地址传递

程序中使用 example(x,y) 调用函数，并同时传递了两个参数，一个是数组 x，另一个是基本类型变量 y，在函数中改变了它们的值。当返回主程序后，我们看到，基本类型变量的值没有改变，而数组的值改变了。这就是由于对于基本类型变量，JavaScript 采用值传递的方式，在函数中改变了参数的值，并不会带回调用程序，因此，我们看到基本类型变量 y 的值没有改变。而对于数组，JavaScript 采用地址传递的方式，在函数中改变了参数的值，因为它们指向同一个数组，因而会将改变的值带回调用程序，所以我们看到调用函数后，数组的值改变了。

15.4 函数的返回值

可以使用 return 语句让函数返回一个值。函数中可以使用 return 语句，也可以不使用 return 语句，但 return 语句只能出现在函数中。

15.4.1 return 语句的语法格式

return 语句的语法格式，具体如下：

```
return [ 表达式 ] ;
```

其中，表达式的值即要返回的值，表达式可以省略，省略表达式的 return 语句返回值为 undefined。

程序在执行函数过程中，遇到 return 语句时，就不再执行该语句后面的语句，而将控制权转交给调用函数的程序。如果函数中没有 return 语句，那么 JavaScript 隐含地在函数末尾添加一条返回 undefined 值的 return 语句。因此，所有的函数都有返回值，只不过在没有显式使用 return 语句的函数中，系统缺省地添加了一条返回 undefined 值的 return 语句。

例如，下面的函数返回两个之和：

```
function sum(a,b)
{
    return(a+b);
}
```

下面的函数返回两个数中最大的一个数：

```
function max(x,y)
{
    var max=a>b?a:b;
    return max;
}
```

其中，"a>b?a:b" 是一个由条件运算符构成的表达式，表示当 a>b 时，表达式的值为变量 a 的值，否则表达式的值为变量 b 的值。因而使用该表达式可以将 a、b 两个中最大的值赋值给变量 max，最后由 return 语句带回返回值。

函数带回的返回值既可以赋值给变量，也可以让函数直接参与表达式的运算，就像它是变量一样。例如，可以这样调用上述函数：

```
total1=sum(a,b);
total2=sum(a,b)*2;
```

15.4.2　实例：显示数组中的最大数

双击桌面上的 Sublime Text 快捷图标，打开软件，然后单击菜单栏中的"File/New File"命令（快捷键：Ctrl+N），新建一个文件，然后输入如下代码：

```
<!DOSTYPE html>
<html>
    <head>
            <meta charset="utf-8">
            <title>显示数组中的最大数</title>
            <script type="text/javascript">
                    function max(xlist)
                     {
                            var maxdata=xlist[0];
                                for (i=1;i<=xlist.length;i++)
                                 { if (xlist[i]>maxdata)
                                        maxdata=xlist[i];
                                 }
                            return maxdata;
                     }
            </script>
    </head>
    <body>
            <h3>显示数组中的最大数</h3>
            <hr>
            <script type="text/javascript">
                    var x=new Array(302,416,78,155,403,861);
                    document.write("显示数组中所有元素的值：",x,"<br><br>");
                    document.write("这组数中的最大值是：",max(x),"<br>");
            </script>
    </body>
</html>
```

按下键盘上的"Ctrl+S"组合键，把文件保存在"E:\Sublime"，文件名为"web15-5.html"。

打开 360 安全浏览器，然后在浏览器的地址栏中输入"file:/// E:\Sublime \web15-5.html"，然后按回车键，效果如图 15.5 所示。

图 15.5　显示数组中的最大数

15.5 递归函数

一个函数在它的函数体内调用它自身称为递归调用，这种函数称为递归函数。执行递归函数将反复调用其自身，每调用一次就进入新的一层，当最内层的函数执行完毕后，再一层一层地由里到外退出。

递归函数效率很低，但递归函数的结构有利于理解和解决现实问题，特别是对某些问题用递归方法解决起来会非常简单，如求递归函数的值、汉诺塔问题等。

双击桌面上的 Sublime Text 快捷图标，打开软件，然后单击菜单栏中的"File/New File"命令（快捷键：Ctrl+N），新建一个文件，然后输入如下代码：

```html
<!DOSTYPE html>
<html>
    <head>
            <meta charset="utf-8">
            <title>递归函数</title>
            <script type="text/javascript">
                    function myn(n)
                    {
                        if (n==0 || n==1)
                        {
                            result = 1 ;
                        }
                        else
                        {
                            result = myn(n-1)* n                    // 递归调用
                        }
                        return result;
                    }
            </script>
    </head>
    <body>
            <h3>递归函数</h3>
            <hr>
            <script type="text/javascript">
                    var x = myn(8);
                    document.write("递归函数的返回值，即myn(8)=",x);
            </script>
    </body>
</html>
```

这里定义递归函数，然后在主函数中调用。主函数中传过来的参数是 8，即 n=8，下面来看一下如何递归调用。

第一次调用是 result=myn(8-1)×8=myn(7) ×8；

myn(7) 继续调用 myn() 函数，即第二次调用，result= myn(7-1) ×7×8= myn(6) × 7×8；

myn(6) 继续调用 myn() 函数，即第三次调用，result= myn(6-1) ×6×7×8= myn(5) × 6×7×8；

myn(5) 继续调用 myn() 函数，即第四次调用，result= myn(5-1) ×5 ×6×7×8=

myn(4) ×5×6×7×8;

myn(4) 继续调用 myn() 函数，即第五次调用，result= myn(4-1) ×4×5 ×6×7×8= myn(3) ×4×5×6×7×8;

myn(3) 继续调用 myn() 函数，即第六次调用，result= myn(3-1) ×3×4×5 ×6×7×8= myn(2) ×3×4×5×6×7×8;

myn(2) 继续调用 myn() 函数，即第七次调用，result= myn(2-1) ×2×3×4×5 ×6×7×8= myn(1) ×2×3×4×5×6×7×8;

myn(1) 继续调用 myn() 函数，即第八次调用，result= 1×2×3×4×5 ×6×7×8;

经过八次调用后，myn() 函数运行结束，返回值为 result = 1×2×3×4×5 ×6×7×8=40320。

按下键盘上的"Ctrl+S"组合键，把文件保存在"E:\Sublime"，文件名为"web15-6.html"。

打开 360 安全浏览器，然后在浏览器的地址栏中输入"file:/// E:\Sublime \web15-6.html"，然后按回车键，效果如图 15.6 所示。

图 15.6　递归函数

15.6　正则表达式

正则表达式并非一门专用语言，但也可以看作一种语言，它可以让用户通过使用一系列普通字符和特殊字符构建能明确描述文本字符串的匹配模式。除了简单描述这些模式之外，正则表达式解释引擎通常可用于遍历匹配，并使用模式作为分隔符来将字符串解析为子字符串，或以智能方式替换文本或重新设置文本格式。正则表达式为解决与文本处理有关的许多常见任务提供了有效而简捷的方式。

15.6.1　什么是正则表达式

简单地说，正则表达式是一种可以用于文字模式匹配和替换的强有力的工具，是由一系列普通字符和特殊字符组成的能明确描述文本字符串的文字匹配模式。正则表达式可以通过使用一系列的特殊字符构建匹配模式，然后把匹配模式与数据文件、程序输入以及 Web 页面的表单输入等目标对象进行比较，根据比较对象中是否包含匹配模式，执行相应的程序。正则表达式具有两种标准：基本的正则表达式(BRE – Basic Regular Expressions) 和扩展的正则表达式(ERE – Extended Regular Expressions)。ERE 包括 BRE 功能和另外其他的概念。

正则表达式是由普通字符（例如字符 a 到 z）以及特殊字符（称为元字符）组成的文字模式。该模式描述在查找文字主体时待匹配的一个或多个字符串。正则表达式作为一个模板，将某个字符模式与所搜索的字符串进行匹配。

构造正则表达式可以通过在一对斜杠（/）分隔符之间放入由普通字符和特殊字符组成的文字模式来构造一个正则表达式。例如，正则表达式"/java/"就表示和所有包含子串"java"的字符串相匹配。

15.6.2 正则表达式的语法格式

正则表达式的语法格式，具体如下：

```
var varname=/pattern/flags
```

第一，varname 是变量名，该变量用于保存新创建的正则表达式。

第二，pattern 为指定匹配模式的正则表达式式。

第三，flags 是零个或多个可选项，有效选项及其意义为：

i：忽略大小写，即进行字符串匹配时，不区分大小写。

g：全局匹配，即匹配字符串中出现的所有模式。

m：进行多行匹配。

例如，下面是一些正则表达式：

```
var  language=/JavaScript/ig;
var  name=/ 张 /;
var  date=/1995/m;
```

这几个例子都是由普通字符构成的正则表达式，所谓普通字符就是指由所有那些未显式指定为特殊字符的打印和非打印字符组成。这包括所有的大写和小写字母字符，所有数字，所有标点符号以及一些符号。它们在正则表达式中表示字符本身的意义。另外正则表达式中还可以使用一些具有特殊含义的字符，即特殊字符，后面会详细讲解。

15.6.3 RegExp 对象

RegExp 对象是用于保存有关正则表达式模式匹配信息的固有全局对象。RegExp 对象不能直接创建，但始终可以使用。例如，可以使用 RegExp 对象的构造函数 RegExp() 来创建正则表达式。这种创建正则表达式的方法常用于按照用户输入构造正则表达式或在程序运行过程中改变正则表达式的场合，这是一种动态方法。

使用构造函数 RegExp() 创建正则表达式的语法格式如下：

```
var varname=new RegExp("pattern"[,"flag"])
```

各参数意义与正则表达式相同，这里不再重复。

例如，利用 RegExp 对象创建的正则表达式如下：

```
var  language=new RegExp("JavaScript","ig");
var  name=new RegExp("张");
var  date=new RegExp("1995","m");
```

15.6.4 RegExp 对象的属性

RegExp 对象的属性是预定义的 RegExp 对象包含的静态属性，它作用于所有的正则表达式，而不是某个具体的正则表达式，使用对象名"RegExp"进行访问。例如 input 是 RegExp 对象的一个属性，它包含了最近一次进行匹配操作的正则表达式中的字符串，这个属性使用格式为"RegExp.input"。RegExp 对象的属性及其意义见表 15.1。

表 15.1　RegExp 对象的属性

属　性	意　义
input	给出正则表达式要匹配的字符串
index	返回被搜索字符串中第一个成功匹配的字符的开始位置
lastIndex	返回被搜索字符串中下一次匹配的字符的开始位置
lastMatch	最近一次匹配的字符
lastParen	保存匹配结果最后一个子匹配的内容（最后一个括号的匹配内容）
leftContext	最近一次匹配字符串左边所有字符组成的子串
rightContext	最近一次匹配字符串右边所有字符组成的子串
$1 – $9	保存了与正则表达式中括号内子模式相匹配的子串

其中，input 属性能被预设。其他静态属性的值是在执行个别正则表达式对象的 exec 和 test 方法后，或在执行字符串的 match 和 replace 方法后设置的。

> **提醒：**RegExp 对象的属性与某个具体的正则表达式的属性不同，RegExp 对象的属性是静态属性，使用对象名来访问。而某个具体的正则表达式的属性，通常与存储正则表达式的变量相关联，使用变量名进行访问。

15.6.5 String 对象的 4 个方法

在程序中可以使用正则表达式对象的 exec() 和 test() 方法进行字符串测试和匹配，也可以使用 String 对象的四个方法完成这些任务，即 match() 方法、replace() 方法、

search() 方法和 split() 方法。

match() 方法

match() 方法用于在字符串中搜索匹配的子串，并将匹配结果在一个数组中返回。如果未找到匹配的子串，则返回 null。当在正则表达式中指定了 g 选项后，match() 进行全局搜索，并在数组中返回所有匹配的子串。

match() 方法的语法格式如下：

```
myArray=myString.match(regex);
```

myString 是被搜索的字符串对象，regex 是指定匹配模式的正则表达式，myArray 是用于存放返回的匹配结果子串的数组。

双击桌面上的 Sublime Text 快捷图标，打开软件，然后单击菜单栏中的 "File/New File" 命令（快捷键：Ctrl+N），新建一个文件，然后输入如下代码：

```
<!DOSTYPE html>
<html>
    <head>
            <meta charset="utf-8">
            <title>match() 方法的应用</title>
    </head>
    <body>
            <h3>match() 方法的应用</h3>
            <hr>
            <script type="text/javascript">
                    var mymatch=new Array();            // 定义存放匹配结果的数组
                    // 定义要在其中查找的字符串 s 中
                    var s="JavaScript is powerful and javascript is very
easy!";
                    // 定义正则表达式，不分大小写多次查找 javascript
                    var regex=new RegExp("JavaScript","ig");
                    mymatch=s.match(regex);             // 使用 match() 方法进行匹配
                            document.write(" 最近一次匹配的字符为 :"+RegExp.input+"<br>
<hr>");
                            document.write(" 匹配子串的个数为 :"+mymatch.length+"<br>");
                            for (i=0;i<mymatch.length;i++)          // 利用 for 循环输出每一个
匹配的子串
                             {
                                document.write(" 第 "+i+" 个匹配子串为 :"+mymatch[i]+"<br>");
                             }
                            document.write("<hr> 最近一次匹配的字符前面的子串为 :"+RegExp.
leftContext+"<br>");
                            document.write(" 最近一次匹配的字符后面的子串为 :"+RegExp.
rightContext+"<br>");
            </script>
    </body>
</html>
```

按下键盘上的 "Ctrl+S" 组合键，把文件保存在 "E:\Sublime"，文件名为 "web15-7. html"。

打开 360 安全浏览器，然后在浏览器的地址栏中输入 "file:/// E:\Sublime \ web15-7.html"，然后按回车键，效果如图 15.7 所示。

图 15.7　match() 方法的应用

replace() 方法。

字符串对象的 replace() 方法用于搜索匹配的字符串，并用另一个字符串替换搜索到的字符串。在指定搜索模式时，可以将其指定为一个字符串，也可以指定为一个正则表达式。当匹配模式为正则表达式时，replace() 方法的语法格式如下：

```
afterString=beforeString.replace(regex,replacement_value)
```

afterString 是完成替换后的字符串；beforeString 是替换前的字符串；regex 是指定匹配模式的正则表达式；replacement_value 是替换后的内容。

双击桌面上的 Sublime Text 快捷图标，打开软件，然后单击菜单栏中的"File/New File"命令（快捷键：Ctrl+N），新建一个文件，然后输入如下代码：

```
<!DOSTYPE html>
<html>
    <head>
            <meta charset="utf-8">
            <title>replace() 方法的应用 </title>
    </head>
    <body>
            <h3>replace() 方法的应用 </h3>
            <hr>
            <script type="text/javascript">
                    var beforeString="JavaScript is powerful and javascript is
very easy!";
            var regex=/javascript/ig;                    // 定义正则表达式
                    document.write(" 替换前的字符串为 :"+beforeString+"<br><br>");
            var afterString=beforeString.replace(regex,"JAVASCRIPT");
                    document.write(" 替换后的字符串为 :"+afterString+"<br>");
            </script>
    </body>
</html>
```

按下键盘上的"Ctrl+S"组合键，把文件保存在"E:\Sublime"，文件名为"web15-8.html"。

打开 360 安全浏览器，然后在浏览器的地址栏中输入"file:/// E:\Sublime \web15-8.html"，然后按回车键，效果如图 15.8 所示。

图 15.8　replace() 方法的应用

search() 方法。

search() 方法在字符串中搜索指定的匹配模式，找到该模式时，返回模式出现的开始位置，这个位置从 0 开始计算；如果未找到匹配模式，那么返回 −1。Search() 方法的语法格式为：

```
var index=myString.search(regex)
```

其中，index 是保存 search() 方法返回值的变量，myString 是被搜索的字符串，regex 为正则表达式。

双击桌面上的 Sublime Text 快捷图标，打开软件，然后单击菜单栏中的 "File/New File" 命令（快捷键：Ctrl+N），新建一个文件，然后输入如下代码：

```
<!DOSTYPE html>
<html>
    <head>
            <meta charset="utf-8">
            <title>search() 方法的应用 </title>
    </head>
    <body>
            <h3>search() 方法的应用 </h3>
            <hr>
            <script type="text/javascript">
                    var myString="I like javascript!";
            var regex=/like/;                          // 定义正则表达式
                    var index=myString.search(regex);
                    document.write(" 在字符串 \'"+myString+"\' 的第 "+index+" 个字符
位置找到匹配模式:"+regex);
            </script>
    </body>
</html>
```

注意，search() 方法在计算位置时是从 0 开始计算的。

按下键盘上的 "Ctrl+S" 组合键，把文件保存在 "E:\Sublime"，文件名为 "web15-9.html"。

打开 360 安全浏览器，然后在浏览器的地址栏中输入 "file:/// E:\Sublime \web15-9.html"，然后按回车键，效果如图 15.9 所示。

图 15.9　search() 方法的应用

split() 方法。

字符串对象的 split() 方法将字符串分割为数个部分，并保存在数组中返回。例如，一个字符串中存放了各种蔬菜的名称，之间用顿号分隔，此时，就可以使用 split() 方法将各种蔬菜名称提取到一个数组中，并丢弃分隔符顿号。split() 方法的语法格式如下：

```
myArray=myString.split(regex)
```

其中，myArray 是保存 split() 方法返回值的方法；regex 是正则表达式，这个表达式可以很简单，也可以很复杂。

双击桌面上的 Sublime Text 快捷图标，打开软件，然后单击菜单栏中的 "File/New File" 命令（快捷键：Ctrl+N），新建一个文件，然后输入如下代码：

```
<!DOSTYPE html>
<html>
    <head>
            <meta charset="utf-8">
            <title>split() 方法的应用 </title>
    </head>
    <body>
            <h3>split() 方法的应用 </h3>
            <hr>
            <script type="text/javascript">
                    var myArray=new Array();
                    var s="JavaScript,C,C++,Java,HTML,CSS";
             var regex=/,/;              // 使用正则表达式指定分隔符逗号
             myArray=s.split(regex);        // 使用 split() 方法分隔字符串
                    document.write(" 原字符串为 :\'"+s+"\'<br><hr>");
                    document.write(" 分隔后的子串分别为 :<br>");
                    for (i=0;i<myArray.length;i++)    // 输出每一个匹配的子串
                     {
                         document.write(myArray[i]+"<br>");
                     }
            </script>
    </body>
</html>
```

按下键盘上的 "Ctrl+S" 组合键，把文件保存在 "E:\Sublime"，文件名为 "web15-10.html"。

打开 360 安全浏览器，然后在浏览器的地址栏中输入 "file:/// E:\Sublime \web15-10.html"，然后按回车键，效果如图 15.10 所示。

图 15.10　split() 方法的应用

15.6.6　高级正则表达式

前面学习的正则表达式比较简单，大部分都是由普通字符构成的，完成各种查找和匹配的操作使用普通字符串也可以完成。但正则表达式不同于普通字符串的主要地方在于在正则表达式中可以使用代表各种含义的特殊字符，这些特殊字符在正则表达式中不是表示字符本身，在对其进行匹配时需要进行特殊的处理。利用这些特殊字符可以构造非常复杂的正则表达式，来满足各种各样的匹配需求，这也正是正则表达式能够发挥强大作用，具有很强表达能力的法宝。

要匹配这些特殊字符，必须首先将这些字符转义，也就是在前面使用一个反斜杠 (\)。

非打印字符。

有不少很有用的非打印字符，偶尔必须使用。表 15.2 为正则表达式的非打印字符。

表 15.2　正则表达式的非打印字符

字符	含　义
\cx	匹配由 x 指明的控制字符。例如，\cM 匹配一个 Control-M 或回车符。x 的值必须为 A-Z 或 a-z 之一。否则，将 c 视为一个原义的 'c' 字符
\f	匹配一个换页符
\n	匹配一个换行符
\r	匹配一个回车符
\t	匹配一个制表符
\v	匹配一个垂直制表符

字符类。

由于某些字符类非常常用，所以 JavaScript 的正则表达式语法包含一些特殊字符和转义序列来表示这些常用的类。例如，\s 匹配的是空格符、制表符和其他空白字符。表 15.3 列出了这些字符。

表 15.3　正则表达式的字符

字符	意　义
[···]	匹配位于括号之内的任意字符
[^···]	匹配不在括号之中的任意字符
.	匹配除换行符之外的任意字符，等价于 [^\n]
\w	匹配任何单字符，包括字母、数字和下画线，等价于 [a-zA-Z0-9]
\W	匹配任何非单字字符，等价于 [^a-zA-Z0-9]，匹配除字母、数字 下画线以外的任何字符
\s	匹配任何空白字符，包括空格、Tab 字符、回车换行符、换页符等，等价于 [\t\n\r\f\v]
\S	匹配任何非空白符，等价于 [^\t\n\r\f\v]
\d	匹配任何单个数字，等价于 [0-9]
\D	匹配除了数字之个的任何单个字符，等价于 [^0-9]
[\b]	匹配一个退格直接量（特例）

下面的正则表达式表达的意义如下：

```
/[a]/                    //表示匹配字母 "a"
/[ab]/                   //表示匹配字母 "a" 或 "b"
/[a-d]/                  //表示匹配含有 a-d 之间的任一字符的字符串。
/[0-9]/                  //表示匹配任何单个数字
/[a-z0-9]/               //表示匹配任何单个小写字母或数字
/[^a]/                   //表示匹配任何不是字符 "a" 的字符串
/[^ab]/                  //表示匹配不是字母 "a" 或 "b" 的任何字符
/[^a-z]/                 //表示匹配不含有任何小写字母的字符串
/[^0-9]/                 //表示匹配不含有任何数字的字符串
/t.n/                    //表示匹配以 "t" 开头，以 "n" 结尾的字符串，中间可以是除换行符
之个的任何字符。// 例如，可以匹配 "tan"、"ten"、"tin" 和 "ton"，还匹配 "t#n"、"tpn"   //等。
/\w\s\w/                 //表示以一个单词开始，后跟一个空白字符，然后又是一个单词的字符串
/8595\d\d\d\d/           //表示包含 8595 且后面跟 4 个数字的任何字符串
/[a-z]\D\D/              //表示匹配一个小写字母后跟 2 个非数字字符的字符串
```

表示重复的字符。

要表示所要匹配的字符出现的次数，可以使用表 15.4 所列的字符。

表 15.4　正则表达式中表示重复的字符

字符	意　义
{n}	匹配前一项 n 次
{n,}	匹配前一项 n 次，或者更多次
{n,m}	匹配前一项 n 至 m 次，即至少 n 次，最多不超过 m 次
?	匹配前面的子表达式零次或一次，即等价于 {0,1}，或指明一个非贪婪（最小匹配）限定符。要匹配 ? 字符，请使用 \?
*	匹配前面的子表达式零次或多次，即等价于 {1,}。要匹配 * 字符，请使用 *
+	匹配前面的子表达式一次或多次，即等价于 {0,}。要匹配 + 字符，请使用 \+

例如，下面的正则表达式表达的意义如下：

```
/o{2}/              // 表示匹配含有两个字符 "o" 的字符串，如 "booat" 中的 "oo"。
/o{2,}/             // 表示匹配含有至少两个字符 "o" 的字符串，如 "booat" 中的 "oo"，
"boooooat" 中的     // 所有的 "o"。
/w{1,3}\d?/         // 表示匹配含有一到三个字符和一个数字的字符串，如 "cat1"，
"c5","ca3"。
/a+/                // 表示匹配其中含有一个或多个字符 "a" 的字符串。例如，匹配 "candy" 中的
"a" 和 //"baaaaaaandy." 中的所有 "a"。
/ca?/               // 表示匹配其中含有一个字符 c，且紧接着首的字符为零个或一个字符 "a" 的字
符串。   // 例如，匹配 //"candy" 中的 "ca" 和或 "coat" 中的 "c"。
/ca*/               // 表示匹配其中含有字符 "c"，且紧接着为零个或多个字符 "a" 的字符串。例如，
匹配 //"candy" 中的 "ca" 和 "caaaaaaandy" 中的所有 " caaaaaaa" 以及 "coat" 中的 "c"。
/\d{2,4}/           // 表示匹配含有 2 到 4 个数字的字符串,如 "a12","345","ab1234" 中的数字。
```

其他特殊字符。

正则表达式中还经常会用到表示选择、分组及指定匹配位置的一些特殊字符，这些字符及其含义见表 15.5。

表 15.5　正则表达式中的其他特殊字符

字　符	说　明
\	将下一个字符标记为或特殊字符、或原义字符、或后向引用、或八进制转义符。例如，'n' 匹配字符 'n'。'\n' 匹配换行符。序列 '\\' 匹配 "\"，而 '\(' 则匹配 "("
|	指明两项之间的一个选择。要匹配 |，请使用 \\|
( )	标记一个子表达式的开始和结束位置。子表达式可以获取供以后使用。要匹配这些字符,请使用 \(和 \)
$	匹配输入字符串的结尾位置。如果设置了 RegExp 对象的 Multiline 属性，则 $ 也匹配 '\n' 或 '\r'。要匹配 $ 字符本身，请使用 \$
^	匹配输入字符串的开始位置，除非在方括号表达式中使用，此时它表示不接受该字符集合。要匹配 ^ 字符本身，请使用 \^
\b	匹配的是一个词语的边界，即位于字符 \w 和 \W 之间的位置
\B	匹配的是非词语边界的字符

例如：

```
/t$/                // 表示匹配以 t 结尾的字符串，例如 "eat"。
/^JavaScript/       // 表示匹配以 "JavaScript" 开头的字符串，例如 "JavaScript 1.5"。
/red|green/         // 表示匹配 "red" 或 "green"，例如 "red apple" 或 "green banana"。
/t[aeio]n/          // 表示匹配以 "t" 开头，以 "n" 结尾，中间字符是 "a"、"e"、"i"、"o" 中
的一个字符的字符串。   // 例如，该例只匹配 "tan"、"Ten"、"tin" 和 "ton"。但 "Toon" 不匹配，因为在
方括号之   // 内你只能匹配单个字符。
/t(a|e|i|o|oo)n/    // 表示匹配以 "t" 开头，以 "n" 结尾，中间字符是 "a"、"e"、"i"、"o"、
"oo" 中的任意一个   // 的字符串。/ 例如，该例匹配 "tan"、"Ten"、"tin"、"ton" 和 "Toon"。
/\$/                // 表示匹配含有 "$" 字符的字符串。
/\bJava\b/          // 表示匹配 "Java" 这个词自身（不包括像 "JavaScript" 中那样作为前缀）。
```

上述各种字符可以组合起来，组成复杂的正则表达式，用来在各种场合下的字符串的匹配和替换。

例如，中国的邮政编码由 6 个数字组成，当网页上的邮政编码需要检测时，可以使用下面的正则表达式：

```
/^\d{6}$/
```

其中，"^"表示行首（字符串开始位置），"$"表示行尾（字符串结束位置），"\d"代表一个数字，等价于 [0-9]，"{6}"指定前一个 \d 的重复次数。这个正则表达式也可以定义为：

```
/^[0-9][0-9][0-9][0-9][0-9][0-9]$/
```

使用 ^ 和 $ 的目的是要求进行完整匹配，而不匹配其中的一部分。

又例如，网页中经常需要输入用户的邮件地址，邮件地址通常有以下要求：

● 在用户名和地址之间有一个 @ 符号；

● 在地址和域名之间有一个圆点 (.) 符号；

● 至少包含 6 个字符 (a@b.au)。

就可以使用下述正则表达式来匹配有效的邮件地址：

```
/^(([\-\w]+)\.?)+@(([\-\w]+)\.?)+\.[a-zA-Z]{2,4}$/
```

其中：

"^"：代表字符串开始或行首。

"(([\-\w]+)\.?)+"：代表用户名。用户名由一个或多个减号或单词字符、后跟一个或零个圆点组成。加号表示该结构重复一次或更多次。

"@"：用于分隔用户名和服务器地址，是邮件地址中必须包含的符号。

"([\-\w]+)\.?)+"：代表邮件服务器的名称，这个名称也是由一个或多个减号或单词字符、后跟一个或零个圆点组成。

"[a-zA-Z]{2,4}"：跟在服务器名称后面的域名，由 2 ~ 4 个字符组成。

"$"：匹配行尾或字符串结束。

第16章

JavaScript 的对象编程

JavaScript 语言的一个重要特性是基于对象（Object-Based），虽然它并不具有面向对象语言（如 Java 和 C++）的所有功能，但是 JavaScript 确实使用并依赖于对象，而且 JavaScript 提供了非常有用的内置对象来帮助网页编程人员编写更精彩实用的页面，大大简化了 JavaScript 的程序设计，使其可以更直观、模块化和可重复使用的方式进行程序开发。

本章主要内容包括：

➤ 初识对象编程

➤ 对象的属性和方法

➤ 预定义对象和自定义对象

➤ Array 对象

➤ Math 对象

➤ Date 对象

➤ Object 对象

16.1 初识对象编程

对象编程技术是自 20 世纪 70 年代初期，逐步取代了原先结构化的以过程为基础的编程技术，是目前占据主流地位的一种程序设计方法。在对象编程技术中，从概念上将一组函数和变量组织成一个对象，从而将数据封装起来，达到模块化编程的目的。在对象编程技术中，对象是构成程序的基本单位。对象是将数据和对该数据的所有必要操作的代码封装起来的程序模块。它是有着各种特殊的属性（数据）和行为方式（方法）的逻辑实体。对象封装了所需的数据和方法，而且只有通过对象本身的方法才能操纵数据，这就使对象具有模块的独立性，是一个完全封装的实体，从而具有很强的可重复使用性。

对象编程技术可分两种，分别是面向对象和基于对象。

16.1.1 面向对象

面向对象编程具有三种基本特征：封装性、继承性和多态性。

1. 封装性

封装性是面向对象编程的优点之一。所谓封装（Encapsulation）就是对数据的隐藏，将一个对象的数据加以包装并置于该对象的方法的保护之下，用户和其他对象只能看到对象封装界面上的信息，对象内部对用户来说是不透明的。面向对象编程中，程序和对象之间的数据交互是通过接口来实现的，对象通过接口提供的属性和方法与外部对象打交道的数据。通过封装，用户可以在不知道对象实现细节的情况下正确地使用对象，还可以保证对象内部数据的安全性。

2. 继承性

继承（Inheritance）是面向对象编程中的一个重要特性。继承是指通过对象层次中更抽象的高层对象，可以推导出低层更具体的对象。创建低层对象类型时，子类型继承上级类型（父类）中的所有属性和方法，从而不需要重新定义这些属性和方法。子类型也可以重新定义继承的方法，或加入新的属性或方法，例如，"大学生"—"学生"—"人"就是一个典型的继承层次。"大学生"对象具有"学生"对象的一些共同属性和方法，如都有"成绩"属性，都有"考试"行为等，同时"大学生"和"学生"对象又都属于"人"这个类，都具有"姓名""年龄"等共同属性，所以在定义这些对象时，可以采用继承的方法继承父类的属性和方法，从而减少相似类的重复说明，程序员只需对一些相同的操作和属性在父类中说明一次，就可以使其子类扩展这些操作和属性。

3. 多态性

所谓多态性就是指可以为同一种方法指定多种实现方案，这些方法通过类型和可接受的参数来区分。例如，可以定义多个 paint() 方法，用于画不同的对象，该方法分别具有不同的参数，如果参数为 circle 对象，则画圆；如果参数为 rectangle 对象，则画矩形等。

面向对象的封装、继承、多态这三大特点缺一不可。

16.1.2 基于对象

通常"基于对象"即使用对象，但是无法利用现有的对象模板产生新的对象类型，继而产生新的对象，也就是说"基于对象"没有继承的特点，而"多态"是表示为父类类型的子类对象实例，没有了继承的概念也就无从谈论"多态"。现在的很多流行技术都是基于对象的，它们使用一些封装好的对象，调用对象的方法，设置对象的属性。但是它们无法让程序员派生新对象类型。它们只能使用现有对象的方法和属性。"面向对象"和"基于对象"都实现了"封装"的概念，但是面向对象实现了"继承和多态"，而"基于对象"没有实现这些。

16.1.3 基于对象的 JavaScript

从严格意义上讲，JavaScript 并不是面向对象的编程语言，因为它不支持继承、多态等基本的面向对象特性。不过，JavaScript 确实是基于对象的编程语言，它支持多种对象类型，并可以实际创建对象实例。

尽管 JavaScript 没有提供完全的面向对象特性，但它提供了一系列内置对象，用于实现一些通用的功能，并可以通过其他对象的属性和方法访问相关对象的功能。

16.2 对象的属性和方法

简单地说，对象是现实世界中客观存在的事物，例如，桌子、杧果、汽车、自行车等都是对象。在 JavaScript 中，对象本质上就是属性和方法的集合。属性主要是指对象内部所包含的一些自己的特征，而方法则是表示对象可以具有的行为。

例如，可以将自行车作为一个对象，"自行车"对象有如下属性：产地、型号、生产日期和颜色；自行车还有一些自己的行为，如向前走、停止、后退等。也就是说，自行车对象有如下方法：go()、stop()、和 reverse()。

在实际生活中，我们并不使用概念本身，而是使用具体的物体。例如"自行车"是个概念，不能直接使用，只有具体的某个自行车才能使用。在 JavaScript 中，"对象"对应于抽象的概念，对象本身并不能直接用于程序，需要创建它的实例，才能真正使用。

16.2.1 对象的属性

属性是作为对象成员的一个变量或一组状态。对象可以有很多属性，对象的属性就是对象的特征。例如，"人"这个对象必须有名字、性别、年龄等属性。同样，任何 JavaScript 对象必须有"name"和"value"属性，其他属性因对象的不同而不同。通过对象的名称和属性名称就可以访问到对象的属性，对象名和属性之间用"."号分隔，访问格式如下：

```
对象名 . 属性名
```

通常情况下，可以直接改变某个对象的属性。例如，如果要把浏览器的字体颜色改成蓝色，可以使用 document 对象的属性 fgColor，通过它，我们可以将 document 对象的字体颜色设为希望的颜色。该属性可以按如下方式访问和设置，下面的语句把字符串"blue"赋给文档的 fgColor 属性：

```
document.fgColor = "blue";
```

然而，有一些属性是不能直接修改的，例如字符串对象 String 的 length 属性。但是，如果使用 String 对象的 concat() 方法合并两个字符串，length 属性也就会自动改变，但这种改变是系统自动实现的，而不是程序直接通过赋值改变的。

16.2.2 对象的方法

方法是 JavaScript 对象的固有函数，用来对特定对象执行某个操作，表明对象所具有的行为。每个对象都有自己的方法集，方法可以用与属性相似的方式进行访问，其语法如下：

```
对象名 . 方法名 ( 参数列表 );
```

方法如果含有多个参数，参数间用逗号隔开，即使没有参数，也需要加括号。例如，前面经常使用 document 对象的 write() 方法来向输出信息，语句如下：

```
document.write("你好！");
```

再如，window 对象的 prompt 方法用于创建一个供用户输入的对话框，其语法格式如下：

```
window.prompt(message, defaultInput);
```

它有两个参数：message 和 defaultInput，参数间用逗号隔开。此方法的缺省值就是 defalutInput。

16.3　预定义对象

预定义对象是系统（JavaScript 或浏览器）提供的已经定义好了的对象，用户可以直接使用它们。预定义对象包括 JavaScript 的内置对象和浏览器对象。

1.　JavaScript 的内置对象

JavaScript 将一些非常常用的功能预先定义成对象，用户可以直接使用，这种对象就是内置对象。这些内置对象可以帮助用户在设计自己的脚本时实现一些最常用、最基本的功能。例如，前面例题中用到的数组实际上就是利用了 JavaScript 的内置对象 Array 对象来实现的。

2.　浏览器对象

浏览器对象是浏览器提供的对象。现在，大部分浏览器可以根据系统当前的配置和所装载的页面为 JavaScript 提供一些可供使用的对象。例如，前面经常使用到的 document 对象就是一个浏览器对象。在 JavaScript 程序中可以通过访问这些浏览器对象，获得一些相应的服务。

16.4　自定义对象

虽然可以在 JavaScript 中通过使用预先定义的对象完成强大的功能，但是一些高级用户还需要按照某些特定的需求创建自己的对象，JavaScript 为他们提供了自己创建对象支持。

16.4.1　创建对象

在 JavaScript 中创建对象，有 3 种方法，分别是使用 new() 运算符和构造函数创建对象、通过对象直接量创建对象、通过函数创建对象。

使用 new() 运算符和构造函数创建对象

使用 new 运算符可以创建一个对象的实例。实际上程序访问的对象大多数都是访问或操作对象的实例。要创建一个对象，只而要使用 new 运算符，然后跟上要创建对象的构造函数即可。例如，常用的构造函数包括 Object()、Array()、Date() 等。这些构造函数都是 JavaScript 的内置函数。new 运算符返回所创建对象的引用，程序应该把这个引用赋值给某个变量，并通过这个变量来访问所创建的对象。

使用 new() 运算符和构造函数创建对象的语法格式如下：

```
var obj=new object(Parameters table);
```

"obj"变量用来存放新创建的对象的引用，"object"是已经存在的对象，"Parameters table"为参数表，new 是 JavaScript 中的命令语句。

例如，下面是创建对象的实例：

```
var car=new Object();
var newDate=new Date();
var birthday=new Date(December 12 2019);
```

构造函数是一种特殊的函数，它具备了创建对象并初始化对象的功能，正是由于这种构造对象的特性，才把这种类型的特殊函数称作构造函数。像上面的例子中，Date() 构造函数用于创建日期对象，而 Object() 对象是 JavaScript 提供的一个特殊构造函数，它可以用来构造一个空对象，并通过扩展这个空对象来构造需要的对象，如可以在上面创建的对象的基础上给新创建的对象添加属性。例如：

```
var car=new Object();
car.color="white";  // 给 car 对象添加一个属性 color
通过对象直接量创建对象
```

对象直接量提供了另一种创建新对象的方式。对象直接量允许将对象描述文字嵌入 JavaScript 代码中，就像将文本数据嵌入 JavaScript 代码中作为引用的字符串一样。对象直接量是由属性说明列表构成的，这个列表包含在大括号之中，其中的属性说明用逗号隔开。对象直接量中的每个属性说明列表都由一个属性名及跟在其后的冒号和属性值构成。

通过对象直接量创建对象的语法格式如下：

```
var myobject={ 属性名 1: 属性值 1, 属性名 2: 属性值 2,……, 属性名 n: 属性值 n}
```

从这个定义中可以看到，这种定义方式实际上是声明一种类型的变量，并同时进行了赋值。因此，声明后的对象直接量可以在代码中直接使用，而不必像前面介绍的创建对象的方法中要使用 new 关键字来创建对象。

双击桌面上的 Sublime Text 快捷图标，打开软件，然后单击菜单栏中的"File/New File"命令（快捷键：Ctrl+N），新建一个文件，然后输入如下代码：

```
<!DOSTYPE html>
<html>
    <head>
            <meta charset="utf-8">
            <title>通过对象直接量创建对象</title>
    </head>
    <body>
            <h3>通过对象直接量创建对象</h3>
            <hr>
            <script type="text/javascript">
                    // 定义对象直接量
            var circle={x:50,y:60,radius:10}
            document.write(" 圆心的 x 坐标值是 :",circle.x,"<br>");
            document.write(" 圆心的 y 坐标值是 :",circle.y,"<br>");
            document.write(" 圆的半径是 :",circle.radius,"<br>");
```

```
        </script>
    </body>
</html>
```

按下键盘上的"Ctrl+S"组合键，把文件保存在"E:\Sublime"，文件名为"web16-1. html"。

打开 360 安全浏览器，然后在浏览器的地址栏中输入"file:/// E:\Sublime \ web16-1.html"，然后按回车键，效果如图 16.1 所示。

图 16.1　通过对象直接量创建对象

过对象直接量创建对象，只是创建了该对象的一个实例，如果要创建该对象的多个实例，需要将对象直接量写多遍；如果使用通过函数创建对象，则创建了一个对象之后，可以很方便地创建该对象的多个实例。

通过函数创建对象

除了使用构造函数创建对象外，也可以通过函数来创建对象。此时，函数称为对象的模板，它起到了其他编程语言中类的作用。定义函数之后，可以使用 new 关键字和函数名称一起创建新的对象，并把它赋值给变量，此时定义的函数实际上就是一个构造函数。在定义函数时，使用 this 关键字代表函数将来所创建的对象。

双击桌面上的 Sublime Text 快捷图标，打开软件，然后单击菜单栏中的"File/New File"命令（快捷键：Ctrl+N），新建一个文件，然后输入如下代码：

```
<!DOSTYPE html>
<html>
    <head>
        <meta charset="utf-8">
        <title>通过函数创建对象</title>
        <script type="text/javascript">
            function student(name,chinese,math,english)
            {
                // 定义属性
                this.name=name;
                this.chinese=chinese;
                this.math=math;
                this.english=english;
            }
        </script>
    </head>
    <body>
        <h3>通过函数创建对象</h3>
        <hr>
```

```
        <script type="text/javascript">
                var st1=new student("张亮",92,85,89);  // 创建对象实例
                document.write("姓名: "+st1.name+"<br>");
                document.write("语文: "+st1.chinese+"<br>");
                document.write("数学: "+st1.math+"<br>");
                document.write("英语: "+st1.english+"<br>");
        </script>
    </body>
</html>
```

程序中使用"function"创建了一个对象"student"，其中包括四个属性 name、chinest、math 和 english，然后使用"var st1=new student"（"张亮",92,85,89) 语句创建了该对象的一个实例，并输出了该对象实例的所有属性。

按下键盘上的"Ctrl+S"组合键，把文件保存在"E:\Sublime"，文件名为"web16-2.html"。

打开 360 安全浏览器，然后在浏览器的地址栏中输入"file:/// E:\Sublime \ web16-2.html"，然后按回车键，效果如图 16.2 所示。

图 16.2　通过函数创建对象

16.4.2　创建对象的方法

对象的真正作用是把数据和操作数据的方法封装在一起完成相对独立的功能，并实现代码重复使用。前面介绍了创建对象及其属性的方法，下面介绍创建对象方法的过程。对象方法是操作对象中数据的函数，它与普通函数几乎没有差别，关键差别在于：普通函数是独立函数，与其他对象没有直接联系，而方法与对象关联在一起，定义方法时可以使用 this 关键字来引用所创建的对象。

创建对象的方法有两种，分别是在构造函数外定义对象的方法、在构造函数内定义对象的方法。

在构造函数外定义对象的方法。

双击桌面上的 Sublime Text 快捷图标，打开软件，然后单击菜单栏中的"File/New File"命令（快捷键：Ctrl+N），新建一个文件，然后输入如下代码：

```
<!DOSTYPE html>
<html>
    <head>
```

```html
<meta charset="utf-8">
<title> 在构造函数外定义对象的方法 </title>
<script type="text/javascript">
        function student(name,chinese,math,english)
        {
                // 定义属性
            this.name=name;
                this.chinese=chinese;
                this.math=math;
                this.english=english;
        }
        // 定义方法
        function avg()
        {
            return((this.chinese+this.math+this.english)/3);
        }
</script>
</head>
<body>
        <h3> 在构造函数外定义对象的方法 </h3>
        <hr>
        <script type="text/javascript">
                var st1=new student(" 张亮 ",92,85,89);  // 创建对象实例
                // 定义 st1 对象的新成员 , 并将 avg() 函数赋值给它
                st1.avg = avg;
                document.write(" 姓名 : "+st1.name+"<br>");
                document.write(" 语文 : "+st1.chinese+"<br>");
                document.write(" 数学 : "+st1.math+"<br>");
                document.write(" 英语 : "+st1.english+"<br><hr>");
                document.write(" 三科的平均成绩是: "+st1.avg()+"<br>");
        </script>
    </body>
</html>
```

在程序中 function avg() 函数定义了一个求平均值的函数，它与其他函数的定义并无区别，但使用 "st1.avg=avg" 语句就将 avg() 函数的名称 "avg" 赋值给 "st1" 对象的属性 "avg()"，从而让 "avg()" 成为 "st1" 对象的方法。因而下面可以调用 "st1" 对象的 "avg()" 方法求出平均成绩。

按下键盘上的 "Ctrl+S" 组合键，把文件保存在 "E:\Sublime"，文件名为 "web16-3.html"。

打开 360 安全浏览器，然后在浏览器的地址栏中输入 "file:/// E:\Sublime \ web16-3.html"，然后按回车键，效果如图 16.3 所示。

图 16.3　在构造函数外定义对象的方法

上面例题中有一个明显缺陷，那就是在调用方法之前，必须先将该方法赋值给那个对象的一个属性，如果现在又有一个 student 对象的一个实例 st2，那么 st2 在使用 avg() 方法之前也必须将该方法赋值给该对象（即执行 "st2.avg=avg" 语句），否则 st2 对象将不能使用该方法。这样是比较麻烦的，采用下面的方法可以把定义的方法自动地赋给所有的 student 对象的实例。

在构造函数内定义对象的方法

在构造函数的过程中定义对象的方法，这样定义的方法能够自动地在多个该对象的实例中使用。

双击桌面上的 Sublime Text 快捷图标，打开软件，然后单击菜单栏中的 "File/New File" 命令（快捷键：Ctrl+N），新建一个文件，然后输入如下代码：

```html
<!DOSTYPE html>
<html>
    <head>
            <meta charset="utf-8">
            <title> 在构造函数内定义对象的方法 </title>
            <script type="text/javascript">
                    function student(name,chinese,math,english)
                    {
                            // 定义属性
                        this.name=name;
                            this.chinese=chinese;
                            this.math=math;
                            this.english=english;
                            this.sum = sum ;
                            this.avg = avg ;
                    }
                     // 定义方法
                     function sum()
                    {
                    return (this.chinese+this.math+this.english);
            }
                    function avg()
                    {
                    return ((this.chinese+this.math+this.english)/3);
            }
            </script>
    </head>
    <body>
            <h3> 在构造函数内定义对象的方法 </h3>
            <hr>
            <script type="text/javascript">
                    var st1=new student(" 张亮 ",92,85,89);          // 创建对象实例
                    document.write(" 姓名 : "+st1.name+"<br>");
                    document.write(" 语文 : "+st1.chinese+"<br>");
                    document.write(" 数学 : "+st1.math+"<br>");
                    document.write(" 英语 : "+st1.english+"<br><hr>");
                    document.write(" 三科的总成绩 : "+st1.sum()+"<br>");
                    document.write(" 三科的平均成绩 : "+st1.avg()+"<br>");
            </script>
    </body>
</html>
```

按下键盘上的 "Ctrl+S" 组合键，把文件保存在 "E:\Sublime"，文件名为 "web16-4. html"。

打开 360 安全浏览器，然后在浏览器的地址栏中输入"file:/// E:\Sublime \ web16-4.html"，然后按回车键，效果如图 16.4 所示。

图 16.4　在构造函数内定义对象的方法

16.4.3　对象的删除

需要注意的是，创建的对象属性和方法，都是可以删除的，其语法格式如下：

```
delete 对象名 . 属性名
delete 对象名 . 方法
```

如果某个对象不再使用了，也可以删除该对象。如果要删除对象只需要将该对象设置为 null 或者 undefined。不过 JavaScript 的垃圾回收机制会自动回收不再使用的对象的内存空间，程序员不用对此做过多的干预。

16.5　Array 对象

Array 对象是 JavaScript 提供的一个实现数组特性和常用的内置对象。数组是一种具有相同类型值的集合，它的每一个值称作数组的一个元素。数组代表内存中一串连续的空间（单元），可以将多个值按一定排列顺序存放起来。可以通过数组的名称和下标直接访问数组的元素。

16.5.1　创建 Array 对象

在使用数组对象之间，必须先创建数组对象，即声明数组。创建数组对象可以使用以下几种语法格式：

```
var 数组名 =new Array();
var 数组名 =new Array(n);
var 数组名 =new Array(e0,e1,…,em);
```

第一种方式声明了一个空数组，它的元素个数初始为 0；第二种方式声明了一个具有 n 个元素的数组，但每一个元素的值尚未定义；第三种方式声明了一个有 m 个元素的数组，并给它的各个元素赋值，其值依次为 e0,e1,…,em。

下面是使用这三种语法格式创建数组对象，代码如下：

```
var myarray=new Array();
var sno=new Array(10);
var color=new Array("red","green","blue");
```

可以看到，在创建数组时，并未指定数组的类型。实际上，与其他语言中数组只能存储具有相同数据类型的值不同，JavaScript 允许在一个数组中存储任何类型的值，也就是说，我们可以定义如下的数组：

```
var arr=new Array("abc",0,1,true);
```

而且在 JavaScript 中，无论在创建数组对象时是否指定了数组元素的个数，都可以根据需要调整元素的个数。JavaScript 按需分配内存，动态扩展和压缩数组。

16.5.2　访问数组元素

数组元素通过下标访问，下标放在方括号中。数组下标从 0 开始计数，而且应该为整数。

如果在创建数组时未给数组元素赋值，可以使用赋值语句给数组元素赋值。如为上面创建的数组 myarray 赋值如下：

```
myarray[0]="Julia";
myarray[1]="female";
myarray[2]=25;
```

如果数组元素中的值是有一定规律的，可以使用循环语句来为数组元素赋值。在输出数组元素的值时，一般也要用到循环语句，JavaScript 中使用 for…in 语句可以使对数组的处理更为简单。

双击桌面上的 Sublime Text 快捷图标，打开软件，然后单击菜单栏中的"File/New File"命令（快捷键：Ctrl+N），新建一个文件，然后输入如下代码：

```
<!DOSTYPE html>
<html>
    <head>
            <meta charset="utf-8">
            <title>创建和访问数组</title>
    </head>
    <body>
            <h3>创建和访问数组</h3>
            <hr>
            <script type="text/javascript">
                    var a=new Array(10);
                    for(var i=0;i<10;i++)
                        {
                                a[i]=i*i+10;
                        }
                    for(i in a)
                        {
                                document.write("a["+i+"]="+a[i]+"<br>");
                        }
```

```
                </script>
        </body>
</html>
```

按下键盘上的"Ctrl+S"组合键，把文件保存在"E:\Sublime"，文件名为"web16-5.html"。

打开 360 安全浏览器，然后在浏览器的地址栏中输入"file:/// E:\Sublime \ web16-5.html"，然后按回车键，效果如图 16.5 所示。

图 16.5　创建和访问数组

16.5.3　多维数组

前面介绍的数组都是一维数组，它建立了一个下标与一个值之间的对应关系，这是一种线性关系。但是，有时候需要使用多个下标来确定一个值，比如，访问矩阵中的元素。JavaScript 本身没有提供对多维数组的直接支持，但是，可以通过运行对象构造出二维数组以及多维数组，其实质就是将二维数组中的每个元素又看作是一个数组。

双击桌面上的 Sublime Text 快捷图标，打开软件，然后单击菜单栏中的"File/New File"命令（快捷键：Ctrl+N），新建一个文件，然后输入如下代码：

```
<!DOSTYPE html>
<html>
    <head>
            <meta charset="utf-8">
            <title> 多维数组 </title>
    </head>
    <body>
            <h3> 多维数组 </h3>
            <hr>
            <script type="text/javascript">
                    var student=new Array();
                    student[0]=new Array(" 张可萍 "," 女 ",18," 网络 ");
                    student[1]=new Array(" 刘一章 "," 男 ",19," 电子商务 ");
                    student[2]=new Array(" 马迎春 "," 女 ",17," 软件 ");
                    student[3]=new Array(" 刘志清 "," 田 ",18," 网络 ");
                    student[4]=new Array(" 张可力 "," 女 ",18," 电子商务 ");
                    document.write(" 姓　名    "," 性　别
   "," 年龄    "," 所学专业 <br>");
                    for (i=0;i<5;i++)  // 使用循环语句输出数组元素的值
                    {
```

```
                              for(j in student[i])
                              {
    document.write(student[i][j]+"   "); // 输出每个数组元素的值
                              }
                              document.write("<br>");
                          }
            </script>
    </body>
</html>
```

首先创建了一个"student"数组，然后在给"student"的数组元素"student[0]""student[1]""student[2]""student[3]""student[4]"赋值时，又再次创建数组并直接给数组赋值。这样就形成了一个二维数组。然后使用循环语句输出二维数组中每个元素的值，访问二维数组元素需要使用两个下标，即''"student[i][j]"''的形式。可以看到二维数组实际上是通过一维数组中嵌套一维数组来实现的，在二维数组中还可以再嵌套数组，当数组嵌套是多层时就形成了多维数组。

按下键盘上的"Ctrl+S"组合键，把文件保存在"E:\Sublime"，文件名为"web16-6.html"。

打开360安全浏览器，然后在浏览器的地址栏中输入"file:/// E:\Sublime \web16-6.html"，然后按回车键，效果如图16.6所示。

图 16.6　多维数组

16.5.4　Array 对象的常用属性和方法

Array 对象的常用属性和方法，具体如下：

length 属性：返回数组元素的个数。

concat() 方法：将两个或两个以上的数组合并为一个新的数组。

join() 方法：使用指定的分隔符 (separator) 将数组元素依次拼接起来，形成一个字符串。

pop() 方法：移除数组中的最后一个元素并返回该元素，同时数组长度减少 1，相当于数据结构中的出栈操作。

push() 方法：在数组的末尾增加一个或多个数组元素，并返回增加元素后的数组长度，相当于数据结构中的入栈操作。

reverse() 方法：返回一个元素顺序被反转的 Array 对象。

shift() 方法：移除数组中的第一个元素并返回该元素，同时数组长度减少 1，相当于数据结构中的出队列操作。

unshift() 方法：将指定的元素插入数组开始位置并返回该数组，同时数组长度增加，相当于数据结构中的入队列操作。

sort() 方法：返回一个元素已经进行排序的 Array 对象。

toLocaleString() 方法：用于将日期型对象转换为一个 String 对象，这个对象中包含了用当前区域设置的默认格式表示的日期。

toString() 方法：返回数组的字符串表示。

valueOf() 方法：返回数组对象的原始值，即将数组的元素转换为字符串，这些字符串由逗号分隔，连接在一起。其操作与 toString() 相同。

双击桌面上的 Sublime Text 快捷图标，打开软件，然后单击菜单栏中的"File/New File"命令（快捷键：Ctrl+N），新建一个文件，然后输入如下代码：

```html
<!DOSTYPE html>
<html>
    <head>
            <meta charset="utf-8">
            <title>Array 对象的常用属性和方法</title>
    </head>
    <body>
            <h3>Array 对象的常用属性和方法</h3>
            <hr>
            <script type="text/javascript">
                    var num1=new Array(50,20,45,37,68,34,58);
                    var num2=new Array(89,81,25,47,98,14,76,23,48);
                    document.write("num1 数组中元素的个数是：",num1.length,
"<br>");
                    document.write("num2 数组中元素的个数是：",num2.length,
"<br>");
                    document.write("num1 数组中元素是：",num1.toString(),"<br>");
                    document.write("num2 数组中元素是：",num2.valueOf(),
"<br><hr>");
                    var num3 = num1.concat(num2);
                    document.write("num3 数组中元素的个数是：",num3.length,
"<br>");
                    document.write("num3 数组中元素是：",num3.valueOf(),
"<br><hr>");
                    document.write("num1 数组中元素返向显示：",num1.reverse(),
"<br>");
                    document.write("num3 数组中元素排序显示：",num3.sort(),
"<br>");
            </script>
    </body>
</html>
```

按下键盘上的"Ctrl+S"组合键，把文件保存在"E:\Sublime"，文件名为"web16-7.html"。

打开 360 安全浏览器，然后在浏览器的地址栏中输入"file:/// E:\Sublime \ web16-7.html"，然后按回车键，效果如图 16.7 所示。

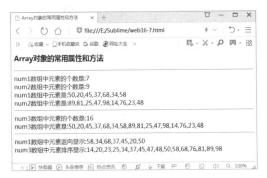

图 16.7　Array 对象的常用属性和方法

16.6　Math 对象

Math 对象是 JavaScript 提供的数学运算对象，它为用户提供了进行所有基本数学计算的功能和常量的属性和方法。

Math 对象常用属性及意义如下：

E：自然对象的底，约为 2.718281828459045。

LN10：10 的自然对数值，约为 2.302585092994046

PI：圆周率，其值约为 3.141592653589793。

Math 对象常用方法及意义如下：

ceil(x)：返回大于等于 x 但最接近 x 的整数。

floor(x)：返回小于等于 x 但最接近 x 的整数。

round(x)：对 x 四舍五入取整。

max(x,y)：返回 x,y 中较大的一个数。

min(x,y)：返回 x,y 中较小的一个数

pow(x,y)：x 的 y 次方即 xy 的值。

random()：产生 0.0~1.0 之间的一个随机数。

sqrt(x)：返回 x 的平方根

abs(x)：返回 x 的绝对值。

acos(x)：返回 x 的反余弦值。

asin(x)：返回 x 的反正弦值。

atan(x)：返回 x 的反正弦值。

cos(x)：返回 x 的余弦值。

sin(x)：返回 x 的正弦值。

tan(x)　　返回 x 的正切值。

exp(x)：返回指数函数 (ex) 的值。

log(x)：返回 x 的自然对数值。

双击桌面上的 Sublime Text 快捷图标，打开软件，然后单击菜单栏中的"File/New File"命令（快捷键：Ctrl+N），新建一个文件，然后输入如下代码：

```html
<!DOSTYPE html>
<html>
    <head>
            <meta charset="utf-8">
            <title>Math 对象 </title>
    </head>
    <body>
            <h3>Math 对象 </h3>
            <hr>
            <script type="text/javascript">
                    document.write(" 自然对象的底：",Math.E,"<br>");
                    document.write("10 的自然对数值：",Math.LN10,"<br>");
                    document.write(" 圆周率：  ",Math.PI,"<br>");
                    document.write("ceil(5.6)=",Math.ceil(5.6),"<br>");
document.write("floor(5.6)=",Math.floor(5.6),"<br>");
document.write("max(56,125)=",Math.max(56,125),"<br>");
document.write("min(56,125)=",Math.min(56,125),"<br>");
                    document.write("pow(2,5)=",Math.pow(2,5),"<br>");
                    document.write("random()=",Math.random(),"<br>");
                    document.write("sqrt(9)=",Math.sqrt(9),"<br>");
                    document.write("abs(-5)=",Math.abs(-5),"<br>");
            </script>
    </body>
</html>
```

按下键盘上的"Ctrl+S"组合键，把文件保存在"E:\Sublime"，文件名为"web16-8.html"。

打开 360 安全浏览器，然后在浏览器的地址栏中输入"file:/// E:\Sublime \ web16-8.html"，然后按回车键，效果如图 16.8 所示。

图 16.8　Math 对象

16.7　Date 对象

JavaScript 提供了 Date 对象来操作日期和时间，可以用来帮助网页制作人员提取日期和时间的某一部分及定义日期和时间。

16.7.1　Date 对象的创建方式

在 JavaScript 中，Date 对象的值用一个整数来表示，它是自 1970 年 1 月 1 日 0 时到所表达时间之间的毫秒数（1 秒 =1000 毫秒）。正值表示该日期之后的时间，负值表示该日期之间的时间。

Date 对象有 6 种创建方式，其语法格式如下：

```
var 变量名 =new Date();
var 变量名 =new Date("month dd,yyyy,hh:mm:ss");
var 变量名 =new Date("month dd,yyyy ");
var 变量名 =new Date(yyyy,month,dd, hh,mm,ss);
var 变量名 =new Date (yyyy,month,dd);
var 变量名 =new Date(milliseconds);
```

第一种格式没有参数，表示创建一个新的 Date() 对象，其值为创建对象时计算机上的日期时间。当需要得到计算机上的时间时，应该采用这种语法格式。

第二种格式表示创建一个按"月日年时分秒"格式指定初始日期值的新的 Date 对象。

第三种格式表示创建一个按"月日年"格式指定初始日期值的新的 Date 对象，此时时间值设置为 0。

第四种格式表示创建一个按"年月日时分秒"格式指定初始日期值的新的 Date 对象。

第五种格式表示创建一个按"年月日"格式指定初始日期值的新的 Date 对象，此时时间值设置为 0。

第六种格式表示创建一个新的 Date 对象，并用从 1970 年 1 月 1 日 0 时到指定日期之间的毫秒总数为初值时。

例如：

```
var now=new Date();
var mydate1=new ("11-18,2019,20:12:00");
var mydate2=new ("11-18,2019");
var mydate3=new (2019,11,18, 20:12:00);
var mydate4=new (2019,11,18);
var mydate5=new(1000000);
```

16.7.2　Date 对象的方法

Date 对象提供了很多方法，可以分成两大类：一类是 Date 对象本身的静态对象，直接使用 Date 本身来引用，具体如下：

parse(date)：分析字符串形式表示的日期时间，并返回该日期时间对应的内部毫秒数表示值。

UTC(year,mon,day,hr,min,sec,ms)：返回全球标准时间 (UTC) 或格林尼治时间 (GMT) 的 1970 年 1 月 1 日到所指定日期之间所间隔的毫秒数。

另一类是 Date 对象的实例所拥有的方法，即在使用时必须先创建一个 Date 对象的实例，使用该实例名才能引用这些方法。这些方法中很多方法都有两种格式：一种格式使用本地的日期时间进行运算；另一种格式的方法使用全球标准时间 (UTC，或格林尼治时间 GMT) 进行运算，在这类方法的名称中都含有 "UTC" 字符。为了方便查阅，下面采用简略形式将两个方法的名称合并在一起写，如 get[UTC]Date() 代表两个方法：getDate() 和 getUTCDate()，它们具有相同的功能，只不过前一个方法使用本地时间进行操作，后一个方法使用通用时间进行操作。

Date 对象的实例所拥有的方法及意义见表 16.1。

表 16.1　Date 对象的方法

方　法	含　义
Get[UTC]Date()	返回当前日期是该月份中的第几天，有效值在 1~31
get[UTC]Day()	返回当前日期是星期几，有效值在 0~6，其是 0 表示星期天，1 表示星期一，……，6 表示星期六
get[UTC]Month()	返回当前日期的月份，有效值在 0~11
getYear()	返回当前日期的年份，这个年份可以是 2 位数字或 4 位数字表示的
get[UTC]FullYear()	返回当前日期用 4 位数表示的年份
get[UTC]Hours()	返回当前时间的小时部分的整数
get[UTC]Minutes()	返回当前时间的分钟部分的整数
get[UTC]Seconds()	返回当前时间的秒数
get[UTC]Milliseconds()	返回当前时间的毫秒部分的整数
getTime()	返回从 1970 年 1 月 1 日到当前时间之间的毫秒数
getTimeZoneOffset()	返回以 GMT 为基准的时区偏差，以分钟计量
set[UTC]Date(day)	以参数 day(1~31 的整数) 指定的数设置 Date 对象中的日期数。返回从 1970 年 1 月 1 日凌晨到 Date 对象指定的日期和时间之间的毫秒数
set[UTC]Month(month)	将 Date 对象中的月份设置为参数 month 指定的整数 (0~11)
setYear(year)	将 Date 对象中的年份设置为参数 year 指定的整数 (可以是 2 位的或 4 位的)
set[UTC]FullYear (year,[month,[date]])	将 Date 对象中的年、月日设置为参数 year、month、date 指定的值，其中 year 为 4 位整数，为必选项
setTime(milliseconds)	将 Date 对象的时间设置为参数 milliseconds 指定的整数。这个整数表示从 1970 年 1 月 1 日凌晨到要设定时间之间的毫秒数

方　法	含　义
set[UTC]Hours (hour[,min,[sec,[,ms]]])	将 Date 对象中的时、分、秒、毫秒设置为参数 hours、min、sec、ms 所指定的整数，其中 hour 的值在 0~23
set[UTC]Minutes (minutes[sec,[,ms]])	将 Date 对象中的分、秒、毫秒设置为参数 minutes、sec、ms 所指定的整数，其中 minutes 的值在 0~59
set[UTC]Seconds (seconds[,ms])	将 Date 对象中的秒、毫秒设置为参数 seconds、ms 所指定的整数，其中 seconds 的值在 0~59
set[UTC]MilliSeconds (milliseconds)	将 Date 对象中的毫秒数设置为参数 milliseconds 指定的整数 (0~999)
toString()	将时间信息返回为字符串
toGMTString()	返回 Date 对象代表的日期时间的字符串表示,采用 GMT 时区表示日期(已废弃)
toUTCString()	返回 Date 对象代表的日期时间的字符串表示,采用 UTC 时区表示日期
toLocaleString()	返回 Date 对象代表的日期时间的字符串表示，采用本地时区表示，并使用本地时间格式进行格式转换
toDateString()	返回 Date 对象代表的日期时间中日期的字符串表示，采用本地时区表示日期
toLocaleDateString()	返回 Date 对象代表的日期时间中日期的字符串表示，采用本地时区表示日期，并使用本地时间格式进行格式转换
toTimeString()	返回 Date 对象代表的日期时间中时间的字符串表示，采用本地时区表示时间
toLocaleTimeString()	返回 Date 对象代表的日期时间中时间的字符串表示，采用本地时区表示时间，并使用本地时间格式进行格式转换
valueOf()	返回对象的原始值

下面举例说明，如何使用常用的 Date 对象方法来获得当前的日期和时间。

双击桌面上的 Sublime Text 快捷图标，打开软件，然后单击菜单栏中的"File/New File"命令（快捷键：Ctrl+N），新建一个文件，然后输入如下代码：

```
<!DOSTYPE html>
<html>
    <head>
        <meta charset="utf-8">
        <title>Date 对象 </title>
    </head>
    <body>
        <h3>Date 对象 </h3>
        <hr>
        <script type="text/javascript">
            var today=new Date();
            // 下面显示当前的日期
            var year=today.getFullYear();
            var month=today.getMonth()+1;
            // 注意 getMonth() 返回的月份是从 0 开始计算的，所以加 1 后的值才是当前的月份
            var day=today.getDate();
            var week=today.getDay();
            switch(week)
              { case 0: week=" 星期日 ";break;
                  case 1: week=" 星期一 ";break;
                  case 2: week=" 星期二 ";break;
```

```
            case 3: week=" 星期三 ";break;
            case 4: week=" 星期四 ";break;
            case 5: week=" 星期五 ";break;
            case 6: week=" 星期六 ";break;
            }
        document.write(" 今 天 是 "+year+" 年 "+month+" 月 "+day+" 日
  "+week+"<br><hr>");
        // 下面显示当前的时间
        var hour=today.getHours();
        var minute=today.getMinutes();
        var second=today.getSeconds();
        var ms=today.getMilliseconds();
    document.write(" 现在是北京时间 "+hour+" 点 "+minute+" 分 "+second+"
秒 "+ms+" 毫秒 <br>");
        </script>
    </body>
</html>
```

按下键盘上的 "Ctrl+S" 组合键，把文件保存在 "E:\Sublime"，文件名为 "web16-9.html"。

打开 360 安全浏览器，然后在浏览器的地址栏中输入 "file:/// E:\Sublime \web16-9.html"，然后按回车键，效果如图 16.9 所示。

图 16.9　Date 对象

16.8　Object 对象

Object 对象是派生所有其他对象的对象，其属性和方法可以派生给所有其他对象。创建 Object 对象时，可以在构造函数中提供数字、字符串或布尔值，但一般不这样做，而是使用前面所学的具体类型对象的构造函数。

Object 对象拥有两个属性，一个是 constructor 属性，表示对象的构造函数的名称；另一个是 prototype 属性，用来为对象添加新的属性和方法。

Object 对象有两个方法，一个是 toString() 方法，将对象转换用字符串表示；另一个方法是 valueOf() 方法，用于获得指定对象的原始值。

双击桌面上的 Sublime Text 快捷图标，打开软件，然后单击菜单栏中的 "File/New

HTML5+CSS3+JavaScript 从入门到精通

File"命令（快捷键：Ctrl+N），新建一个文件，然后输入如下代码：

```
<!DOSTYPE html>
<html>
    <head>
            <meta charset="utf-8">
            <title>Object 对象</title>
    </head>
    <body>
            <h3>Object 对象</h3>
            <hr>
            <script type="text/javascript">
                var myobj1=new Object(true);
                var myobj2=new Object(125);
                document.write("Object 对象 myobj1 的 constructor 属性值：  "+myobj1.
constructor+"<br>");
                document.write("Object 对象 myobj1 的 toString() 方法值：  "+myobj1.
toString()+"<br>");
                document.write("Object 对象 myobj1 的 valueOf() 方法值：  "+myobj1.
valueOf()+"<br>");
                document.write("Object 对象 myobj2 的 constructor 属性值：  "+myobj2.
constructor+"<br>");
                document.write("Object 对象 myobj2 的 toString() 方法值：  "+myobj2.
toString()+"<br>");
                document.write("Object 对象 myobj2 的 valueOf() 方法值：  "+myobj2.
valueOf()+"<br>");
            </script>
    </body>
</html>
```

按下键盘上的"Ctrl+S"组合键，把文件保存在"E:\Sublime"，文件名为"web16-10.html"。

打开360安全浏览器，然后在浏览器的地址栏中输入"file:/// E:\Sublime \ web16-10.html"，然后按回车键，效果如图 16.10 所示。

图 16.10　Object 对象

第 17 章

JavaScript 的表单验证和 Cookie 处理

表单是实现用户和浏览器之间信息交换的重要工具。在实际应用中，从设计最简单的登录界面，到比较复杂的用户申请界面，都是通过表单来提取用户信息，JavaScript 脚本语言能起到保障功能的实现的作用。我们在浏览器中，经常涉及数据的交换，比如登录邮箱、登录一个页面。我们经常会在此时设置 30 天内记住我，或者自动登录选项。那么它们是怎么记录信息的呢，这就要用到 Cookie。

本章主要内容包括：

➤ 获得表单信息

➤ 检验表单的方法

➤ 利用 JavaScript 获取个人信息统计

➤ 利用 JavaScript 获取下拉列表框和 datalist 控件中的信息

➤ 利用 JavaScript 获取电子邮箱信息

➤ 利用 JavaScript 改变网页的背景色

➤ 利用 JavaScript 实现文本框的智能输入

➤ 什么是 Cookie 及其属性

➤ cookie 的储存和读取

17.1 JavaScript 的表单验证

下面来讲解一下，如何利用 JavaScript 代码实现表单验证功能。

17.1.1 获得表单信息

要提取表单信息，就要先设计制作表单。在第 4 章我们已讲解过表单的设计制作，这里就不再重复制作，直接拿来使用。

双击桌面上的 Sublime Text 快捷图标，打开软件，然后单击菜单栏中的"File/Open File"命令（快捷键：Ctrl+O），打开"web4-1.html"文件。

为了方便加入 JavaScript 代码，单击菜单栏中的"File/Save As"命令（快捷键：Ctrl+Shift+O），弹出"另存为"对话框，如图 17.1 所示。

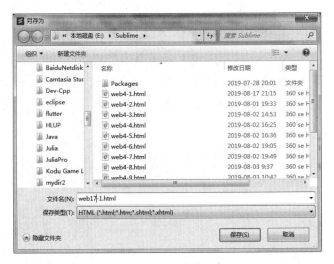

图 17.1　另存为对话框

设置文件名为"web17-1.html"，然后单击"保存"按钮即可。

这是一个简单的用户登录表单，一个单行文本框、一个密码文本框、一个提交按钮、一个重置按钮。

表单产生后，用户可以通过表单中元素的设置填写相应的信息，可以应用 JavaScript 程序来提取这些信息。

可以通过表单名来访问表单，获得表单中的信息，语法格式如下：

```
document.form_name
```

"form_name"就是 HTML 页面中的表单名。下面为 web17-1.html 文件中的表单，添加表单名，具体代码如下：

```
<form method="post" name="myf">
```

注意，这里设置表单名为"myf"。

另外，浏览器中提供一个专门的"forms"数组来存储表单对象，其语法格式如下：

```
document.forms[]
```

数组是从 0 开始，当访问页面中第一个表单，可以"document.forms[0]"来表示。

获得表单的数据信息

通过访问表单元素的名称可以获得表单的用户信息，语法格式如下：

```
document.form_name.表单元素名称
```

例如访问 web17-1.html 页面中用户名和密码的值，代码如下：

```
document.forms[0].myname.value            // 表示用户名的值
document.myf.pwd.value                     // 表示密码的值
```

浏览器中也为表单分配一个"elements"的数组，用来保存表单中元素的信息，语法格式如下：

```
document.form_nam.elements[]
```

数组是从 0 开始，表示表单中的第一个元素对象，"1"表示第二个元素对象。

也可以通过表单数组和表单元素数组来获取表单中元素的值，语法格式如下：

```
document.forms[].elements[]
```

17.1.2 检验表单的方法

常常对表单的检验结果是通过 alter() 方法返回给用户的，通过 alter() 方法设计 JavaScript 提示对话框，将信息返回给用户。

alter() 方法属于 window 对象，其使用格式如下：

```
window.alert("string")
```

其中"string"的内容就是提示对话框中显示的内容。

下面来给 web17-1.html 页面添加表单验证。单击表单中的"提交"按钮，就会触发 onSubmit 事件，即提交表单事件。下面为表单添加"onSubmit"事件，具体代码如下：

```
<form method="post" name="myf" onSubmit="alert_info()">
```

这样单击"提交"按钮，就会调用 alert_info() 函数。

接下来，在 head 元素中添加如下代码：

```
<script type="text/javascript">
              function alert_info()
              {
                      window.alert("提交信息如下: \n"+"用户名: "+document.
forms[0].myname.value+"\n"+"密码: "+document.myf.pwd.value);
              }
        </script>
```

这里定义了 alert_info() 函数，在该函数中利用 window 对象的 alter() 方法，显示提示对话框。在对话框中显示表单中的信息，即提交的用户名和密码信息。

打开360安全浏览器，然后在浏览器的地址栏中输入"file:/// E:\Sublime \web17-1.html"，然后按回车键，效果如图 17.2 所示。

在对应的文本框中输入用户名和密码信息，在这里用户名为"admin"，密码为"qd123456"，然后单击"提交"按钮，就会弹出提示对话框，就可以看到提交的用户名和密码信息，如图 17.3 所示。

图 17.2　用户登录界面　　　　　　　　图 17.3　提示对话框

17.1.3　利用 JavaScript 获取个人信息统计

双击桌面上的 Sublime Text 快捷图标，打开软件，然后单击菜单栏中的"File/Open File"命令（快捷键：Ctrl+O），打开"web4-2.html"文件。

为了方便加入 JavaScript 代码，单击菜单栏中的"File/Save As"命令（快捷键：Ctrl+Shift+O），弹出"另存为"对话框，另存名文件名为"web17-2.html"。

为表单添加属性代码，具体如下：

```
<form method="post" name="myform" onSubmit="myshow()">
```

这样，单击表单中的"提交"按钮，就会调用 myshow() 函数。

下面在 head 元素中编写 myshow() 函数，具体代码如下：

```
<script type="text/javascript">
        function myshow()
        {
                var text="";
                if (document.myform.cb1.checked)
                        {text=text+document.myform.cb1.value+" ";}
                if (document.myform.cb2.checked)
                        {text=text+document.myform.cb2.value+" ";}
                if (document.myform.cb3.checked)
                        {text=text+document.myform.cb3.value+" ";}
                if (document.myform.cb4.checked)
                        {text=text+document.myform.cb4.value+" ";}
                window.alert(" 提交信息如下：\n"+" 用户名："+document.
myform.myname.value+"\n 性别："+document.myform.mysex.value+"\n 爱好："+ text);
                }
```

```
</script>
```

在这里需要注意，复选框内容的提取，要利用多个 if 语句。

打开 360 安全浏览器，然后在浏览器的地址栏中输入 "file:/// E:\Sublime \web17-2.html"，然后按回车键，效果如图 17.4 所示。

在这里用户名为 "周亮"，性别为 "女"，爱好为 "足球、计算机、看书"，然后单击 "提交" 按钮，就会弹出提示对话框，就可以看到提交的信息，如图 17.5 所示。

图 17.4　用户登录界面　　　　　　　　　图 17.5　　提示对话框

17.1.4　利用 JavaScript 获取下拉列表框和 datalist 控件中的信息

双击桌面上的 Sublime Text 快捷图标，打开软件，然后单击菜单栏中的 "File/Open File" 命令（快捷键：Ctrl+O），打开 "web4-3.html" 文件。

为了方便加入 JavaScript 代码，单击菜单栏中的 "File/Save As" 命令（快捷键：Ctrl+Shift+O），弹出 "另存为" 对话框，另存名文件名为 "web17-3.html"。

为表单添加属性代码，具体如下：

```
<form method="post" name="myf" onSubmit="myshow()">
```

这样，单击表单中的 "提交" 按钮，就会调用 myshow() 函数。

下面在 head 元素中编写 myshow() 函数，具体代码如下：

```
<script type="text/javascript">
                function  myshow()
                {
                        window.alert("提交信息如下：\n"+"你所在的城市：
"+document.myf.select.value+"\n你喜欢的编程语言："+document.myf.myt.value);
                }
        </script>
```

打开 360 安全浏览器，然后在浏览器的地址栏中输入 "file:/// E:\Sublime \web17-3.html"，然后按回车键，效果如图 17.6 所示。

选择你所在城市为 "青岛"，输入或选择你喜欢的编程语言为 "JavaScript"，然后单击 "提交" 按钮，就会弹出提示对话框，就可以看到提交的信息，如图 17.7 所示。

图 17.6　下拉列表框和 datalist 控件　　　　　图 17.7　　提示对话框

17.1.5　利用 JavaScript 获取电子邮箱信息

双击桌面上的 Sublime Text 快捷图标，打开软件，然后单击菜单栏中的 "File/Open File" 命令（快捷键：Ctrl+O），打开 "web4-4.html" 文件。

为了方便加入 JavaScript 代码，单击菜单栏中的 "File/Save　As" 命令（快捷键：Ctrl+Shift+O），弹出 "另存为" 对话框，另存名文件名为 "web17-4.html"。

为表单添加属性代码，具体如下：

```
<form method="post" name="myemail">
```

需要注意的是，该网页中的 "提交" 按钮是一个普通图像按钮，所以不能在 form 表单元素中添加 onSubmit 事件，而是在普通图像按钮元素中添加 onClick 单击事件，具体代码如下：

```
<input type="image" src="b1.png" name="b1" onclick="myshow()">
```

这样，单击图像 "提交" 按钮，就会调用 myshow() 函数。

下面在 head 元素中编写 myshow() 函数，具体代码如下：

```
<script type="text/javascript">
                function  myshow()
                {
                        var  address = document.myemail.mye.value;
                        if ((address == "") || (address.indexOf ('@') == -1)
|| (address.indexOf ('.') == -1))
                        {
                                window.alert("电子邮件地址不正确，请重新输入！");
                        }
                        else
                        {
                                window.alert("电子邮件:  "+document.myemail.
mye.value);
                        }
                }
        </script>
```

在 这 里，'if ((address ==　"") || (address.indexOf ('@') == −1) || (address.indexOf ('.') == −1))' 判断邮件地址中是否含有 "@" 和 "." 字符，是否为空。如果

为空、或不含有"@"，或不含有"．"，都会在提示对话框中显示"电子邮件地址不正确，请重新输入！"；否则就会显示提交的电子邮件信息。

打开 360 安全浏览器，然后在浏览器的地址栏中输入"file:/// E:\Sublime \web17-4.html"，然后按回车键，效果如图 17.8 所示。

如果输入的电子邮件地址为"qd12346.com"，然后单击"提交"按钮，由于没有"@"字符，所以会弹出"电子邮件地址不正确，请重新输入！"提示对话框，如图 17.9 所示。

图 17.8　下拉列表框和 datalist 控件

图 17.9　电子邮件地址不正确，请重新输入

如果输入的电子邮件地址为"qd12346@163.com"，然后单击"提交"按钮，就会弹出提示对话框，就可以看到提交的电子邮件地址信息，如图 17.10 所示。

图 17.10　提示对话框

17.1.6　利用 JavaScript 改变网页的背景色

双击桌面上的 Sublime Text 快捷图标，打开软件，然后单击菜单栏中的"File/New File"命令（快捷键：Ctrl+N），新建一个文件，然后输入如下代码：

```
<!DOSTYPE html>
<html>
    <head>
            <meta charset="utf-8">
            <title>利用 JavaScript 改变网页的背景色</title>
    </head>
    <body>
            <h3>利用 JavaScript 改变网页的背景色</h3>
            <hr>
            <form>
                    利用 JavaScript 改变网页的背景色<br><br>
```

```
                    <input type="button"  value="红色" >
            <input type="button"  value="黄色" >
            <input type="button"  value="绿色" >
            <input type="button"  value="重置" >
            </form>
    </body>
</html>
```

按下键盘上的"Ctrl+S"组合键,把文件保存在"E:\Sublime",文件名为"web17-5.html"。

打开360安全浏览器,然后在浏览器的地址栏中输入"file:/// E:\Sublime \web17-5.html",然后按回车键,效果如图 17.11 所示。

这时单击各个按钮,网页的背景色是不会改变的。下面来这个按钮添加单击事件。首先为"红色"按钮添加单击事件,具体代码如下:

```
<input type="button"  value="红色" onclick="bgc('red')" >
```

这样单击"红色"按钮,就会调用 bgc() 函数,需要注意的是这里有一个实参,即字符串"red"。

下面在 head 元素中来编写 bgc() 函数,具体代码如下:

```
<script type="text/javascript">
        function bgc(myc)
        {
                document.bgColor = myc ;
        }
</script>
```

这样,当单击"红色"按钮,就会把"red"传给"document.bgColor",这样网页背景色就是红色,如图 17.12 所示。

图 17.11　4 个普通按钮　　　　　　图 17.12　网页背景色是红色

同理,为"黄色""绿色"和"重置"按钮添加单击事件,从而设置网页不同的背景色,具体代码如下:

```
<input type="button"  value="黄色" onclick="bgc('yellow')" >
<input type="button"  value="绿色" onclick="bgc('green')" >
<input type="button"  value="重置" onclick="bgc('white')" >
```

这样,单击不同的按钮,网页就会显示不同的背景色,假如单击"黄色"按钮,效果如图 17.13 所示。

图 17.13　网页背景色是黄色

17.1.7　利用 JavaScript 实现文本框的智能输入

双击桌面上的 Sublime Text 快捷图标，打开软件，然后单击菜单栏中的"File/New File"命令（快捷键：Ctrl+N），新建一个文件，然后输入如下代码：

```
<!DOSTYPE html>
<html>
    <head>
            <meta charset="utf-8">
            <title>利用 JavaScript 实现文本框的智能输入</title>
            <script type="text/javascript">
                    function myup()
                    {
                            document.myf.myt2.value = document.myf.myt1.value.
toUpperCase();
                    }
            </script>
    </head>
    <body>
            <h3>利用 JavaScript 实现文本框的智能输入</h3>
            <hr>
            <form name="myf">
                       请输入小写字母：<input type="text" value=""
name="myt1" size="30"><br>
                    智能显示大写字母：<input type="text" value="" name="myt2" size="30" >
            </form>
    </body>
</html>
```

按下键盘上的"Ctrl+S"组合键，把文件保存在"E:\Sublime"，文件名为"web17-6. html"。

打开 360 安全浏览器，然后在浏览器的地址栏中输入"file:/// E:\Sublime \web17-6. html"，然后按回车键，效果如图 17.14 所示。

这时在第一个文本框中输入内容，第二个文本框是没有任何变化的。下面来给第一个文本框添加 onChange 事件，即当文本框内容改变时触发的事件。具体代码如下：

```
<input type="text" value="" name="myt1" size="30" onchange="myup()">
```

这样，当第一个文本框改变时，会设用 myup() 函数。

下面在 head 元素中编写 myup() 函数，具体代码如下：

```
<script type="text/javascript">
```

```
                    function myup()
                    {
                        document.myf.myt2.value = document.myf.myt1.value.
toUpperCase();
                    }
            </script>
```

这样，在第一个文本框中输入小写字母，就会在第二个文本框中显示相应的大写字母，如图 17.15 所示。

图 17.14　两个文本框

图 17.15　利用 JavaScript 实现文本框的智能
输入

17.2　JavaScript 的 Cookie 处理

前面讲解了 JavaScript 的表单验证，下面来讲解 JavaScript 的 Cookie 处理。

17.2.1　什么是 Cookie

Cookie 又称"小甜饼"，是由 web 服务器保存在用户计算机上的文本文件，其中包含一些用户信息，当用户下次访问该页面时，服务器从客户端的 Cookie 中读取相应的信息，为客户端制作特定的网页，使网页更具有亲和力与个性化。例如当用户访问一个网站，被要求在提示对话框或者文本框输入用户名，并将用户名保存到 Cookie 中，下次再次访问这个网站时，服务器会从用户客户端的 Cookie 中读取用户信息，经过处理后，可以将带有用户名问候语的页面返回给客户端。记录单个用户访问网页的次数也是通过 Cookie 来实现的。

Cookie 是一个有大小限制的变量，单个服务器只能在服务器端存储最多 20 条信息，最大的 Cookie 值不能超过 4kb，超过限制，web 浏览器会自动删除旧的 Cookie，所以客户端不必担心 Cookie 会带来病毒。Cookie 是与服务器的域名相关联，默认情况下 cookie 的生存期是当浏览器关闭时被清空（注意：不是当你离开这个页面的时候），但可以用一个脚本程序改变这种情况，在用户关闭浏览器后使 cookies 能够存储下来。

17.2.2　Cookie 的属性

Cookie 分为临时 Cookie 和永久 Cookie，通过属性设置可以创建、读取、删除 Cookie 等操作。在对 Cookie 进行操作之前先了解一下 Cookie 的属性。

1. name 属性

name 属性是 Cookie 中唯一的必选参数，可以通过"document.cookie=name+value"来创建一个 Cookie 对象。仅使用"name = value"创建的 Cookie 称为临时 Cookie，只为当前浏览器会话可用。

例如创建一个名为"tom"的 cookie：

```
document. cookie="user="+"tom"
```

也可以同时建立多个 cookie，用分号和空格将信息分隔开。

```
document. cookie="user1="+"tom" +" ; user2="+"join" +" ; user3="+rose";
```

2. expires 属性

expires 属性用来设置 cookie 在删除之前要在客户端计算机上保存多长时间。设置 expires 属性可以在浏览器会话之外维持 cookie，建立一个长久的 cookie。如果不使用 expires 属性，则建立了一个临时的 cookie，只在浏览器会话之间时使用。Expires 的语法格式如下：

```
expires=date
```

date 表示时间的文本字符串。date 时间的文本格式为格林尼治标准时间。表示方式如下所示：

```
Mon Dec 25 20:15:16 PST 2019
```

对时间的设置可以通过 Date() 对象来进行操作。可以通过 Date() 对象中的 get() 和 set() 方法指定 cookie 中的有效时间。例如将 cookie 有效期设置为 30 天，可以如下表示：

```
var time=new Date();
time.setDate(time.getDate()+30);
document.cookie=encodeURI("user=tom")+"; expires="+time.toUTCString();
```

"encodeURI()"函数可把字符串作为 URI 进行编码。对 Date() 进行 toUTCString()，将时间转化，确保时间为格林尼治标准时间。

也可以通过将时间设置为过去的时间来使 coolkie 失效，达到删除 cookie 的目的。例如：

```
var time=new Date();
time.setDate(time.getDate()-30);
document.cookie=encodeURI("user=tom")+"; expires="+time.toUTCString();
```

3. path 属性

path 属性决定 cookie 对于服务器上其他目录下所有页面都可用，使用方法：

```
path=value
```

指在默认情况下，cookie 对于同一目录下所用页面都可用，指定目录则是在指定目录下的网页可用，例如在 "d:/www"。

```
document.write="user=tom"+";  path=d:/www";
```

如果想对于服务器上的所用目录都可用，表示为：

```
document.cookie="user=tom"+";  path="/";
```

4. domain 属性

使用 path 属性使 cookie 在一个服务器中共享，而 domain 属性可以使 cookie 在一个域名中的多台服务器之间共享 cookie，注意不能在不同域名之间共享 cookie。使用方法：

```
domain=域名
```

例如，如果服务器 javascript.js.com 与服务器 asp.js.com 之间共享 cookie，那么可以将 domain 的属性设置为 "domain=.js.com"，代码如下所示：

```
document.cookie="user=tom"+";  domain=.js.com";
```

5. secure 属性

标准的 Internet 连接对于传输比较隐蔽的信息如信用卡号、密码等比较不够安全，通过使用 secure 属性表示只能通过使用 HTTPS 或其他安全协议的安全 Internet 连接来传输。使用方法：

```
secure = true|false
```

"secure = true" 表示使用安全协议进行传输信息。

17.2.3 Cookie 的储存

Cookie 的包括 name、expires、path、domain 和 secure 5 个属性，可以通过设置 cookie 的相关属性来创建一个 cookie 对象，语法格式如下：

```
document.cookie=encodeURI("name=value1")+
";  expires=date"+
";  path = value2"+
";  domain = value3"+
";  secure = true|false";
```

其中，name 属性为必选参数，其他为可选参数。

下面举例说明，如何将表单提交的用户名和密码存储到 cookie 中。

双击桌面上的 Sublime Text 快捷图标，打开软件，然后单击菜单栏中的 "File/New File" 命令（快捷键：Ctrl+N），新建一个文件，然后输入如下代码：

```
<!DOSTYPE html>
<html>
    <head>
            <meta charset="utf-8">
            <title>用户名和密码存储到 cookie 中 </title>
```

```
        </head>
        <body>
                <h3>用户名和密码存储到 cookie 中 </h3>
                <hr>
                <form name="myf" method="post" >
                姓名：<input type="text" value="" name="myname" ><br>
                密码：<input type="password" value="" name="mypwd" ><br><br>
                    <input type="submit" name="b1">
                    <input type="reset" name="b2">
                </form>
        </body>
</html>
```

按下键盘上的 "Ctrl+S" 组合键，把文件保存在 "E:\Sublime"，文件名为 "web17-7.html"。

打开360安全浏览器，然后在浏览器的地址栏中输入 "file:/// E:\Sublime \web17-7.html"，然后按回车键，效果如图 17.16 所示。

图 17.16　程序运行效果

下面先为表单添加 "onsubmit" 提交事件，具体代码如下：

```
<form name="myf" method="post" onsubmit="mycheck()" >
```

这样，单击 "提交" 按钮，就会调用 "mycheck()" 函数。

下面在 head 元素中编写 mycheck() 函数，具体代码如下：

```
<script type="text/javascript">
                function mycheck()
                {
                        var time=new Date();
                        time.setDate(time.getDate()+30);
    if(document.myf.myname.value!=""&&document.myf.mypwd.value!="")
                        {
                                document.cookie=encodeURI("user="+ document.
myf.myname.value)+"; expires="+time.toUTCString();
                                document.cookie=encodeURI("pass="+ document.
myf.mypwd.value)+"; expires="+time.toUTCString();
                                window.alert("用户名和密码存储到 cookie 中！");
                        }
                        else
                        {
                                window.alert("没有输入姓名或者密码！");
                        }
                }
        </script>
```

这时，如果不输入姓名或密码，就单击"提交"按钮，就会弹出如图 17.17 所示的提示对话框。

输入姓名和密码信息，然后单击"提交"按钮，就会弹出如图 17.18 所示的提示对话框。

图 17.17　提示对话框

图 17.18　用户名和密码存储到 cookie 中

17.2.4　Cookie 的读取

Cookie 是由一个连续的字符串组成，如果 cookie 存储的时候进行了 encodeURI() 编码，在使用它们包含的数据之前必须使用 decodeURI() 方法解析该字符串。在 cookie 中各个参数之间使用分号（；）和空格（ ）进行连接，可以使用 split（ ）方法将每个属性值分离开，存储到数组中。

双击桌面上的 Sublime Text 快捷图标，打开软件，然后单击菜单栏中的"File/New File"命令（快捷键：Ctrl+N），新建一个文件，然后输入如下代码：

```html
<!DOSTYPE html>
<html>
    <head>
            <meta charset="utf-8">
            <title>cookie 的读取</title>
    </head>
    <body>
            <h3>cookie 的读取</h3>
            <hr>
            <script type="text/javascript">
                    document.cookie=encodeURI("username=admin");
                    document.cookie=encodeURI("userpwd=qd123456");
                    var d = new Date();
                    d.setTime(d.getTime()+15);
                    var expires = "expires="+d.toGMTString();
                    document.cookie=encodeURI(expires);
                    document.cookie=encodeURI("domain=.js.com");
                    document.cookie=encodeURI("path=d:/www");
                    var myc = decodeURI(document.cookie);
                    document.write(myc+"<hr>");        // 显示 cookie 中的内容
                    document.write(" 利用 for 循环分别显示 cookie 各属性值：<br>")
                    var arr=myc.split(";");
                    for(var i=0; i<arr.length;i++)
                    {
                            document.write(arr[i]+"<br>")
                    }
            </script>
    </body>
</html>
```

　　按下键盘上的"Ctrl+S"组合键，把文件保存在"E:\Sublime"，文件名为"web17-8.html"。

　　打开微软自定的 IE 浏览器，然后在浏览器的地址栏中输入"E:\Sublime \web17-8.html"，然后按回车键，效果如图 17.19 所示。

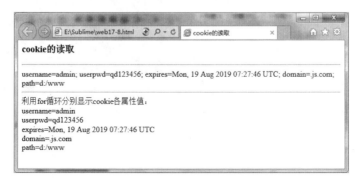

图 17.19　cookie 的读取

第 18 章
JavaScript 的网页特效

本章来讲解JavaScript 的网页特效，即文字特效、图像特效、时间特效、鼠标事件特效和菜单特效。

本章主要内容包括：

➤ 文字的跑马灯动画效果

➤ 打字动画效果

➤ 大小不断变化的文字动画效果

➤ 颜色不断变化的文字动画效果

➤ 来回升降的文字动画效果

➤ 动态改变图像的位置

➤ 图像不断闪烁的动画效果

➤ 拖动鼠标改变图像大小

➤ 分时问候时间特效

➤ 动态显示当前日期和时间效果

➤ 时间倒计时页面效果

➤ 不允许单击鼠标左右键特效

➤ 动态显示鼠标的当前坐标

➤ 下拉菜单特效

➤ 滚动的导航菜单特效

18.1　JavaScript 的文字特效

下面来讲解一下如何利用 JavaScript 编程实现 HTML 网页中的文字特效。

18.1.1　文字的跑马灯动画效果

双击桌面上的 Sublime Text 快捷图标，打开软件，然后单击菜单栏中的"File/New File"命令（快捷键：Ctrl+N），新建一个文件，然后输入如下代码：

```
<!DOSTYPE html>
<html>
    <head>
        <meta charset="utf-8">
        <title> 文字的跑马灯效果 </title>
    </head>
    <body>
        <h3> 文字的跑马灯效果 </h3>
        <hr>
        <form method="post" name="isnform">
            <input type="text" size="48" maxlength="256" name="mytext">
        </form>
    </body>
</html>
```

这里的界面设计很简单，就是一个表单中有一个空的文本框。

按下键盘上的"Ctrl+S"组合键，把文件保存在"E:\Sublime"，文件名为"web18-1.html"。

打开 360 安全浏览器，然后在浏览器的地址栏中输入"file:/// E:\Sublime \ web18-1.html"，然后按回车键，效果如图 18.1 所示。

图 18.1　跑马灯动画效果的初始界面

下面编写 banner() 函数，实现文字的跑马灯动画效果。banner() 函数是在 head 元素之中，具体代码如下：

```
<script type="text/javascript">
            var id,pause=0,position=0;
```

```
                        function banner()
                        {
                                var i,k;
                                //设置跑马灯的文字字符串
                                var m1="      欢迎学习 javascript!";
                                var m2="      文字的跑马灯效果 !";
                                var msg=m1+m2;
                                // 文字运动的速度
                                var speed=20;
            document.isnform. mytext.value=msg.substring(position,position+160);
                                if(position++==msg.length)
                                {
                                        position=0;
                                }
                                id=setTimeout("banner()",2000/speed);
                        }
        </script>
```

"var msg=m1+m2"是在文本框中跑的文字字符串。

"document.isnform.mytext.value=msg.substring(position,position+160)"，该语句提取字符串中从"position"到"position + 160"之间的字符串。"position + 160"中这个"160"可以任意设置，只要超过字符串的长度即可，表示提取从"position"位置到字符串结尾所用的字符。

"if(position++==msg.length) {position=0;}"，如果"position"的位置到了字符串结尾时，则重新将"position"设置为"0"，重新呈现跑马灯效果。

'id=setTimeout("banner()",2000/speed)'，表示隔"2000/speed"时间后重新调用 banner() 函数，这样就呈现文字在文本框中跑的效果。

最后还要添加 body 元素的加载事件，即当 HTML 网页加载显示时，调用 banner() 函数，具体代码如下：

```
<body onLoad="banner()">
```

重新刷新 web18-1.html 网页，就可以看到文字的跑马灯动画效果，如图 18.2 所示。

图 18.2　文字的跑马灯动画效果

18.1.2　打字动画效果

双击桌面上的 Sublime Text 快捷图标，打开软件，然后单击菜单栏中的"File/New File"命令（快捷键：Ctrl+N），新建一个文件，然后输入如下代码：

```
<!DOSTYPE html>
<html>
    <head>
            <meta charset="utf-8">
            <title> 打字动画效果 </title>
    </head>
    <body>
            <h3> 打字动画效果 </h3>
            <hr>
            <form method="post" name="tickform">
                    <textarea name="myta"  rows="10" cols="80" wrap="virtual"
style="background-color:yellow;color: red;border:15px groove green;font-size:
15px;"></textarea>
            </form>
    </body>
</html>
```

这里的界面设计很简单，就是一个表单中有一个多行文本框。注意这个文本框利用 CSS 样式进行美化了。

按下键盘上的"Ctrl+S"组合键，把文件保存在"E:\Sublime"，文件名为"web18-2. html"。

打开 360 安全浏览器，然后在浏览器的地址栏中输入"file:/// E:\Sublime \ web18-2.html"，然后按回车键，效果如图 18.3 所示。

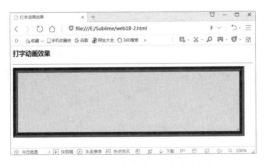

图 18.3 打字动画效果的初始界面

下面在 head 元素之中，编写如下代码：

```
<script type="text/javascript">
                var max=0;
                function textlist()
                {
                        max=textlist.arguments.length;
                        for (i=0; i<max; i++)
                        {
                                this[i]=textlist.arguments[i];
                        }
                }
                tl = new textlist(
                "程序设计语言所支持的数据类型是这种语言最为基本的部分。",
                "JavaScript 能够处理多种类型的数据，这些数据类型可以分为两类：基本数
据类型和引用数据类型。",
                "JavaScript 的基本数据类型包括常用的数值型、字符串型和布尔型，以及两
个特殊的数据类型：空值和未定义。",
                "JavaScript 的引用数据类型包括数组、函数、对象等。"
                );
```

```
                    var x = 0; pos = 0;
                    var l = tl[0].length;
                    function textticker()
                    {
                        document.tickform.myta.value = tl[x].substring(0,
pos) + "_";

                        if(pos++ == l)
                        {
                            pos = 0;
                    setTimeout("textticker()", 400);// 值越小速度越慢
                    if(++x == max) x = 0;
                            l = tl[x].length;
                        }
                        else
                        {
                            setTimeout("textticker()", 200);
                        }
                    }
</script>
```

在这里利用函数创建一个"textlist"对象。该对象将文本框中要呈现的字符串赋予数组，这样可以任意改变字符串中的内容来呈现打字效果。需要注意的是，"arguments"对象是所有函数中都可用的局部变量。可以使用"arguments"对象在函数中引用函数的参数。此对象包含传递给函数的每个参数，第一个参数在索引 0 处。

接下来创建"textlist"对象实例，然后再自定义 textticker() 函数，实现打字动画效果。

'document.tickform.myta.value = tl[x].substring(0, pos) + "_"'，该语句完成将字符串中的第一位字符到第 pos 为字符赋予多行文本框，并且在结尾处加上"_"。

'setTimeout("textticker()", 400)'，设置打印的速度，值越小速度越慢。

"if(++x == max) x = 0"，利用"x"进行循环打印下一个字符串。"++x""x"自加后的值如果为字符串数组的最大长度，则重新赋予"x"等于 0，重新打印。如果 x 自加后的值小于为字符串数组的最大长度，则"l = tl[x].length"语句提取下一个字符串的长度，进行循环打印文字。

最后还要添加 body 元素的加载事件，即当 HTML 网页加载显示时，调用 textticker() 函数，具体代码如下：

```
<body onload="textticker()" >
```

重新刷新 web18-2.html 网页，就可以看到打字动画效果，如图 18.4 所示。

图 18.4　打字动画效果

18.1.3 大小不断变化的文字动画效果

双击桌面上的 Sublime Text 快捷图标，打开软件，然后单击菜单栏中的"File/New File"命令（快捷键：Ctrl+N），新建一个文件，然后输入如下代码：

```
<!DOSTYPE html>
<html>
    <head>
            <meta charset="utf-8">
            <title>大小不断变化的文字动画效果</title>
    </head>
    <body >
            <h3>大小不断变化的文字动画效果</h3>
            <hr>
            <script type="text/javascript">
                    var speed = 100;
                    var cycledelay = 2000;
                    var maxsize = 28;
                    var x = 0;
                    var themessage="大小不断变化的文字动画效果";
                    document.write('<span id="wds"></span><br>');
                    // 文字变大函数
                    function upwords()
                    {
                            if (x < maxsize)
                            {
                                    x++;
                                    setTimeout("upwords()",speed);
                            }
                            else
                            {
                                    setTimeout("downwords()",cycledelay);
                            }
                            wds.innerHTML = "<center>"+themessage+"</center>";
                            wds.style.fontSize=x+'px';
                            wds.style.color = "red";
                    }
                    // 文字变小函数
                    function downwords()
                    {
                            if (x > 1)
                            {
                                    x--;
                                    setTimeout("downwords()",speed);
                            }
                            else
                            {
                                    setTimeout("upwords()",cycledelay);
                            }
                            wds.innerHTML = "<center>"+themessage+"</center>";
                            wds.style.fontSize=x+'px'
                            wds.style.color = "red";
                    }
                    setTimeout("upwords()",speed);
            </script>
    </body>
</html>
```

"var speed = 100；speed"为文字动画的速度。

"var cycledelay = 2000；cycledelay"指字体循环变化的速度，也就是字体从小变大到从大变小之间的循环速度。

"var maxsize = 28" 为设置的最大字体的像素数。

"document.write('<span id="wds"></span>
')" 建立一个 span 标签，用于放置文字变化的。

"function upwords()" 为位置变大函数。"x" 表示字号大小，如果字号小于最大值，则调用 upwords() 函数，将字体变大，反之调用 downwordas() 字体变小。

'wds.innerHTML = "<center>"+themessage+"</center>"' 将 themessage 的文字放在 wds 层上。

"wds.style.fontSize=x+'px'" 设置字体的样式 "fontSize" 的属性值为 "x" 像素。

按下键盘上的 "Ctrl+S" 组合键，把文件保存在 "E:\Sublime"，文件名为 "web18-3. html"。

打开 360 安全浏览器，然后在浏览器的地址栏中输入 "file:/// E:\Sublime \ web18-3.html"，然后按回车键，效果如图 18.5 所示。

图 18.5　大小不断变化的文字动画效果

18.1.4　颜色不断变化的文字动画效果

双击桌面上的 Sublime Text 快捷图标，打开软件，然后单击菜单栏中的 "File/New File" 命令（快捷键：Ctrl+N），新建一个文件，然后输入如下代码：

```
<!DOSTYPE html>
<html>
    <head>
            <meta charset="utf-8">
            <title>颜色不断变化的文字动画效果</title>
    </head>
    <body >
            <h3>颜色不断变化的文字动画效果</h3>
            <hr>
            <script type="text/javascript">
                function initArray()
                {
                        this.length = initArray.arguments.length;
                        for (var i = 0; i < this.length; i++)
                        {
                                this[i] = initArray.arguments[i];
                        }
```

```
                                    }
                                    var ctext = " 颜色不断变化的文字动画效果 ";
                                    var speed = 2000;
                                    var x = 0;
                                    var color = new initArray(
                                    "#ffff00",
                                    "#ff0000",
                                    "#ff00ff",
                                    "#0000ff",
                                    "#ffffff",
                                    "#000000",
                                    "#00ff00",
                                    "#00ffff",
                                    "#ff0ff0"
                                    );
                                    //IE 浏览器中新建一个层，用于存放文字
                                    if (navigator.appVersion.indexOf("MSIE") != -1)
                                    {
                                            document.write('<div id="c"><center><b>'+ctext+'</
b></center></div>');
                                    }
                                    //NS 浏览器中新建一个层，用于存放文字
                                    if(navigator.appName == "Netscape")
                                    {
                                            document.write('<layer id="c"><center>'+ctext+'</
center></layer><br>');
                                    }
                                    // 改变颜色函数
                                    function chcolor()
                                    {
                                            //IE 浏览器输出文字颜色
                                            if (navigator.appVersion.indexOf("MSIE") != -1)
                                            {
                                                    document.all.c.style.color = color[x];

                                            }
                                            //NS 浏览器输出文字颜色
                                            else
                                            {
                                                    if(navigator.appName == "Netscape")
                                                    {
                                                            document.c.document.
write('<center><font  color="'+color[x]);
                                                            document.c.document.
write('">'+ctext+'</font></center>');
                                                            document.c.document.close();
                                                    }
                                            }
                                            (x < color.length-1) ? x++ : x = 0;
                                    }
                                    setInterval("chcolor()",1000);
                            </script>
                    </body>
            </html>
```

　　首先定义需要变换的颜色，用"initArray()"函数将设置好的颜色值放在color数组中。根据浏览器的不同，在HTML文档中建立一个层，用于放置要变化颜色的文字"ctext"字符串。用"chcolor()"函数来设置颜色变化，通过"x"值在"color[x]"数组中提取不同的颜色值，使用"document.all.c.style.color = color[x]"语句对字体颜色进行设置。

'setInterval("chcolor()",1000)'周期性的执行 chcolor() 函数，每调用一次，"x"值的递加，字体的颜色值变化，最后达到文字颜色不停变化的效果。

"var color = new initArray(……)"，该语句通过 "initArray()" 函数，将设置好的颜色值放入 color 数组中。

"var speed = 2000"，设置颜色变化的速度为 "2000"。

'document.write('<div id="c"><center><b>'+ctext+'</b></center></div>')'，针对 IE 浏览器，建立一个层用于存放文字。

"document.all.c.style.color = color[x]"，设置字体颜色为 "color[x]"。

"(x < color.length−1)? x++ : x = 0"，通过 "x" 的递加，"color[x]" 取不同的颜色。如果 "x < color.length−1" 则 "x++"，否则设置 "x=0"。

'setInterval("chcolor()",1000);setInterval()'，表示周期性地执行指定代码，这个语句的意思表示经过 1000ms 时间执行 chcolor() 语句。

按下键盘上的 "Ctrl+S" 组合键，把文件保存在 "E:\Sublime"，文件名为 "web18-4.html"。

打开微软自定的 IE 浏览器，然后在浏览器的地址栏中输入 "E:\Sublime \web18-4.html"，然后按回车键，效果如图 18.6 所示。

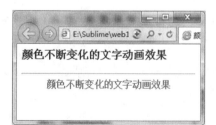 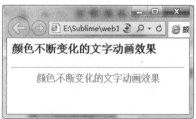

图 18.6 颜色不断变化的文字动画效果

18.1.5 来回升降的文字动画效果

双击桌面上的 Sublime Text 快捷图标，打开软件，然后单击菜单栏中的 "File/New File" 命令（快捷键：Ctrl+N），新建一个文件，然后输入如下代码：

```
<!DOSTYPE html>
<html>
    <head>
            <meta charset="utf-8">
            <title>来回升降的文字动画效果</title>
            <script type="text/javascript">
                    var done = 0;
                    var step = 4
                    function anim(yp,yk)
                    {
                    document.all["shengjiang"].style.top=yp;
```

```
                        if(yp>yk) step = -4
                        if(yp<20) step = 4
                        setTimeout('anim('+(yp+step)+','+yk+')', 35);
                        }
                        function start()
                        {
                        if(done) return
                        done = 1;
                        shengjiang.style.left=11;
                        anim(20,100)
                        }
                        setTimeout('start()',10);
                </script>
        </head>
            <body>
                <div id="shengjiang"
                style="position: absolute;top: -50;font-family: 宋 体 ;font-
size:16pt;">
                <p><font color="red">来回升降的文字动画效果</font></p>
                </div>
            </body>
        </html>
```

在这里通过 star() 函数设置文字的初始的距离窗口左边距离、上下运动的范围，同时调用 admin() 函数，对文字进行升降处理。

"var step = 4"，表示字体上下移动的速度。

'document.all["shengjiang"].style.top=yp'，设置放置文字的层 shengjiang 的顶端（top）位置。

"function anim(yp,yk){……}"函数是用于处理升降过程的，yp 表示文字移动位置高度的最上端，yk 表示文字移动位置的最下端。

"if(yp<20) step = 4"，如果 yp 小于 20，说明文字已经运动到最上端，要进行向下运动，设置"step"为正值。

"if(yp>yk) step = -4"，如果 yp 的值大于"yk"，说明文字已经运动到最下端，要进行向上运动，设置"step"为负值。

"function start(){……}"函数用于设置文字运动的初始状态，"anim(20,100)"设置文字运动的范围。

"shengjiang.style.left=11"，设置放置文字的 shengjiang 层距离窗口左边距离为11 像素。

按下键盘上的"Ctrl+S"组合键，把文件保存在"E:\Sublime"，文件名为"web18-5.html"。

打开 360 安全浏览器，然后在浏览器的地址栏中输入"file:/// E:\Sublime \web18-5.html"，然后按回车键，效果如图 18.7 所示。

图 18.7　来回升降的文字动画效果

18.2　JavaScript 的图像特效

下面来讲解一下如何利用 JavaScript 编程实现 HTML 网页中的图像特效。

18.2.1　动态改变图像的位置

双击桌面上的 Sublime Text 快捷图标，打开软件，然后单击菜单栏中的"File/New File"命令（快捷键：Ctrl+N），新建一个文件，然后输入如下代码：

```
<!DOSTYPE html>
<html>
    <head>
            <meta charset="utf-8">
            <title>动态改变图像的位置</title>
    </head>
    <body>
            <h3>动态改变图像的位置</h3>
            <hr>
            <form method="post" name="myf" >
                    上 部 位 置 : <input type="text" size="5" name="topnum"
value="0">
                       左 边 位 置 : <input type="text" size="5"
name="leftnum" value="0">    <input type="submit" value="移动" name="mys">
            </form>
            <div id="moveobj"><img src="1.gif" width="200" height="200"></div>
    </body>
</html>
```

这是一个简单的页面布局，表单中有两个文本框和一个"提交"按钮。还定义一个"div"元素，在该元素中定义一个"img"元素来显示图像。

按下键盘上的"Ctrl+S"组合键，把文件保存在"E:\Sublime"，文件名为"web18-6.html"。

打开 360 安全浏览器，然后在浏览器的地址栏中输入"file:/// E:\Sublime \web18-6.html"，然后按回车键，效果如图 18.8 所示。

注意这时修改上部位置和左边位置，然后单击"移动"按钮是没有任何效果的。

下面先来添加 CSS 样式，利用相对位置定义图像的位置，具体代码如下：

```
<style type="text/css">
                #moveobj
                {
                        position: relative;
                        top: 0;
                        left: 0;
                        z-index: -10
                }
</style>
```

上述代码位于 head 元素之中。

接下来，添加"moveit()"函数代码，实现图像位置的动态移动，具体代码如下：

```
<script type="text/javascript">
                // 定义函数 moveit;
                function moveit()
                {
                        moveTop = document.myf.topnum.value;
                        moveLeft = document.myf.leftnum.value;
                        moveobj.style.top = moveTop;
                        moveobj.style.left = moveLeft;
                }
</script>
```

上述"JavaScript"代码也位于 head 元素之中。

最后，通过"移动"按钮的单击调用"moveit()"函数，具体单击如下：

```
<form method="post" name="myf" action="javascript:moveit()">
```

其中 'action="javascript:moveit()"'，表示表单提交后交给"moveit()"函数处理。

这样，设置上部位置和左边位置，然后单击"移动"按钮，就可以改变图像在 HTML 页面上的位置了，如图 18.9 所示。

图 18.8　动态改变图像的初始状态　　图 18.9　改变图像在 HTML 页面上的位置

18.2.2　图像不断闪烁的动画效果

双击桌面上的 Sublime Text 快捷图标，打开软件，然后单击菜单栏中的"File/New

File"命令（快捷键：Ctrl+N），新建一个文件，然后输入如下代码：

```
<!DOSTYPE html>
<html>
    <head>
            <meta charset="utf-8">
            <title>图像的淡入淡出动画效果</title>
    </head>
    <body>
            <h3>图像的淡入淡出动画效果</h3>
            <hr>
            <img    src="like1.jpg" name="myimage" width="600" height="300"
style=" filter:alpha(opacity=0)">
    </body>
</html>
```

按下键盘上的"Ctrl+S"组合键，把文件保存在"E:\Sublime"，文件名为"web18-7.
html"。

打开 360 安全浏览器，然后在浏览器的地址栏中输入"file:/// E:\Sublime \
web18-7.html"，然后按回车键，效果如图 18.10 所示。

图 18.10　图像不断闪烁的动画效果的初始状态

接下来在 head 元素中添加 JavaScript 代码，实现图像不断闪烁的动画效果，具体代
码如下：

```
<script type="text/javascript">
            function soccerOnload()
            {
                    setTimeout("blink()", 400);
            }
            function blink()
             {
                        if(soccer.style.visibility == "hidden")
                        {
                                soccer.style.visibility ="visible";
                        }
                        else
                        {
                                soccer.style.visibility="hidden"
                        }
                    setTimeout("blink()", 400);
            }
```

```
</script>
```

"blink()"函数用于设置图片闪烁的。如果图片的"visibility"属性为"hidden"（隐藏）则将它设置为"visible"（可见）。如果图片的"visibility"属性为"visible"（可见），则将它设置为"hidden"（隐藏）。

'setTimeout("blink()", 400)'，时间间隔为400ms，周期性调用"blink()"函数。

最后通过body元素的加载事件，调用"blink()"函数，具体代码如下：

```
<body onload="soccerOnload()">
```

这样，重新刷新 web18-7.html 网页，就可以看到图像不断闪烁的动画效果。

18.2.3　拖动鼠标改变图像大小

双击桌面上的 Sublime Text 快捷图标，打开软件，然后单击菜单栏中的"File/New File"命令（快捷键：Ctrl+N），新建一个文件，然后输入如下代码：

```
<!DOSTYPE html>
<html>
    <head>
            <meta charset="utf-8">
            <title>拖动鼠标改变图像大小</title>
    </head>
    <body>
            <h3>拖动鼠标改变图像大小</h3>
            <hr>
            <img  src="like1.jpg" name="myimage" width="500" height="250" >
    </body>
</html>
```

按下键盘上的"Ctrl+S"组合键，把文件保存在"E:\Sublime"，文件名为"web18-8.html"。

打开360安全浏览器，然后在浏览器的地址栏中输入"file:/// E:\Sublime \web18-8.html"，然后按回车键，效果如图18.11所示。

图 18.11　拖动鼠标改变图像大小的初始状态

接下来在 head 元素中添加 JavaScript 代码，实现拖动鼠标改变图像大小，具体代码

如下:

```
<script type="text/javascript">
                function resizeImage(evt,name)
                {
                        var newX=evt.x
                        var newY=evt.y
                        eval("document."+name+".width=newX")
                        eval("document."+name+".height=newY")
                }
</script>
```

"var newX=evt.x; var newY=evt.y;evt.x" 和 "evt.y" 为鼠标的 x 轴、y 轴坐标,将它们赋值给 "newX" 和 "newY"。

'eval("document."+name+".width=newX")' 将图片的宽度设置为鼠标的 newX,就是为鼠标 x 轴坐标值。同理图片的高度为鼠标 y 轴坐标值。

最后为图像添加 "ondrag" 拖动事件,从而调用 "resizeImage()" 函数,具体代码如下:

```
<img src="like1.jpg" name="myimage" width="500" height="250" ondrag="resizeI
mage(event,'myimage')">
```

重新刷新 web18-8.html 网页,拖动鼠标,就可以改变图像大小,如图 18.12 所示。

图 18.12　拖动鼠标改变图像大小

18.3　JavaScript 的时间特效

下面来讲解一下如何利用 JavaScript 编程实现 HTML 网页中的时间特效。

18.3.1　分时问候时间特效

分时问候时间特效是根据时间判断是在上午、下午、晚上或者夜间,来显示不同的问候语。

双击桌面上的 Sublime Text 快捷图标,打开软件,然后单击菜单栏中的 "File/New

File"命令（快捷键：Ctrl+N），新建一个文件，然后输入如下代码：

```
<!DOSTYPE html>
<html>
    <head>
            <meta charset="utf-8">
            <title>分时问候时间特效</title>
    </head>
    <body>
            <h3>分时问候时间特效</h3>
            <hr>
            <script type="text/javascript">
                    var now = new Date();
                    var hour = now.getHours();
                    document.write("当前日期与时间："+now+"<br><br>");
                    if(hour < 6){document.write("凌晨好！");}
                    else if (hour < 9){document.write("早上好！");}
                    else if (hour < 12){document.write("上午好！");}
                    else if (hour < 14){document.write("中午好！");}
                    else if (hour < 17){document.write("下午好！");}
                    else if (hour < 19){document.write("傍晚好！");}
                    else if (hour < 22){document.write("晚上好！");}
                    else {document.write("夜里好！");}
            </script>
    </body>
</html>
```

"var now = new Date()"，创建一个 Data 对象。

"var hour = now.getHours()"，提取系统的小时值。

"if(hour < 6){document.write（"凌晨好！"）}，对时间段进行判断，时间小于 6 点则问候语为"凌晨好！"。同理对其他时间段进行判断设置。

按下键盘上的"Ctrl+S"组合键，把文件保存在"E:\Sublime"，文件名为"web18-9.html"。

打开 360 安全浏览器，然后在浏览器的地址栏中输入"file:/// E:\Sublime \web18-9.html"，然后按回车键，效果如图 18.13 所示。

图 18.13　分时问候时间特效

18.3.2　动态显示当前日期和时间效果

双击桌面上的 Sublime Text 快捷图标，打开软件，然后单击菜单栏中的"File/New File"命令（快捷键：Ctrl+N），新建一个文件，然后输入如下代码：

```
<!DOSTYPE html>
<html>
    <head>
            <meta charset="utf-8">
            <title> 动态显示当前日期和时间效果 </title>
            <script type="text/javascript">
                    function showtime()
                    {
                            var today = new Date();
                            var day;
                            var date;
                            if(today.getDay()==0)  day = " 星期日 "
                            if(today.getDay()==1)  day = " 星期一 "
                            if(today.getDay()==2)  day = " 星期二 "
                            if(today.getDay()==3)  day = " 星期三 "
                            if(today.getDay()==4)  day = " 星期四 "
                            if(today.getDay()==5)  day = " 星期五 "
                            if(today.getDay()==6)  day = " 星期六 "
                            var hours = today.getHours();
                            var minutes = today.getMinutes();
                            var seconds = today.getSeconds()
                            document.fgColor = "000000";
                            date = " 今 天 是 " + (today.getFullYear()) + " 年 " +
(today.getMonth() + 1 ) + " 月 " + today.getDate() + " 日 " + day +"";
                            var timeValue =date+ "" +((hours >= 12) ? " 下 午 " :
" 上 午 " )
                            timeValue += ((hours >12) ? hours -12 :hours)
                            timeValue += ((minutes < 10) ? ":0" : ":") + minutes
                            timeValue += ((seconds < 10) ? ":0" : ":") + seconds
                            document.clock.thetime.value = timeValue;
                            setTimeout("showtime()",1000);
                    }
            </script>
    </head>
    <body onload="showtime()">
            <h3> 动态显示当前日期和时间效果 </h3>
            <hr>
            <form name="clock">
                    <p><input name="thetime" style="font-size:
15pt;color:#000000;border:0" size="50"></p>
            </form>
    </body>
</html>
```

"function showtime(){……}"，用于显示日期和时间的函数。

"var today = new Date()"，创建一个 Date() 对象。

'if(today.getDay()==0) day = "星期日"'，当 "today.getDay()" 的值为 "0" 时，"today.getDay()" 类似语句中根据 today.getDay() 取出的值，判断星期几，并将 day 赋予相应的星期几的值。

'date = "今天是" + (today.getFullYear()) + "年" + (today.getMonth() + 1) + "月" + today.getDate() + "日" + day +'，赋予 date 变量为系统年月日的字符串。用 "today.getYear()" "today.getMonth()" "today.getDate()" 提取系统年、月、日的值。

"document.clock.thetime.value = timeValue"，使表单中的文本框的值表示为时间的字符串。

'setTimeout("showtime()",1000); setTimeout()',延迟代码执行,在 1 秒钟后重新执行"showtime()"函数,使显示的时间是不断刷新的。

'<body onLoad="showtime()">',页面加载时调用"showtime()"函数。

按下键盘上的"Ctrl+S"组合键,把文件保存在"E:\Sublime",文件名为"web18-10.html"。

打开 360 安全浏览器,然后在浏览器的地址栏中输入"file:/// E:\Sublime \ web18-10.html",然后按回车键,效果如图 18.14 所示。

图 18.14　动态显示当前日期和时间效果

18.3.3　时间倒计时页面效果

双击桌面上的 Sublime Text 快捷图标,打开软件,然后单击菜单栏中的"File/New File"命令(快捷键:Ctrl+N),新建一个文件,然后输入如下代码:

```
<!DOSTYPE html>
<html>
    <head>
            <meta charset="utf-8">
            <title> 时间倒计时页面效果 </title>
            <style type="text/css">
                    #mytime{
                            width: 300px;
                            height: 40px;
                            padding:15px;
                            background-color: yellow;
                            color: red;
                            font-size: 18px;
                            border:15px green groove;
                    }
            </style>
    </head>
    <body>
            <h3> 时间倒计时页面效果 </h3>
            <hr>
            <div id ="mytime">
                    <script type="text/javascript">
                            // 你可以将圣诞节改为其他的节日
                            var urodz= new Date("December 25,2019");
                            var  s=" 圣诞 ";
                            var now = new Date();
                            var ile = urodz.getTime() - now.getTime();
                            var dni = Math.floor(ile / (1000 * 60 * 60 * 24));
```

```
                                        if (dni > 1)
                                            document.write(" 今天离 "+s+" 还有 "+dni +" 天 ")
                                        else if (dni == 1)
                                            document.write(" 只有 2 天啦！ ")
                                        else if (dni == 0)
                                            document.write(" 只有 1 天啦！ ")
                                        else
                                            document.write(" 好像已经过了哦！ ");
                                    </script>
                        </div>
                </body>
        </html>
```

'var urodz= new Date("December 25，2019")'，创建一个时间对象，时间为 2019 年 12 月 25 号，圣诞节。

"var now = new Date()"，创建一个 "now" 的时间对象，提取系统的当前时间。

"var ile = urodz.getTime() − now.getTime()"，用圣诞节的时间减去现在系统当前时间，得出二者之间的时间差，用 "Math.floor(ile / (1000 * 60 * 60 * 24))" 语句计算出倒计时的天数。根据天数的多少，显示不同的提示语。

按下键盘上的 "Ctrl+S" 组合键，把文件保存在 "E:\Sublime"，文件名为 "web18-11. html"。

打开 360 安全浏览器，然后在浏览器的地址栏中输入 "file:/// E:\Sublime \ web18-11.html"，然后按回车键，效果如图 18.15 所示。

图 18.15 动态显示当前日期和时间效果

18.4 JavaScript 的鼠标事件特效

下面来讲解一下如何利用 JavaScript 编程实现 HTML 网页中的鼠标事件特效。

18.4.1 不允许单击鼠标左右键特效

双击桌面上的 Sublime Text 快捷图标，打开软件，然后单击菜单栏中的 "File/New File" 命令（快捷键：Ctrl+N），新建一个文件，然后输入如下代码：

```
<!DOSTYPE html>
<html>
    <head>
            <meta charset="utf-8">
            <title> 不允许单击鼠标左右键特效 </title>
    </head>
    <body>
            <h3> 不允许单击鼠标左右键特效 </h3>
            <hr>
            <script type="text/javascript">
                    function click()
                    {
                            if (event.button==1)
                            {
                                    window.alert(' 不许单击鼠标左键! ');
                            }
                            if (event.button==2)
                            {
                                    window.alert(' 不许单击鼠标右键! ');
                            }
                    }
                    document.onmousedown=click;
            </script>
    </body>
</html>
```

"event.button==1 和 event.button==2"代表什么意思？在 IE 浏览器中，按钮代码存放在"event"对象的"button"属性中，以数字的形式出现。有 7 种可能值："0"：什么键都没按；"1"：左键；"2"：右键；"3"：左键和右键；"4"：中间键；"5"：左键和中间键；"6"：右键和中间键；"7"：所有三个键。

按下键盘上的"Ctrl+S"组合键，把文件保存在"E:\Sublime"，文件名为"web18-12.html"。

打开 IE 浏览器，然后在浏览器的地址栏中输入"E:\Sublime \ web18-12.html"，然后按回车键，再单击鼠标左键，弹出提示对话框，如图 18.16 所示。

单击鼠标右键，弹出提示对话框，如图 18.17 所示。

图 18.16　单击鼠标左键弹出的提示对话框

图 18.17　单击鼠标右键弹出的提示对话框

18.4.2　动态显示鼠标的当前坐标

双击桌面上的 Sublime Text 快捷图标，打开软件，然后单击菜单栏中的"File/New File"命令（快捷键：Ctrl+N），新建一个文件，然后输入如下代码：

```
<!DOSTYPE html>
<html>
    <head>
            <meta charset="utf-8">
            <title>动态显示鼠标的当前坐标</title>
            <script type="text/javascript">
                    function MouseMove()
                    {
                            if (window.event.x != document.test.x.value &&
window.event.y != document.test.y.value)
                            {
                                    document.test.x.value = window.event.x;
                                    document.test.y.value = window.event.y;
                            }
                    }
            </script>
    </head>
    <body onmousemove="MouseMove()">
            <h3>动态显示鼠标的当前坐标</h3>
            <hr>
            <form name="test">
                    鼠标的 X 坐标值：<input type="text" name="x" size="4">
                    鼠标的 Y 坐标值：<input type="text" name="y" size="4">
            </form>
    </body>
</html>
```

'<body onMousemove="MouseMove()">'鼠标移动时调用"MouseMove()"函数。

"function MouseMove() {……}"函数表示浏览器中提取鼠标的坐标数，将值赋给表单中的"x""y"文本框。

按下键盘上的"Ctrl+S"组合键，把文件保存在"E:\Sublime"，文件名为"web18-13.html"。

打开 360 安全浏览器，然后在浏览器的地址栏中输入"file:/// E:\Sublime \web18-13.html"，然后按回车键，再移动鼠标，就会在文本框中显示鼠标当前的位置，即 x 和 y 坐标值，如图 18.18 所示。

图 18.18　动态显示鼠标的当前坐标

18.5　JavaScript 的菜单特效

下面来讲解一下如何利用 JavaScript 编程实现 HTML 网页中的菜单特效。

18.5.1　下拉菜单特效

双击桌面上的 Sublime Text 快捷图标，打开软件，然后单击菜单栏中的"File/New File"命令（快捷键：Ctrl+N），新建一个文件，然后输入如下代码：

```
<!DOSTYPE html>
<html>
    <head>
            <meta charset="utf-8">
            <title>动态显示鼠标的当前坐标</title>
            <script type="text/javascript">
                    function out()
                    {
                            if(window.event.toElement.id!="menu" && window.
event.toElement.id!="link")
                                    menu.style.visibility="hidden";
                    }
            </script>
    </head>
    <body>
            <h3>下拉菜单特效</h3>
            <hr>
            <div id="back" onmouseout="out()"style="position:absolute;top:60px;
left:20px;width:300px;height:20px;
    z-index:1;visibility:visible;">
            <span id="menubar"  onmouseover="menu.style.visibility='visible'">
网站导航菜单</span>
            <div border=1  id="menu" style="position:absolute;top:21px;left:0;w
idth:299px;height:100;
    z-index:2;visibility:hidden;">
            <a id="link" href="http://www.sohu.com">sohu新闻网</a><br>
            <a id="link" href="http://www.sina.com">新浪网sina</a><br>
            <a id="link" href="http://www.chinaren.com">中国人chinaren</a><br>
            <a id="link" href="http://www.baidu.com">百度baidu</a><br>
            </div>
    </div>
    </body>
</html>
```

下拉菜单的实现很简单，将整个菜单的显示放在一个层中，id 为 "back"，设置'onmouseout="out()"'当鼠标划过调用"out()"函数。"out()"判断鼠标是否移动到下拉菜单的下一级目录，如果不是则将菜单隐藏。当鼠标经过"浏览网站"这几个字时，将层"menu"显示出来，这是调用"out()"函数，如果鼠标移动到 menu 层或者移动到"menu"层中"link"选项时，则显示下拉菜单，否则则将下拉菜单隐藏。这样就实现鼠标经过时显示菜单，鼠标划离时菜单消失。

'if(window.event.toElement.id!="menu" && window.event.toElement.id!="link") menu.style.visibility="hidden"'，语句是用来判断网站中的下来菜单

是否显示。"window.event.toElement"表示鼠标要移动到的对象。如果鼠标移动的对象不为"menu"和"link"则将菜单隐藏。也就是所当鼠标不是落在下拉菜单上,则隐藏下来菜单。

'<span id="menubar" onmouseover="menu.style.visibility='visible'">',浏览网站。"</span>"当鼠标经过浏览网站这个对象时,设置"menu"层的"visibility"的属性为"'visible'"表示,将菜单显示出来。

按下键盘上的"Ctrl+S"组合键,把文件保存在"E:\Sublime",文件名为"web18-14.html"。

打开 360 安全浏览器,然后在浏览器的地址栏中输入"file:/// E:\Sublime \web18-14.html",然后按回车键,如图 18.19 所示。

当鼠标指向"网站导航菜单"时,就会弹出下拉菜单,如图 18.20 所示。

图 18.19 下拉菜单特效的初始状态

图 18.20 下拉菜单

当鼠标离开"网站导航菜单"时,下拉菜单就会再隐藏起来。

18.5.2 滚动的导航菜单特效

双击桌面上的 Sublime Text 快捷图标,打开软件,然后单击菜单栏中的"File/New File"命令(快捷键:Ctrl+N),新建一个文件,然后输入如下代码:

```html
<!DOSTYPE html>
<html>
    <head>
            <meta charset="utf-8">
            <title>滚动的导航菜单特效</title>
    </head>
    <body>
            <h3>滚动的导航菜单特效</h3>
            <hr>
            <script type="text/javascript">
                    var index=4
                    var lin=new Array(4);
                    var text=new Array(4);
                    // 设置菜单项的链接
                    lin[0]="http://www.sohu.com";
                    lin[1]="http://www.sina.com";
                    lin[2]="http://www.chinaren.com";
                    lin[3]="http://www.baidu.com";
```

```
                        //设置显示菜单项的文本
                        text[0]="sohu 新闻网 ";
                        text[1]="sina 新浪网 ";
                        text[2]="chinaren 中国人 ";
                        text[3]="baidu 百度 ";
                        //输出菜单
                        document.write("<marquee scrollamount=1 scrolldelay=100
direction=up width=150 height=60 >");
                        for(var i=0 ;i<index;i++)
                        {
                                document.write("<a href="+lin[i]+">"+text[i]+"</
a><br>");
                        }
                        document.write("</marquee>");
                </script>
        </body>
    </html>
```

本实例应用"marquee"对象来实现滚动的导航菜单，在"marquee"对象中存放菜单项和相应的链接，使导航菜单按照一定步长、速度、方向进行滚动。

"<marquee scrollamount=1 scrolldelay=100 direction=up width=150 height=60>"，在网页上建立"marquee"对象，（"marquee"是 HTML 语言中的一个标签名，用来实现页面中的文字移动功能）。设置滚动步长为 1 像素，设置每间隔 100ms 毫秒滚动一次，滚动方向为"up"（向上）。

'document.write("<a href="+lin[i]+">"+text[i]+"</a>
")'，输出链接文字。

按下键盘上的"Ctrl+S"组合键，把文件保存在"E:\Sublime"，文件名为"web18-15.html"。

打开 360 安全浏览器，然后在浏览器的地址栏中输入"file:/// E:\Sublime \ web18-15.html"，然后按回车键，如图 18.21 所示。

图 18.21　滚动的导航菜单

第 19 章

JavaScript 窗口的控制和提醒功能

本章讲解 JavaScript 的 window 对象，从而实现窗口的基本操作，以及提示对话框、询问对话框和输入对话框的基本操作。

本章主要内容包括：

➤ window 对象的属性和方法
➤ 在 JavaScript 中引用 window 对象属性和方法
➤ 打开窗口和关闭窗口
➤ 移动或改变窗口大小

➤ 提示对话框
➤ 询问对话框
➤ 输入对话框

19.1 JavaScript 的 window 对象

window 对象，即窗口对象，它处在文档对象模型的层次的最顶层。window 对象为 web 浏览器所有内容的容器，只要打开 360 安全浏览器窗口，即使没有任何内容，浏览器也会在内存中创建一个 window 对象。每打开一个浏览器窗口都对应 JavaScript 脚本程序中的一个 window 对象。

Window 对象和其他对象一样提供了一些属性和方法对窗口的内容进行控制，利用这些属性和方法，再配合一定的事件处理事件，可以实现对浏览器窗口的很多功能，开发出既美观又实用的、交互性好的页面。

19.1.1 window 对象的属性

window 对象的常用属性及意义见表 19.1。

表 19.1 window 对象的常用属性及意义

属性	意义
name	窗口的名字，窗口名称可通过 window.open() 方法指定，也可以在 <frame> 标记中使用 name 属性指定
closed	判断窗口是否已经被关闭，返回布尔值
length	窗口内的框架个数
opener	代表使用 open 打开当前窗口的父窗口
self	当前窗口，指对本身窗口的引用
window	当前窗口，与 self 属性意义相同
top	当前框架的最顶层窗口
defaultstatus	缺省的状态栏信息
status	状态栏的信息
innerHeight innerWidth	网页内容区高度与宽度
outerHeight outerWidth	网页边界的高度与宽度，以像素为单位
pageXOffset pageYOffset	网页左上角的坐标值，整数型只读值，指定当前文档向右、向下移动的多少像素
scrollbars	浏览器的滚动条

属性	意义
toolbar	浏览器的工具栏
menubar	浏览器的菜单栏
locationbar	浏览器的地址栏
document	只读，引用当前窗口活框架包含 document 对象
frames	记录窗口中包含的框架
history	只读，引用 history 对象
location	引用 location 对象

19.1.2　window 对象的方法

window 对象的常用方法及意义见表 19.2。

表 19.2　window 对象的常用方法及意义

方法	意义
open()	open(URL，窗口名 [，窗口规格])，打开一个新窗口。返回值为窗口名
close()	关闭窗口
clearInterval(定时器名)	清除定时器无返回值
clearTimeout(超时名)	清除先前设置的超时，无返回值
setTimeout(表达式 ,n 毫秒数)	等待 n 毫秒后，运行表达式
setInterval(表达式 ,n 毫秒数)	每隔 n 毫秒，运行表达式
moveBy(水平点数，垂直点数)	正值为窗口往右往下移动，负值相反
moveTo(x,y)	窗口移到 x,y 坐标处 (左上角)
resizeBy(水平点数，垂直点数)	调整窗口大小，往右往下的增加
resizeTo(w,h)	调整窗口大小，宽 w，高 h
focus()	得到焦点
blur ()	失去焦点
home()	类似浏览器工具栏的主页
stop()	类似浏览器工具栏的停止
back()	类似浏览器工具栏的后退
forward()	类似浏览器工具栏的 前进
alert(字符串)	弹出警告信息
confirm(字符串)	弹出警告信息，增加 ok，cancel 按钮，根据用户单击的按钮，返回 true 与 false
prompt(提示 ，默认值)	弹出对话框，返回用户输入的文本

19.1.3　在 JavaScript 中引用 window 对象属性和方法

Window 对象的属性和方法在 JavaScript 中的引用与其他对象的引用方法一样，通过对对象名称的引用，来明确对象的属性、方法，具体如下：

```
window.属性
window.方法
```

例如，关闭窗口：window.close()；打开窗口：window.open()。

另一个引用 window 对象的方法是可以 self 属性来代替 window 引用当前窗口的属性和方法，使用它引用 window 对象与使用 window 对象完全一样，具体代码如下：

```
self.属性
self.方法
```

例如，关闭窗口：self.close()；打开窗口：self.open()。

在含有多个窗口的脚本程序中，使用 self 引用当前窗口可以确保准确的调用当前窗口的属性和方法。

在 JavaScript 中，还可以不使用标识符 window 和 self 直接引用 window 对象的属性和方法：close() 和 open() 关闭窗口和打开窗口，执行效果是一样的。

19.2　窗口的基本操作

下面来讲解一下，如何在 JavaScript 中实现窗口的基本操作，即打开窗口、关闭窗口、移动或改变窗口大小。

19.2.1　打开窗口

在 JavaScript 中，使用 window 对象的 open() 方法来打开一个窗口，其语法格式如下：

```
open(URL,window name,参数)
```

参数 URL：新窗口文档的地址；Window name：新窗口的名称；参数：窗口的很多特征都是通过参数来设置的，主要包括下面几种：

heitht：以像素为单位，窗口的高度；

widtht：以像素为单位，窗口的宽度；

left：以像素为单位，窗口距离屏幕左边的位置；

top：以像素为单位，窗口距离屏幕顶部的位置；

toolbar：是否有标准工具栏；

location：是否显示 URL；

directories：是否显示目录按钮；

status：是否有状态栏；

menubar：是否有菜单栏；

scrollbars：当文档内容大于窗口时是否有滚动条；

resizable：定义窗口是否可以改变大小；

outerHeight：以像素为单位的窗口外部高度。

可以没有参数或者有多个参数，参数之间要用逗号分隔。

双击桌面上的 Sublime Text 快捷图标，打开软件，然后单击菜单栏中的"File/New File"命令（快捷键：Ctrl+N），新建一个文件，然后输入如下代码：

```
<!DOSTYPE html>
<html>
    <head>
            <meta charset="utf-8">
            <title> 打开窗口 </title>
    </head>
    <body>
            <h3 align="center"> 打开窗口 </h3>
            <hr>
            <form name="form1" method="post">
            <div align="left">
              <table width="100%" border="0" cellspacing="0" cellpadding="0">
                <tr align="center">
                    <td colspan="4" height="35"> URL:
                        <input type="text" size="40" name="url" value="http://">
                        </td>
                </tr>
                <tr align="center">
                    <td width="25%" height="25">
                      <input type="checkbox" name="tool" value="ON">
                        : 快捷键 </td>
                    <td width="25%" height="25">
                      <input type="checkbox" name="loc_box" value="ON">
                        : 地址栏 </td>
                    <td width="25%" height="25">
                      <input  type="checkbox" name="dir" value="ON">
                        : 链 接 </td>
                    <td width="25%" height="25">
                      <input type="checkbox" name="stat" value="ON">
                        : 状态栏 </td>
                </tr>
                <tr align="center">
                    <td width="25%" height="25">
                      <input  type="checkbox" name="resize" value="ON">
                        : 调大小 </td>
                    <td width="25%" height="25">
                      <input type="checkbox" name="scroll" value="ON">
                        : 滚动条 </td>
                    <td width="25%" height="25">
                      <input  type="checkbox" name="menu" value="ON">
                        : 菜 单 </td>
                    <td width="25%" height="25"> </td>
                </tr>
                <tr align="center">
                    <td colspan="2" height="35">
```

```
            <input type="text" name="wid" size="14">
              : 宽 </td>
            <td colspan="2" height="25">
              <input type="text" name="heigh" size="14">
              : 高 </td>
          </tr>
          <tr align="center">
            <td colspan="4" height="25">
              <input type="button" size="10" value=" 确认 " name="button">
              <input type="reset"  size="10" value=" 重填 "  name="reset">
            </td>
          </tr>
        </table>
      </div>
    </form>
  </body>
</html>
```

按下键盘上的 "Ctrl+S" 组合键，把文件保存在 "E:\Sublime"，文件名为 "web19-1.html" 。

打开 360 安全浏览器，然后在浏览器的地址栏中输入 "file:/// E:\Sublime \ web19-1.html"，然后按回车键，效果如图 19.1 所示。

图 19.1　打开窗口的初始界面

下面来编写 JavaScript 代码，实现打开 window 窗口功能，具体代码如下：

```
        <script type="text/javascript">
            function customize(form)
            {
            var address = document.form1.url.value;
            var op_tool  = (document.form1.tool.checked== true) ? 1:0;
             var op_loc_box  = (document.form1.loc_box.checked == true)
? 1 : 0;
            var op_dir  = (document.form1.dir.checked == true)  ? 1 : 0;
            var op_stat  = (document.form1.stat.checked == true)  ? 1 :
0;
            var op_menu  = (document.form1.menu.checked == true)  ? 1 :
0;
            var op_scroll  = (document.form1.scroll.checked == true)  ?
1 : 0;
            var op_resize  = (document.form1.resize.checked == true)  ?
1 : 0;
            var op_wid  = document.form1.wid.value;
            var op_heigh = document.form1.heigh.value;
             var option="toolbar="+op_tool+",location="+op_loc_box+
",directories="+op_dir+",status="+op_stat+ ",menubar="+op_menu+",scrollbars="+op_
scroll+ ",resizeable=" + op_resize+",width=" + op_wid +",height=" + op_heigh;
```

```
                    var win3 = window.open(address,"打开窗口",option);
                }
        </script>
```

"var op_tool = (document.form1.tool.checked== true)？1：0"，该语句提取复选框 "tool" 的值，判断是否有快捷键。如果选中则值为 "1"，否则为 "0"。以下各个页面属性，也按照此种方法进行判断。

'option= "toolbar=" +op_tool+ ",location=" +op_loc_box+ ",directories=" +op_dir+ ",status=" +op_stat+ ",menubar=" +op_menu+ ",scrollbars=" +op_scroll+ ",resizeable=" +p_resize+ ",width=" + op_wid + ",height=" + op_heigh'，此字符串将打开窗口的属性连接起来，各个参数之间用逗号分开。

'var win3 = window.open(address，"打开窗口"，option)'，新建一个名字为"打开窗口"的窗口，打开网址是 "address"，按照 "option" 参数设置窗口。

注意，这些代码是 head 元素中。

接下来，为"确认"按钮添加单击事件，来调用定义的 "customize()" 函数，具体代码如下：

```
    <input    type="button" size="10" value=" 确 认 " name="button"
onclick="customize(this.form)" >
```

重新刷新 web19-1.html 网页，然后就可以输入要打开的网页地址，在这里输入 "http://www.163.com"，窗口的宽度为 400，高度为 300，并选中"滚动条"复选框，然后单击"确认"按钮，这时如图 19.2 所示。

图 19.2　打开窗口

19.2.2　关闭窗口

当关闭一个打开的窗口时，使用 window 对象的 "close()" 方法，即可以关闭窗口。

双击桌面上的 Sublime Text 快捷图标，打开软件，然后单击菜单栏中的 "File/New

File"命令（快捷键：Ctrl+N），新建一个文件，然后输入如下代码：

```
<!DOSTYPE html>
<html>
    <head>
            <meta charset="utf-8">
            <title>打开窗口</title>
            <script type="text/javascript">
                    function shutwin()
                    {
                            window.close();
                            return;
                    }
            </script>
    </head>
    <body>
            <h3 align="center">关闭窗口</h3>
            <hr>
            <a href="javascript:shutwin();">关闭本窗口</a>
    </body>
</html>
```

按下键盘上的"Ctrl+S"组合键，把文件保存在"E:\Sublime"，文件名为"web19-2.html"。

打开 360 安全浏览器，然后在浏览器的地址栏中输入"file:/// E:\Sublime \ web19-2.html"，然后按回车键，效果如图 19.3 所示。

图 19.3　关闭窗口的初始界面

单击"关闭本窗口"超链接，就可以关闭窗口。

19.2.3　移动或改变窗口大小

在 Window 对象中，可以实现对窗口的位置移动、大小改变。主要方法有以下几种：

resizeTo(iWidth, iHeight)：以绝对方式改变窗口大小。使窗口调整大小到宽 width 像素，高 height 像素。例如 resizeTo(400,300) 表示将窗口大小修改为横向 400 像素，纵向 300 像素。

resizeBy(iX, iY)：以相对方式改变窗口大小使窗口调整大小。使窗口宽增大 (iX 像素，高增大 iY 像素。如果取负值，则表示缩小窗口。例如，resizeBy(20, 20) 表示窗口在当前大小的基础上横向放大 20 像素、纵向放大 20 像素。resizeBy(-20, -20) 表示窗口在当前大小的基础上横向和纵向都缩小 20 像素。resizeBy(-20，20) 表示窗口在当前大小的基础上横向缩小 20 像素、纵向放大 20 像素。

moveBy(iX，iY) 用相对方式移动窗口。窗口的大小不变，如果为正值，则表示窗口在 x 轴方向上向右移动 iX 像素，在 y 轴方向上向下移动 iY 像素。如果为负值则表示，在 x 轴方向上向左移动 iX 像素，在 y 轴方向上向上移动 iY 像素。例如：

moveBy(20，15) 表示窗口在原来位置的基础上向右移动 20 像素、向下移动 15 像素。moveBy(-20，-15) 表示窗口在原来位置的基础上向左移动 20 像素、向上移动 15 像素。moveBy(20，-15) 表示窗口在原来位置的基础上向右移动 20 像素、向上移动 15 像素。

moveTo(iLeft，iTop) 用绝对方式移动窗口。窗口中屏幕的左上角的坐标为（0，0），该语句表示将窗口移动到距离左上角，x 轴方向为 iLeft 像素，y 轴方向为 iTop 像素。例如，moveTo(0,0) 表示将窗口移动到屏幕的左上角，坐标为（0，0）的位置。moveTo(120,240) 表示将窗口移动到屏幕上，坐标为（120，240）的位置。

19.3　与用户交互的对话框

与用户交互的对话框有 3 个，分别是提示对话框、询问对话框和输入对话框，下面分别讲解一下。

19.3.1　提示对话框

提示对话框是利用 alert() 方法来创建的。该方法有一个参数，即希望对用户显示的文本字符串。该字符串不是 HTML 格式。该消息框提供了一个"确定"按钮让用户关闭该消息框，并且该消息框是模式对话框，也就是说，用户必须先关闭该消息框然后才能继续进行操作。

alert() 方法的语法格式如下：

```
window.alert(message);
```

alert() 方法接收一个参数，该参数将转换为字符串直接显示在对话框上。

双击桌面上的 Sublime Text 快捷图标，打开软件，然后单击菜单栏中的"File/New File"命令（快捷键：Ctrl+N），新建一个文件，然后输入如下代码：

```
<!DOSTYPE html>
<html>
    <head>
        <meta charset="utf-8">
        <title>打开窗口</title>
        <script type="text/javascript">
```

```
                    function show()
                    {
                            window.alert("欢迎你登录本网站！");
                    }
            </script>
    </head>
    <body onload="show()">
            <h3 align="center"> 提示对话框的应用 </h3>
            <hr>
            打开网页时，显示提示对话框
    </body>
</html>
```

自定义"show()"函数，然后利用"body"元素的加载事件调用该函数。

按下键盘上的"Ctrl+S"组合键，把文件保存在"E:\Sublime"，文件名为"web19-3.html"。

打开 360 安全浏览器，然后在浏览器的地址栏中输入"file:/// E:\Sublime \web19-3.html"，然后按回车键，效果如图 19.4 所示。

图 19.4　提示对话框

19.3.2　询问对话框

询问对话框是利用 confirm() 方法来创建的。询问对话框的作用是显示一条信息让用户确认，弹出的对话框包括"确定"和"取消"两个按钮，如果用户单击"确定"，则 confirm 函数返回 true，否则返回 false。

confirm() 方法的语法格式如下：

```
var truthBeTold = window.confirm("单击"确定"继续。单击"取消"停止。");
```

双击桌面上的 Sublime Text 快捷图标，打开软件，然后单击菜单栏中的"File/New File"命令（快捷键：Ctrl+N），新建一个文件，然后输入如下代码：

```
<!DOSTYPE html>
<html>
    <head>
            <meta charset="utf-8">
            <title> 打开窗口 </title>
            <script type="text/javascript">
                    function myq()
                    {
                            var myt = window.confirm("请确定要登录本网站吗？");
```

```
                              if (myt)
                              {
                                      window.alert("单击了'确定'按钮，欢迎你登录本
网站！");
                              }
                              else
                              {
                                      window.alert("单击了'取消'按钮这一次没有时间登
录没有关系，希望有时间再来！");
                                      window.close();
                              }
                      }
              </script>
      </head>
      <body onload="myq()">
              <h3 align="center">询问对话框的应用</h3>
              <hr>
              询问对话框是利用 confirm() 方法来创建的。
      </body>
</html>
```

按下键盘上的"Ctrl+S"组合键，把文件保存在"E:\Sublime"，文件名为"web19-4.html"。

打开 360 安全浏览器，然后在浏览器的地址栏中输入"file:/// E:\Sublime \ web19-4.html"，然后按回车键，效果如图 19.5 所示。

如果单击询问对话框中的"确定"按钮，这时会弹出如图 19.6 所示的提示对话框。

图 19.5　询问对话框

图 19.6　提示对话框

单击提示对话框中的"确定"按钮，就可以进入网站。

如果单击询问对话框中的"取消"按钮，这时会弹出如图 19.7 所示的提示对话框。

图 19.7　单击"取消"按钮后的提示对话框

单击提示对话框中的"确定"按钮，就会关闭网站。

19.3.3　输入对话框

输入对话框是利用 prompt() 方法来创建的。输入对话框包含一个文本框的对话框和"确认""取消"按钮。用户在文本框输入一些数据，整个文档中的运行程序都会暂停。如果用户按下"确认"，则返回文本框里已有的内容；如果用户按下"取消"，则返回"null"值或默认值。

prompt() 方法的语法格式如下：

```
window.prompt(message,defaultValue);
```

"message"表示输入对话框上的提示信息；"defaultValue"为默认值。

双击桌面上的 Sublime Text 快捷图标，打开软件，然后单击菜单栏中的"File/New File"命令（快捷键：Ctrl+N），新建一个文件，然后输入如下代码：

```
<!DOSTYPE html>
<html>
    <head>
            <meta charset="utf-8">
            <title> 弹出窗口式的密码保护网页 </title>
            <script type="text/javascript">
                    function password()
                    {
                            var cishu = 1;
                            var pass= prompt(' 请输入密码 :','');
                            while (cishu< 3)
                            {
                                    if (!pass)
                                    {
                                            history.go(-1);
                                    }
                                    if (pass== "qd123456")
                                    {
                                            window.alert(' 密码正确 , 可以成功登录 !');
                                            break;
                                    }
                                    var pass=prompt(' 密码错误 ! 请重新输入 , 还有 '+(3-
cishu)+" 次机会： ");

                                    cishu+=1;
                            }
                            if (pass!="qd123456" & cishu==3)
                            {
                                    window.alert(" 登录失败 ! ");
                                    window.close();
                            }
                    }
            </script>
    </head>
    <body onload="password()">
            <h3 align="center"> 弹出窗口式的密码保护网页 </h3>
            <hr>
            弹出窗口式的密码保护网页
    </body>
</html>
```

"password()"函数，用来进行密码保护的程序。

"var cishu = 1; cishu"变量是用来限制用户的最多输入次数。

"var pass= prompt('请输入密码 :',')",使用 "prompt" 方法提示用户输入一个密码（一个字符串），并赋给 "pass" 变量。

"while (cishu< 3) { }",该语句限制用户输入错误密码的次数，如果小于三次，测试测试输入密码是否与设定的密码相同。

'if (pass!="qd123456" & cishu==3)',如果密码不等于 "qd123456",并且输入密码的次数大于三次，则显示提示对话框并关闭窗口。

'onload="password()"',利用 body 元素的加载事件，调用 password() 函数。

按下键盘上的 "Ctrl+S" 组合键，把文件保存在 "E:\Sublime",文件名为 "web19-5.html"。

打开 360 安全浏览器，然后在浏览器的地址栏中输入 "file:/// E:\Sublime \web19-5.html",然后按回车键，效果如图 19.8 所示。

如果输入的密码不是 "qd123456",单击 "确定" 按钮后，显示如图 19.9 所示的对话框。

图 19.8　输入对话框

图 19.9　提示还有 2 次输入密码的机会

如果密码三次都输入错误，就会显示如图 19.10 所示的提示对话框。

单击提示对话框中的 "确定" 按钮，就会关闭窗口。

如果正确地输入密码，即输入的密码是 "qd123456",就会显示如图 19.11 所示的提示对话框。

图 19.10　提示对话框

图 19.11　正确输入密码后的提示对话框

单击 "确定" 按钮，就可以成功登录网站，如图 19.12 所示。

图 19.12　成功登录网站

第 20 章
JavaScript 的 DOM 编程

文档对象模型（DOM）是指 W3C 定义的标准的文档对象模型。利用 DOM 中的对象，开发人员可以对文档（如 HTML）进行读取、搜索、修改、添加和删除等操作。

本章主要内容包括：

➤ DOM 中的节点

➤ Node 对象及其常用属性和方法

➤ 实例：HTML 文档的节点属性

➤ getElementsByTagName() 方法

➤ getElementById() 方法

➤ getElementsByName() 方法

➤ 节点的生成、添加和插入

➤ 节点的替换和删除

➤ 对属性进行操作

➤ 事件驱动及处理

20.1　初识文档对象模型

文档对象模型（DOM）为文档导航以及操作 HTML 文档的内容和结构提供标准函数。根据树结构以节点形式对文档进行操作就是 DOM 的工作原理。DOM 将文档中的每个项目看作节点，如元素、属性、注释、处理指令，甚至构成属性的文本。一般情况支持 Javascript 的所有浏览器都支持 DOM。

20.1.1　DOM 中的节点

在一个 HTML 文档中，DOM 将 HTML 的每一个元素都看作一个节点，如图 20.1 所示。

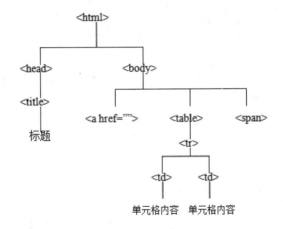

图 20.1　DOM 中的节点

在 DOM 中，文档是由节点组成的，节点的类型主要包括三种，分别是元素节点、属性节点和文本节点。如 20.1 图所示的 "<table>" 标记为元素节点，里面可以包含其他元素或者文本内容。例如 '<a href="">' 标记中为 "href" 属性节点，而例如标题文字、单元格内容为文本节点，也称为 "叶子节点"。

节点在文档中具有父节点和子节点的关系、兄弟节点的关系。在文档的树形层次结构中，一些节点处在另一些节点的上方，把为于上方的节点称为 "父节点"，位于下方的节点称为 "子节点"。如图 20.1 中的 "<table>" 标记为 "<tr>" 标记的父节点，而 "<tr>" 标记也为 "<td>" 标记的父节点，同样，"<td>" 为 "<tr>" 的子节点，"<tr>" 为 "<table>" 的子节点。在 HTML 文档中，有起始标记和结束标记的标记都有子节点。元素的属性不认为是元素的子节点。

兄弟节点指一些节点属于同一个父节点，位于同一层次的子节点，称为兄弟节点。如图 20.1 中"<tr>"标记下的两个"<td>"标记，同属于"<tr>"这个的父节点，并且在同一层次上，它们的关系为兄弟节点的关系。

20.1.2　Node 对象

"节点"也是一种对象，称作"Node"，可以是不同类型，例如，"文档""元素""属性""文本""处理指令"和"注释"。例如，元素是储存在 Element 节点中，而属性则是储存在 Attribute 节点中。Node 对象及意义见表 20.1。

表 20.1　Node 对象及意义

Node 对象	意义
Document	文件阶层中的根节点（DOM 树的根节点）
Element	一个元素
Attribute	一个属性。注意，属性与其他节点类型不同，因为它们不是同一父节点的子节点
ProcessingInstruction	处理指令
Comment	注释
Text	处于一个元素或一个属性中的文本内容（字符数据）
CDATASection	一块包含字符的文本区，这里的字符也可以是标记（markup）
Entity	实体

20.1.3　Node 对象的常用属性和方法

每一个节点都是一个程序设计对象，提供了存取相关对象的属性与方法。Node 对象的常用属性及意义见表 20.2。

表 20.2　Node 对象的常用属性及意义

属性	意义
attributes	如果该节点是一个 Element，则以 NamedNodeMap 形式返回该元素的属性
childNodes	以 Node[] 的形式存放当前节点的子节点。如果没有子节点，则返回空数组
firstChild	以 Node 的形式返回当前节点的第一个子节点。如果没有子节点，则为 null
lastChild	以 Node 的形式返回当前节点的最后一个子节点。如果没有子节点，则为 null
nextSibling	以 Node 的形式返回当前节点的兄弟下一个节点。如果没有这样的节点，则返回 null
nodeName	节点的名字，Element 节点则代表 Element 的标记名称
nodeType	代表节点的类型
parentNode	以 Node 的形式返回当前节点的父节点。如果没有父节点，则为 null
previousSibling	以 Node 的形式返回紧挨当前节点、位于它之前的兄弟节点。如果没有这样的节点，则返回 null

Node 对象的常用方法及意义见表 20.3。

表 20.3　Node 对象的常用方法及意义

方法	详细说明
appendChild()	通过把一个节点增加到当前节点的 childNodes[] 组，给文档树增加节点
cloneNode()	复制当前节点，或者复制当前节点以及它的所有子孙节点
hasChildNodes()	如果当前节点拥有子节点，则将返回 true
insertBefore()	给文档树插入一个节点，位置在当前节点的指定子节点之前。如果该节点已经存在，则删除之再插入到它的位置
removeChild()	从文档树中删除并返回指定的子节点
replaceChild()	从文档树中删除并返回指定的子节点，用另一个节点替换它

节点的 nodeName 、nodeType 属性为节点的名称和属性。nodeName 为节点的名称，需要注意的是，在节点为属性节点时，nodeName 的值为属性的名称，例如‘<a href="web7-2.html">'中，"href"属性节点的名称为"href"。"nodeType"表示属性的类型，不同的类型用不同的数值表示，元素节点、属性节点和文本节点三种，分别用数字 1、2、3 来表示。

DOM 树的根节点是个 Document 对象，该对象的 documentElement 属性引用表示文档根元素的 Element 对象（对于 HTML 文档，这个就是 <html> 标记）。Node 对象定义了一系列属性和方法，来方便遍历整个文档。用 parentNode 属性和 childNodes[] 数组可以在文档树中上下移动，可以使用 firstChild 和 nextSibling 属性进行循环操作，或者使用 lastChild 和 previousSibling 进行逆向循环操作。通过调用 appendChild()、insertBefore()、removeChild()、replaceChild() 方法可以改变一个节点的子节点从而改变文档树。

20.1.4　实例：HTML 文档的节点属性

双击桌面上的 Sublime Text 快捷图标，打开软件，然后单击菜单栏中的"File/New File"命令（快捷键：Ctrl+N），新建一个文件，然后输入如下代码：

```html
<html>
    <head>
            <meta charset="utf-8">
            <title>HTML 文档的节点属性 </title>
    </head>
     <body>
            <table  width="80%" border="1">
                    <thead>
                    <th> 姓名 </th>
                    <th> 年龄 </th>
                    </thead>
                    <tr align="left">
```

```
                                <td> 张三 </td>
                                <td>25</td>
                                </tr>
                        </table>
                        <br>
                        <script type="text/javascript">
                                document.write("html 的 根 节 点 为 "+document.childNodes[0].
nodeName+"<br>");
                                document.write(" 根 节 点 下 面 第 一 个 子 节 点 为 "+document.
childNodes[0].childNodes[0].nodeName+"<br>");
                                document.write(" 根 节 点 下 最 后 一 个 子 节 点 为 "+document.
childNodes[0].lastChild.nodeName+"<br>");
                                document.write(" 输 出 body 节点下的第一个节点 "+document.body.
childNodes[0].nodeName+"<br>");
                                document.write(" 输 出 body 节 点 下 的 第 二 个 节 点 "+document.body.
childNodes[1].nodeName+"<br>");
                                document.write(" 输 出 body 节 点 下 的 第 二 个 节 点 的 类 型 "+document.
body.childNodes[1].nodeType+"<br>");
                        </script>
        </body>
    </html>
```

"document.childNodes[0].nodeName"，表示文档下第一个节点的节点名称。"childNodes[0]"表示第一个子节点，依次类推。

"document.childNodes[0].childNodes[0].nodeName"，表示文档下第一个节点的第一个子节点的名称。

"document.body.childNodes[0].nodeName"，表示输出 body 节点下的第一个节点，直接引用 body 节点对象下的第一个子节点。

按下键盘上的"Ctrl+S"组合键，把文件保存在"E:\Sublime"，文件名为"web20-1.html"。

打开 360 安全浏览器，然后在浏览器的地址栏中输入"file:/// E:\Sublime \web20-1.html"，然后按回车键，效果如图 20.2 所示。

图 20.2　HTML 文档的节点属性

20.2 访问文档中的对象

DOM 将整个文档展现为内存中的一棵树状结构,每个元素、属性都是树上的一个节点。可以通过 JavaScript 来访问这棵 DOM 树,遍历树上的节点、动态添加、删除树上的节点、设置或修改某个节点的样式、设置或修改某个节点中保存的数值等。

在使用 DOM 的过程中,有时候需要访问到文档中的某个特定节点,或者具有特定类型的节点列表。DOM 对象提供 3 种方法来对文档中特点的节点进行访问,分别是 getElementsByTagName() 方法、getElementById() 方法、getElementsByTagName() 方法。

20.2.1 getElementsByTagName() 方法

getElementsByTagName() 方法,其作用是传回指定名称的元素集合,其语法格式如下:

```
var objNodeList=fatherNode.getElementsByTagName(tagname);
```

其中,"tagname"是一个字符串,代表要查找的元素名称。当"tagname"为"*"时传回父节点中所有的元素。这样"getElementsByTagName()"返回一个节点列表,可以通过使用方括号标记或者"item()"方法来逐个访问这些节点了。

双击桌面上的 Sublime Text 快捷图标,打开软件,然后单击菜单栏中的"File/New File"命令(快捷键:Ctrl+N),新建一个文件,然后输入如下代码:

```html
<html>
    <head>
            <meta charset="utf-8">
            <title>getElementsByTagName() 方法 </title>
    </head>
     <body>
            <table width="200" border="1">
                    <tr> <td>1</td> </tr>
            </table>
            <table width="200" border="1">
                    <tr><td>2</td><td>3</td></tr>
                    <tr><td>4</td><td>5</td></tr>
                    <tr><td>6</td><td>7</td></tr>
            </table>
            <br>
            <script type="text/javascript">
                    var aa = document.getElementsByTagName("table");
                    document.write(" 网页里所有的 table 集合共有: "+aa.length+" 个!
<br>");

                    var bb=aa[1].getElementsByTagName("td");
                    document.write(" 第 二 个 table 中 含 有 的 td 集合共有: "+bb.
length+" 个! ");
            </script>
        </body>
    </html>
```

利用 "getElementsByTagName()" 方法将文档中含有的 table 标记元素提取出来，返回一个元素集合，统计其个数。再利用这个 "table" 的元素集合查找第二个 "table" 中含有的 "td" 标记，返回元素集合，统计个数。

按下键盘上的 "Ctrl+S" 组合键，把文件保存在 "E:\Sublime"，文件名为 "web20-2.html"。

打开 360 安全浏览器，然后在浏览器的地址栏中输入 "file:/// E:\Sublime \ web20-2.html"，然后按回车键，效果如图 20.3 所示。

图 20.3　getElementsByTagName() 方法

20.2.2　getElementById() 方法

getElementById() 方法可以访问 document 中的某一特定元素，是通过 id 来取得元素，只能访问设置了 id 的元素，其语法格式如下：

```
var objectElement = fatherNode.getElementById (idValue)
```

其中，"idValue" 是一个字符串，是必选项，指明 id 属性值的字符串。返回 id 属性值与指定值相同的第一个对象。如果 id 属于一个集合，getElementById() 方法返回集合中的第一个对象。在 HTML 中，id 特性是唯一的，没有两个元素可以共享同一个 id，getElementsById() 方法是从文档树中获取单个指定元素最快的方法。

双击桌面上的 Sublime Text 快捷图标，打开软件，然后单击菜单栏中的 "File/New File" 命令（快捷键：Ctrl+N），新建一个文件，然后输入如下代码：

```
<html>
    <head>
            <meta charset="utf-8">
            <title>getElementById() 方法</title>
    </head>
     <body>
            <p id=id1>getElementById() 方法可以访问 document 中的某一特定元素，是通过
id 来取得元素，只能访问设置了 id 的元素。</p>
            <p id=id2> 在 HTML 中，id 特性是唯一的，没有两个元素可以共享同一个 id,
getElementsById() 方法是从文档树中获取单个指定元素最快的方法。</p>
            <script type="text/javascript">
        document.getElementById("id1").style.backgroundColor="yellow";
```

```
                        document.getElementById("id1").style.color = "red";
        document.getElementById("id2").style.backgroundColor="pink";
                        document.getElementById("id2").style.color = "blue";
            </script>
        </body>
    </html>
```

按下键盘上的"Ctrl+S"组合键，把文件保存在"E:\Sublime"，文件名为"web20-3.html"。

打开360安全浏览器，然后在浏览器的地址栏中输入"file:/// E:\Sublime \ web20-3.html"，然后按回车键，效果如图20.4所示。

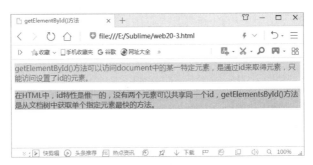

图 20.4　getElementById() 方法

20.2.3　getElementsByName() 方法

getElementsByName() 方法是通过 name 来获得元素，用来获取所有 name 特性等于指定值的元素集合。它与 getElementsById() 方法不同，在 document 中每一个元素的 ID 是唯一的，但 name 是可以重复。getElementsByName() 就可以取得的是元素组成一个数组。

双击桌面上的 Sublime Text 快捷图标，打开软件，然后单击菜单栏中的"File/New File"命令（快捷键：Ctrl+N），新建一个文件，然后输入如下代码：

```
<html>
    <head>
        <meta charset="utf-8">
        <title>getElementsByName() 方法 </title>
    </head>
    <body>
        <img  name="imges1" src="1.gif" width="100" height="100">
        <img name="imges1" src="like1.jpg" width="150" height="100">
        <img  name="imges1"  src="like2.jpg"  width="200"
height="100"><br><br>
        <script type="text/javascript">
            var x=document.getElementsByName("imges1")
            document.write(" 包含 "+x.length + " 个 imges1元素 <br>")
            for(var i=0;i<x.length;i++)
            {
                document.write("images1 中，第 "+i+" 元素的宽度为:
"+x[i].width+"<br>");
            }
```

```
        </script>
    </body>
</html>
```

按下键盘上的 "Ctrl+S" 组合键，把文件保存在 "E:\Sublime"，文件名为 "web20-4. html"。

打开 360 安全浏览器，然后在浏览器的地址栏中输入 "file:/// E:\Sublime \ web20-4.html"，然后按回车键，效果如图 20.5 所示。

图 20.5　getElementsByName() 方法

20.3　节点的基本操作

节点的基本操作包括节点的生成、添加、插入、替换和删除。

20.3.1　节点的生成

在 DOM 中，生成节点有两种常用方法，分别是 createElement() 方法和 createTextNode() 方法。

1. createElement() 方法

createElement() 方法的功能是在文档中创建一个新的元素节点，并返回该元素的一个引用。创建一个新的元素节点很简单。只要调用 createElement() 方法，如果希望对这个新建的元素执行进一步的操作，则把该方法的返回值 (即这个新建元素的引用) 赋值给一个变量即可。

例如在文档中插入一个段落 "<p>" 元素，可以表示为：

```
var  newP = document.createElement("p");
```

其中，"newP" 变量就是该新建段落元素的一个引用。

2. createTextNode() 方法

createTextNode() 方法以 text 参数指定的内容创建一个新的文本节点，并返回该节点的一个引用。和创建元素时一样，可以把返回值保存到一个变量中，以便在随后的代码中引用。

```
var newText = document.createTextNode("createTextNode 方法使用 ");
```

20.3.2 节点的添加和插入

利用 createElement() 方法和 createTextNode() 方法创建了两个新的节点，一个元素节点 newP 和一个文本节点 newText。现在，这两个节点并没有插入文档中，在浏览器中是不能看到。这时就需要用到相应的方法来将节点插入文档中或者元素中。

1. appendChild() 方法

appendChild() 方法表示在节点列表的末端添加一个节点。

例如将文本节点的内容插入新建节点 "newP" 中可以如下表示：

```
newP.appendChild(newText);
```

这样就在 newP 段落元素中插入了文本，如果要将这个段落内容显示在浏览器中，需要将 "newP" 元素插入 "body" 中，代码如下：

```
document.body.appendChild(newP);
```

双击桌面上的 Sublime Text 快捷图标，打开软件，然后单击菜单栏中的 "File/New File" 命令（快捷键：Ctrl+N），新建一个文件，然后输入如下代码：

```html
<html>
    <head>
            <meta charset="utf-8">
            <title>appendChild() 方法 </title>
    </head>
     <body>
            <script type="text/javascript">
                    table= document.createElement("table");
                    tbody = document.createElement("tbody");
                    for(var j = 0; j < 3; j++)
                        {
                                addtr= document.createElement("tr");
                                for(var i = 0; i < 3; i++)
                                    {
                                            addtd = document.createElement("td");
                                            celltext = document.createTextNode(" 单元格是
第 " + j + " 行，第 " + i + " 列 ");
                                            addtd.appendChild(celltext);
                                            addtr.appendChild(addtd);
                                    }
                                tbody.appendChild(addtr);
                        }
                    table.appendChild(tbody);
                    document.body.appendChild(table);
                    table.setAttribute("border","2");
            </script>
     </body>
```

```
</html>
```

table= document.createElement（"table"）; 创建 <table> 元素。

'body = document.createElement（"tbody"）'，创建"< tbody >"元素。

'for(var j = 0; j < 3; j++) {addtr= document.createElement（"tr"）;……}for'，循环创建一个"<tr>"元素，然后在利用"for"循环创建 3 个"<td>"元素。'celltext = document.createTextNode（"单元格是第" + j + "行，第" + i + "列"）'，创建单元格的文本元素。应用 appendChild（）方法将文本元素添加到"<td>"中，再将"<td>"添加到"<tr>"中。

"document.body.appendChild(table)"，将表格添加到 body 文档中。

'table.setAttribute（"border"，"2"）'，设置表格的边框宽度为 2 像素。

按下键盘上的"Ctrl+S"组合键，把文件保存在"E:\Sublime"，文件名为"web20-5. html"。

打开 360 安全浏览器，然后在浏览器的地址栏中输入"file:/// E:\Sublime \ web20-5.html"，然后按回车键，效果如图 20.6 所示。

图 20.6　appendChild() 方法

2. insertBefore() 方法

insertBefore() 表示在指定的现存节点前添加一个新的子元素。insertBefore 方法的功能和 appendChild 相似，都是将一个孩子节点连接到一个父亲节点，但 insertBefore 方法允许我们指定该子节点的位置。基本语法格式为：

```
var befoenote = fatherDocNode.insertBefore(newChild,refChild);
```

其中，newChild 是一个包含新子节点元素，refChild 是参照节点元素。新子节点被插到参照节点之前。如果 refChild 参数没有包含在内，新的子节点会被插到子节点列表的末端。

双击桌面上的 Sublime Text 快捷图标，打开软件，然后单击菜单栏中的"File/New File"命令（快捷键：Ctrl+N），新建一个文件，然后输入如下代码：

```
<html>
    <head>
        <meta charset="utf-8">
        <title>insertBefore() 方法 </title>
    </head>
    <body>
        <img src="like1.jpg" width="500" height="120"  id="img1">
        <script type="text/javascript">
                var newp = document.createElement("p");
                var newText = document.createTextNode(" 这是一张图片 ");
                newp.appendChild(newText);
                var refchild = document.getElementById("img1");
                document.body.insertBefore(newp,refchild);
        </script>
    </body>
</html>
```

'var refchild = document.getElementById（"img1"）'，使用 'getElementById（"img1"）'方法取出图片元素，以它为参照元素，插入字符串。

"document.body.insertBefore(newp,refchild)"，在 body 中，参照元素之前插入一段字符串。

按下键盘上的"Ctrl+S"组合键，把文件保存在"E:\Sublime"，文件名为"web20-6.html"。

打开 360 安全浏览器，然后在浏览器的地址栏中输入"file:/// E:\Sublime \web20-6.html"，然后按回车键，效果如图 20.7 所示。

图 20.7   insertBefore() 方法

3. insertData() 方法

通过使用 insertData() 的方法在一个现有的文本节点中插入一个字符串，其语法格式如下：

```
insertData(start,string)
```

其中，"start"为必要参数，指定开始插入字符的起始位置。默认值为从 0 开始，必要参数。"string"指定需要插入的字符串。

双击桌面上的 Sublime Text 快捷图标，打开软件，然后单击菜单栏中的"File/New File"命令（快捷键：Ctrl+N），新建一个文件，然后输入如下代码：

```
<html>
    <head>
        <meta charset="utf-8">
        <title>insertData() 方法</title>
    </head>
    <body>
        <p id="id1">DOM 将文档中的每个项目看作节点，如元素、属性、注释、处理指令，甚至
构成属性的文本。一般情况支持 Javascript 的所有浏览器都支持 DOM。</p>
        <script type="text/javascript">
            var x=document.getElementById("id1").childNodes[0];
            x.insertData(16,"《JavaScript 从入门到精通》");
        </script>
    </body>
</html>
```

'var x=document.getElementById（"id1"）.childNodes[0]'，该语句作用是取出
段落"p"节点中的文本节点，将它赋予"x"变量。

'x.insertData(16,"《JavaScript 从入门到精通》")'，表示在 16 的位置上插入字符串。

按下键盘上的"Ctrl+S"组合键，把文件保存在"E:\Sublime"，文件名为"web20-7.
html"。

打开 360 安全浏览器，然后在浏览器的地址栏中输入"file:/// E:\Sublime \
web20-7.html"，然后按回车键，效果如图 20.8 所示。

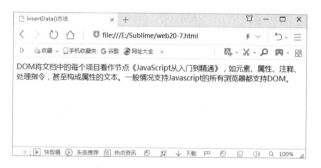

图 20.8　insertData() 方法

20.3.3　节点的替换

替换节点列表中的节点应用 replaceChild() 方法。rreplaceChild() 方法替换节点列表
中的一个节点，用新的子元素替换已有的子元素，其语法格式如下：

```
replaceChild(newChild,oldChild);
```

"newChild"为包含新子节点的对象。如果此参数为"null"，则此旧子节点会被移
除而不会被取代。"oldChild"为包含旧子节点的对象。如果替换成功，将返回替换的节点，
如果替换失败，将返回"null"。

双击桌面上的 Sublime Text 快捷图标，打开软件，然后单击菜单栏中的"File/New
File"命令（快捷键：Ctrl+N），新建一个文件，然后输入如下代码：

```
<html>
    <head>
        <meta charset="utf-8">
        <title>replaceChild() 方法</title>
        <script type="text/javascript">
            function replacep()
            {
                //新建一个p元素节点
                var newp = document.createElement("p");
                //新建一个文本元节点
                var newText = document.createTextNode("替换的文字（替
换后）");

                //将文本加入到p元素节点中
                newp.appendChild(newText);
                //提取文档中id1的元素节点，返回给para变量
                var para= document.getElementById("id1");
                //将新建的newp元素节点替换文档中的para元素节点
                var replaced = document.body.
replaceChild(newp,para);
            }
        </script>
    </head>
    <body>
        <p id="id1">被替换的文字（替换前）</p>
        <input name="" type="button" value="替换" onClick="replacep()">
    </body>
</html>
```

按下键盘上的"Ctrl+S"组合键，把文件保存在"E:\Sublime"，文件名为"web20-8.html"。

打开 360 安全浏览器，然后在浏览器的地址栏中输入"file:/// E:\Sublime \web20-8.html"，然后按回车键，效果如图 20.9 所示。

单击"替换"按钮，就可以实现节点的替换，如图 20.10 所示。

图 20.9　replaceChild() 方法　　　　　图 20.10　实现节点的替换

20.3.4　节点的删除

节点的删除需要使用 removeChild() 方法，其语法格式如下：

```
removeChild(oldChild);
```

这个方法接受一个参数，"oldChild"为一个包含要被移除的节点对象。

双击桌面上的 Sublime Text 快捷图标，打开软件，然后单击菜单栏中的"File/New File"命令（快捷键：Ctrl+N），新建一个文件，然后输入如下代码：

```html
<html>
    <head>
        <meta charset="utf-8">
        <title>removeChild() 方法 </title>
    </head>
    <body>
        <table width="200" border="1">
            <tr>
                <td> 第一单元格 </td>
                    <td> 第二单元格 </td>
            </tr>
            <tr >
                <td> 第三单元格 </td>
                    <td id="id1"> 第四单元格 </td>
            </tr>
            <tr>
                <td > 第五单元格 </td>
                    <td > 第六单元格 </td>
            </tr>
        </table>
        <script type="text/javascript">
                var x=document.getElementById("id1");
                x.parentNode.removeChild(x);
        </script>
    </body>
</html>
```

'var x=document.getElementById（"id1"）'，取出要删除节点的元素对象，
"x.parentNode.removeChild(x)"语句表示将"x"元素对象删除。

按下键盘上的"Ctrl+S"组合键，把文件保存在"E:\Sublime"，文件名为"web20-9.
html"。

打开 360 安全浏览器，然后在浏览器的地址栏中输入"file:/// E:\Sublime \
web20-9.html"，然后按回车键，效果如图 20.11 所示。

图 20.11 removeChild() 方法

20.4 对属性进行操作

Attr 对象代表了元素对象的属性。Attr 对象也是一个节点，它继承了节点对象的属

性和方法。属性并不包含父节点，也不是一个元素的子节点。Attr 对象代表文档元素的属性，有 name、value 等属性。可以通过 Attr 对象获得或者操作文档中属性节点，而通常情况下是通过调用 Element 的 getAttribute()、setAttribute()、removeAttribute() 方法来完成查询、设置或者删除一个属性节点的操作，比如设置 <table> 标记的 border 属性。

1. createAttribute() 方法

使用 createAttribute() 方法创建了一个新的属性节点，其语法格式如下：

```
createAttribute(name)
```

例如创建一个 name 为"size"的属性可以表示为：

```
createAttribute("size")
```

2. setAttribute() 方法

setAttribute() 方法表示把指定的属性设置为指定的字符串值，如果该属性不存在则添加一个新属性，其语法格式如下：

```
setAttribute(name, value);
```

将名为 name 的属性的值设为"value"。

例如将"size"属性的值设置为"9"可以表示为：

```
setAttribute(size, 9);
```

3. getAttribute() 方法

getAttribute() 返回名为 name 的属性值。基本语法为：

```
var attributevalue=getAttribute(name);
```

4. removeAttribute() 方法

removeAttribute() 方法表示删除指定节点名为 name 的属性，其语法格式如下：

```
removeAttribute(name)
```

双击桌面上的 Sublime Text 快捷图标，打开软件，然后单击菜单栏中的"File/New File"命令（快捷键：Ctrl+N），新建一个文件，然后输入如下代码：

```html
<html>
    <head>
            <meta charset="utf-8">
            <title> 对属性进行操作 </title>
    </head>
     <body>
            <table width="200" border="8">
                    <tr>
                        <td> 第一单元格 </td>
                            <td> 第二单元格 </td>
                    </tr>
                    <tr >
                        <td> 第三单元格 </td>
                            <td id="id1"> 第四单元格 </td>
                    </tr>
                    <tr>
```

```
                                <td >第五单元格 </td>
                                    <td >第六单元格 </td>
                            </tr>
                </table>
                <br>
                <script type="text/javascript">
                                var table1=document.getElementsByTagName("table").
item(0);
                                var tb=table1.getAttribute("border");
                                document.write(" 表格起始的 border 属性值为: "+tb);
                                table1.setAttribute("border",1);
                                document.write("<br> 表 格 现 在 的 border 属 性 值 为:
"+table1.getAttribute("border"));
                </script>
        </body>
    </html>
```

'tb=table1.getAttribute("border")', 取得表格的 border 属性的值。

'table1.setAttribute("border",1)', 设置表格 "border" 的属性值为 "1"。

按下键盘上的 "Ctrl+S" 组合键,把文件保存在 "E:\Sublime", 文件名为 "web20-10.html"。

打开 360 安全浏览器, 然后在浏览器的地址栏中输入 "file:/// E:\Sublime \ web20-10.html", 然后按回车键, 效果如图 20.12 所示。

图 20.12　对属性进行操作

20.5　事件驱动及处理

JavaScript 是基于对象 (object-based) 的语言, 它的基本特征就是采用事件驱动 (event-driven)。通常将鼠标或热键的动作称之为事件(Event), 而由鼠标或热键引发的一连串程序的动作, 称之为事件驱动(Event Driver)。而对事件进行处理的程序或函数, 称为事件处理程序(Event Handler)。

W3C 在二级 DOM 标准中引入了 DOM 事件模型, 提供了确定事件一系列的标准途径。在二级 DOM 标准中, 事件处理程序比较复杂, 当事件发生的时候, 目标节点的事件处理程序就会被触发执行，但是目标节点的父节点也有机会来处理这个事件。二级 DOM 的事件传播分为捕捉（capture）、执行和起泡（bubbling）3 个阶段。

捕捉阶段：事件从 Document 对象沿着 DOM 树向下传播到目标节点，如果目标的任何一个父节点注册了捕捉事件的处理程序，那么事件在传播的过程中就会首先运行这个程序。

执行阶段：就是发生在目标节点自身了，注册在目标节点上的相应的事件处理程序就会执行。

冒泡阶段：事件从目标元素向 document 起泡。

在 DOM 二级标准中，Event 作为发生事件的文档对象的属性。Event 含有两个子接口，分别是 UIEvent 和 MutationEvent，而 MouseEvent 接口又是 UIEvent 的子接口。Event 的主要属性和方法见表 20.4。

表 20.4　Event 对象主要的属性和方法

属性和方法	详细说明
type	事件类型，和 IE 类似，但是没有 "on" 前缀，例如单击事件只是 "click"
target	发生事件的节点
currentTarget	发生当前正在处理的事件的节点 ,(NN)
srcElement	发生当前正在处理的事件的节点
eventPhase	指定了事件传播的阶段
timeStamp	事件发生的时间
bubbles	指明该事件是否起泡
cancelable	指明该事件是否可以用 preventDefault() 方法来取消默认的动作
preventDefault()	取消事件的默认动作
stopPropagation()	停止事件传播
button	一个数字，指明在 mousedown、mouseup 和单击事件中鼠标键的状态。和 IE 中的 button 属性类似，但是数字代表的意义不一样，0 代表左键，1 代表中间键，2 代表右键
altKey	Boolean 值，指明事件发生时，是否按住 alt 键
ctrlKey	Boolean 值，指明事件发生时，是否按住 CTRL 键
clientX	指示发生事件时鼠标指针在浏览器窗口中的水平位置
clientY	指示发生事件时鼠标指针在浏览器窗口中的垂直位置
screenX	鼠标指针相对于显示器上部的 x 位置
screenY	鼠标指针相对于显示器左部的 x 位置

下面举例来了解一下 DOM 事件的处理。

双击桌面上的 Sublime Text 快捷图标，打开软件，然后单击菜单栏中的 "File/New

File"命令（快捷键：Ctrl+N），新建一个文件，然后输入如下代码：

```html
<html>
    <head>
            <meta charset="utf-8">
            <title>事件驱动及处理</title>
            <script type="text/javascript">
                    function isKeyPressed(event)
                    {
                            if (event. ctrlKey==1)
                            {
                                    window.alert("已按下ctrl键! ");
                            }
                            else
                            {
                                    window.alert("没有按下ctrl键! ");
                            }
                    }
            </script>
    </head>
     <body onmousedown="isKeyPressed(event)" >
            <p>判断在单击鼠标左键时，是否按下ctrl键! </p>
    </body>
</html>
```

'<body onmousedown="isKeyPressed(event)">' 表示当在文档中触发 "onmousedown" 事件时，调用 "isKeyPressed(event)"。"isKeyPressed(event)" 函数通过 "if (event. ctrlKey==1)" 来判断是否按下ctrl键，弹出提示对话框。

按下键盘上的"Ctrl+S"组合键,把文件保存在"E:\Sublime",文件名为"web20-11. html"。

打开360安全浏览器，然后在浏览器的地址栏中输入"file:/// E:\Sublime \ web20-11.html"，然后按回车键，效果如图20.13所示。

如果在HTML网页上直接单击鼠标左键，这时会弹出如图20.14所示的提示对话框。

图 20.13　对属性进行操作　　图 20.14　直接单击鼠标左键弹出的提示对话框

如果按下键盘上的"Ctrl"键，再单击鼠标左键，这时会弹出如图20.15所示的提示对话框。

图 20.15　按下键盘上的 "Ctrl" 键再单击鼠标左键弹出的提示对话框

第 21 章

JavaScript 的框架库 jQuery

jQuery 是一个快速和简洁的 JavaScript 框架库，可以简化 HTML 文档元素的遍历、事件处理、动画和 Ajax 交互，以实现快速 Web 开发。它被设计用来改变编写 JavaScript 脚本的方式。

本章主要内容包括：

➤ jQuery 的下载和使用

➤ jQuery 的常用选择器

➤ $(document).ready() 事件方法

➤ 鼠标单击事件方法 click() 和双击事件方法 dbclick()

➤ 移入事件方法 mouseover() 和移出事件方法 mouseout()

➤ 按下事件方法 mousedown() 和松开事件方法 mouseup()

➤ 键盘常用事件方法

➤ 显示和隐藏动画效果

➤ 淡入和淡出动画效果

➤ 滑动动画效果

➤ 自定义动画

21.1 初识框架库 jQuery

当前有很多开源的 JavaScript 框架库，但 jQuery 是最流行的框架库，而且提供了大量的扩展。

jQuery 的文档非常丰富，因为其轻量级的特性，文档并不复杂，随着新版本的发布，可以很快被翻译成多种语言，这也为 jQuery 的流行提供了条件。

jQuery 被包在语法上，jQuery 支持 CSS 的选择器，兼容各种浏览器。同时，jQuery 有几千种丰富多彩的插件、大量有趣的扩展和出色的社区支持，这弥补了 jQuery 功能较少的不足并为 jQuery 提供了众多非常有用的功能扩展。加之其简单易学，jQuery 很快成为当今最为流行的 JavaScript 框架库，成为开发网站等复杂度较低的 Web 应用程序的首选 JavaScript 库，并得到了大公司如微软、Google 的支持。

21.1.1 jQuery 的下载

在浏览器的地址栏中输入"https://jquery.com/download"，然后按回车键，进入 jQuery 的下载页面，如图 21.1 所示。

图 21.1　jQuery 的下载页面

jQuery 有两个版本，分别是开发版和发布版。开发版，即 development jQuery 3.4.1，用于测试和开发（未压缩，是可读的代码）；发布版，即 production jQuery 3.4.1，用于实际的网站开发中，已被精简和压缩。

在这里下载 jQuery 的发布版，即单击"production jQuery 3.4.1"，就会弹出"新建下载任务"对话框，如图 21.2 所示。

单击"下载"按钮，就可以下载 jQuery。下载成功后，就会在桌面上看到 jQuery 文件，如图 21.3 所示。

图 21.2 新建下载任务对话框 图 21.3 jQuery 文件

21.1.2 jQuery 的使用

jQuery 文件下载成功后，要使用该文件，还要把该文件与要设计制作的网页文件放在同一个文件夹中。在这里放在 "E:\Sublime" 中，如图 21.4 所示。

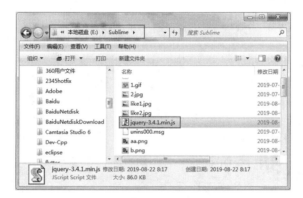

图 21.4 jQuery 文件放置的位置

下面举例说明 jQuery 该如何使用。

双击桌面上的 Sublime Text 快捷图标，打开软件，然后单击菜单栏中的 "File/New File" 命令（快捷键：Ctrl+N），新建一个文件，然后输入如下代码：

```
<!DOCTYPE html>
<html>
    <head>
        <meta charset="utf-8">
        <title>jQuery 的使用 </title>
        <script src="jquery-3.4.1.min.js"></script>
        <script type="text/javascript">
            function myFunction()
            {
                $("#h01").html(" 大家好，我是 jQuery！")
            }
            $(document).ready(myFunction);
        </script>
    </head>
    <body>
        <h2>jQuery 的使用 </h2>
```

```
            <hr>
            <h3 id="h01"></h3>
    </body>
</html>
```

要使用 jQuery，首先在 head 元素中添加如下代码：

```
<script src="jquery-3.4.1.min.js"></script>
```

接下来编写 myFunction() 函数，用来在 id 为 h01 处显示 myFunction() 函数内容。

按下键盘上的"Ctrl+S"组合键，把文件保存在"E:\Sublime"，文件名为"web21-1.html"。

打开 360 安全浏览器，然后在浏览器的地址栏中输入"file:/// E:\Sublime \ web21-1.html"，然后按回车键，效果如图 21.5 所示。

图 21.5　jQuery 的使用

21.2　jQuery 的常用选择器

要想动态修改 HTML 网页中的元素，需要先选择该元素，然后才能动态修改。在 JavaScript 中，要选择元素，只能使用 getElementById()、getElementByName、getElementByTagName() 等几种有限的方法来获取，让人感觉很无力。jQuery 框架库提供了大量的选择器，让我们可以轻松快速地选择 HTML 网页中的各种元素，从而进行动态修改。

jQuery 选择器完全继承了 CSS 选择器的风格，所以用起来很方便。jQuery 的常用选择器有 4 种，分别是元素选择器、id 选择器、class 选择器、群组选择器。

1. 元素选择器

元素选择器是"选中"相同的元素，然后对相同的元素进行操作，其语法格式如下：

```
$("元素名")
```

2. id 选择器

id 选择器，就是选中某个 id 的元素，然后对该元素进行各种操作。需要注意的是，同一页面不允许出现相同 id 的元素，其语法格式如下：

```
$("#id名")
```

3. class 选择器

lass 选择器，即类选择器。我们可以对"相同的元素"或者"不同的元素"设置一个 class（类名），然后针对这个 class 的元素进行各种操作，其语法格式如下：

```
$(".类名")
```

需要注意，类名前有一个点符号。

4. 群组选择器

群组选择器，就是同时对几个选择器进行相同的操作，其语法格式如下：

```
$("选择器1，选择器2，……，选择器n")
```

需要注意的是，两个选择器之间必须用","（英文逗号）隔开。

双击桌面上的 Sublime Text 快捷图标，打开软件，然后单击菜单栏中的"File/New File"命令（快捷键：Ctrl+N），新建一个文件，然后输入如下代码：

```html
<!DOCTYPE html>
<html>
    <head>
        <meta charset="utf-8">
        <title>基本选择器</title>
        <script src="jquery-3.4.1.min.js"></script>
        <script type="text/javascript">
            function myf1()
            {
                $("div").css("color","red");
                $("div").css("background-color","yellow");
            }
            function myf2()
            {
                $("#myd1").css("color","blue");
                $("#myd1").css("background-color","pink");
            }
            function myf3()
            {
                $(".myc1").css("border","10px green groove");
            }
            function myf4()
            {
                $("p,span").css("font-size","18px");
                $("p,span").css("font-weight","bold");
            }
        </script>
    </head>
    <body>
        <h2>基本选择器</h2>
        <hr>
        <div class="myc1">我是div元素！</div>
        <p class="myc1">我是段落元素！</p>
```

```
                <p>我也是段落元素！</p>
                <span class="myc1">我是 span 元素！</span><br><br>
                <span id="myd1">我也是 span 元素！，我的 id 是 "myd1"</span><br><br>
                <div>我也是 div 元素</div>
                <br>
                <input type="button" name="b1" value="div 样式" onclick="myf1()">
                <input type="button" name="b2" value="id 样式" onclick="myf2()">
                <input type="button" name="b3" value="class 样式" onclick="myf3()">
                <input type="button" name="b4" value="群组选择器" onclick="myf4()">
    </body>
</html>
```

按下键盘上的 "Ctrl+S" 组合键，把文件保存在 "E:\Sublime"，文件名为 "web21-2. html"。

打开 360 安全浏览器，然后在浏览器的地址栏中输入 "file:/// E:\Sublime \ web21-2.html"，然后按回车键，效果如图 21.6 所示。

单击 "div 样式" 按钮，就会调用 myf1() 函数，该函数把 div 元素的颜色变成红色，背景色变为黄色，如图 21.7 所示。

 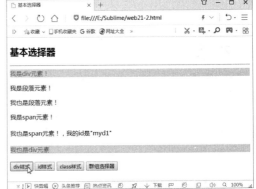

图 21.6　基本选择器　　　　　图 21.7　动态修改 div 元素的颜色和背景色

单击 "id 样式" 按钮，就会调用 myf2() 函数，该函数把 class 为 myd1 元素的颜色变成蓝色，背景色变为粉红色，如图 21.8 所示。

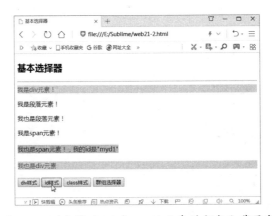

图 21.8　动态修改 id 为 myd1 元素的颜色和背景色

单击"class 样式"按钮，就会调用 myf3() 函数，该函数为"myc1"元素添加边框，如图 21.9 所示。

单击"群组选择器"按钮，就会调用 myf4() 函数，把"p 元素"和"span 元素"的字体变大并加粗显示，如图 21.10 所示。

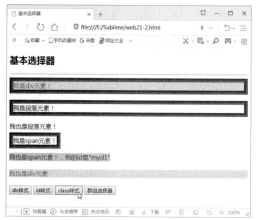
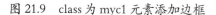

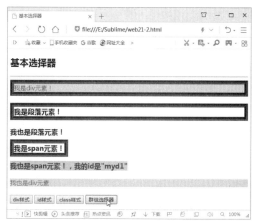

图 21.9　class 为 myc1 元素添加边框　　图 21.10　　"p 元素"和"span 元素"的字体

变大并加粗

21.3　jQuery 的常用事件方法

事件往往都是 HTML 页面的一些动作引起的，例如当用户按下鼠标或者提交表单，甚至在页面移动鼠标时，事件都会出现。不同的用户行为会触发不同的事件。jQuery 封装了 JavaScript 中所有的事件，使得其操作更加简单方便，并且使得这些事件能够兼容各大浏览器，减少我们大量代码的编写。

21.3.1　$(document).ready() 事件方法

在 HTML 页面所有 DOM 元素（不包括图片等外部文件）加载完成就可以执行 $(document).ready() 事件方法，其语法格式如下：

```
$(document).ready(function(){
    // 开始写 jQuery 代码...
});
注意该事件方法，还可以简化为：
$(function(){
    // 开始写 jQuery 代码...
});
```

21.3.2　鼠标常用事件方法

鼠标常用事件方法有 6 种，分别是鼠标单击事件方法 click()、双击事件方法 dbclick()、移入事件方法 mouseover()、移出事件方法 mouseout()、按下事件方法 mousedown()、松开事件方法 mouseup()。

下面举例说明。

双击桌面上的 Sublime Text 快捷图标，打开软件，然后单击菜单栏中的 "File/New File" 命令（快捷键：Ctrl+N），新建一个文件，然后输入如下代码：

```
<!DOCTYPE html>
<html>
    <head>
            <meta charset="utf-8">
            <title>鼠标常用事件方法</title>
            <script src="jquery-3.4.1.min.js"></script>
            <style type="text/css">
                    p{font-size: 15px;text-indent: 30px;color: red;}
            </style>
            <script type="text/javascript">
                    $(document).ready(function(){
                            $("#myimg1").click(function(){
                                    window.alert("你单击了第一幅图像！");
                                    $("#a").html("提醒信息：你单击了第一幅图像！");
                            });
                            $("#myimg2").dblclick(function(){
                                    window.alert("你双击了第二幅图像！");
                                    $("#a").html("提醒信息：你双击了第二幅图像！");
                            });
                            $("#myimg3").mouseover(function(){
                                    //window.alert("你已经移入第三幅图像！");
                                    $("#a").html("提醒信息：你已经移入第三幅图像！");
                            });
                            $("#myimg3").mouseout(function(){
                                    //window.alert("你已经移出第三幅图像！");
                                    $("#a").html("提醒信息：你已经移出第三幅图像！");
                            });
                            $("p").mousedown(function(){
                                    $("#a").html("提醒信息：在段落文字中，你已按下鼠标
左键！");
                            });
                            $("p").mouseup(function(){
                                    $("#a").html("提醒信息：在段落文字中，你已松开鼠标
左键！");
                            });
                    });
            </script>
    </head>
    <body>
            <h2>鼠标常用事件方法</h2>
            <hr>
            <p>鼠标常用事件方法有 6 种，分别是鼠标单击事件方法 click()、双击事件方法
dbclick()、移入事件方法 mouseover()、移出事件方法 mouseout()、按下事件方法 mousedown()、松
开事件方法 mouseup()。</p>
            <h4 id="a">提醒信息：</h4>
            <img id="myimg1" src="1.gif">
            <img id="myimg2" src="like1.jpg" width="100" height="100">
            <img id="myimg3" src="like2.jpg" width="100" height="100">
    </body>
```

```
</html>
```

按下键盘上的"Ctrl+S"组合键，把文件保存在"E:\Sublime"，文件名为"web21-3. html"。

打开 360 安全浏览器，然后在浏览器的地址栏中输入"file:/// E:\Sublime \ web21-3.html"，然后按回车键，效果如图 21.11 所示。

单击第一幅图像，就会显示提示对话框，如图 21.12 所示。

图 21.11　鼠标常用事件方法

图 21.12　提示对话框

单击"确定"按钮，这时提醒信息变成"你单击了第一幅图像！"，如图 21.13 所示。

双击第二幅图像，也会弹出提示对话框，如图 21.14 所示。

图 21.13　提醒信息

图 21.14　双击第二幅图像的提醒信息

单击"确定"按钮，这时提醒信息变成"你双击了第二幅图像！"。

当鼠标移动到第三幅图像上时，提醒信息变成"你已经移入第三幅图像！"，如图 21.15 所示。

当鼠标移出到第三幅图像上时，提醒信息变成"你已经移出第三幅图像！"。

当鼠标移动到段落文字上，然后按下鼠标左键，提醒信息变成"在段落文字中，你已按下鼠标左键！"，如图 21.16 所示。

图 21.15 当鼠标移动到第三幅图像上时的　　　图 21.16 在段落文字上按下鼠标左键
　　　　　　　提醒信息

当松开鼠标时，提醒信息变成"在段落文字中，你已松开鼠标左键！"。

21.3.3 键盘常用事件方法

键盘常用事件方法有 3 种，具体如下：

keypress() 事件方法：是在键盘上的某个键被按下到松开"整个过程"中触发的事件方法。

keydown() 事件方法：是在键盘上的某个键被按下时触发的事件方法。

keyup() 事件方法：是在键盘上的某个键松开时触发的事件方法。

下面举例说明。

双击桌面上的 Sublime Text 快捷图标，打开软件，然后单击菜单栏中的"File/New File"命令（快捷键：Ctrl+N），新建一个文件，然后输入如下代码：

```html
<!DOCTYPE html>
<html>
    <head>
        <meta charset="utf-8">
        <title>键盘常用事件方法</title>
        <script src="jquery-3.4.1.min.js"></script>
        <script type="text/javascript">
            var i=0;
            $(document).ready(function(){
                $("input").keypress(function(){
                    $("span").text(i=i+1);
                });
                $("textarea").keydown(function(){
                    $("textarea").css("background-color","yellow");
                });
                $("textarea").keyup(function(){
                    $("textarea").css("background-color","pink");
                });
            });
```

```
            </script>
       </head>
       <body>
           <h2>键盘常用事件方法</h2>
           <hr>
           姓名：<input type="text">  按键的次数统计：<span>0</span><br>
           留言内容：<br>
           <textarea name="myta"  rows="10" cols="30" placeholder="按下键盘上的
   键，背景色变成黄色；松开键盘上的键，背景色变成粉红色！"></textarea>
       </body>
   </html>
```

按下键盘上的"Ctrl+S"组合键，把文件保存在"E:\Sublime"，文件名为"web21-4.html"。

打开 360 安全浏览器，然后在浏览器的地址栏中输入"file:/// E:\Sublime \ web21-4.html"，然后按回车键，效果如图 21.17 所示。

在姓名对应的文本框中输入内容时，就会显示输入的字符个数，如图 21.18 所示。

图 21.17　键盘常用事件方法　　　　图 21.18　利用 keypress 事件方法统计输入的
字符个数

在留言内容中输入内容时，当按下键盘上的键，背景色变成黄色；松开键盘上的键，背景色变成粉红色，如图 21.19 所示。

图 21.19　keydown() 和 keyup() 事件方法

21.4 jQuery 的动画效果

在浏览 HTML 网页时，我们经常能够看到大量的动画效果：下拉菜单、图片轮播、浮动广告等。这些动画效果一般是利用 JavaScript 代码编写的，但实现起来比较复杂；但如果利用 jQuery 框架库来实现，用简单几句代码即可实现。

21.4.1 显示和隐藏动画效果

在 jQuery 中，可以通过在 show() 和 hide() 方法中加入相应的参数来实现带有"动画效果"的显示和隐藏，语法格式如下：

```
$().hide(speed,callback)
$().show(speed,callback)
```

参数 speed 为必选参数，表示动画执行的速度，单位是毫秒.

可选的 callback 参数是隐藏或显示完成后所执行的函数名称。

在 jQuery 中，我们还可以使用 toggle() 方法来"切换"元素的"显示状态"。也就是说，如果元素是显示状态，则变成隐藏状态；如果元素是隐藏状态，则变成显示状态，其语法格式如下：

```
$().toggle(speed , callback);
```

两个参数意义如"show()"方法相同。

双击桌面上的 Sublime Text 快捷图标，打开软件，然后单击菜单栏中的"File/New File"命令（快捷键：Ctrl+N），新建一个文件，然后输入如下代码：

```
<!DOCTYPE html>
<html>
    <head>
        <meta charset="utf-8">
        <title>显示、隐藏和切换动画效果 </title>
        <script src="jquery-3.4.1.min.js"></script>
        <script type="text/javascript">
            $(document).ready(function(){
                $("#myb1").click(function(){
                    $("img").hide(1000);
                });
                $("#myb2").click(function(){
                    $("img").show(1000);
                });
                $("#myb3").click(function(){
                    $("img").toggle(500);
                });
            });
        </script>
    </head>
    <body>
        <h2>显示、隐藏和切换动画效果 </h2>
        <hr>
        <img src="like1.jpg" width="300" height="200"><br>
```

```
            <input type="button" name="b1" id="myb1" value=" 隐藏 ">
            <input type="button" name="b1" id="myb2" value=" 显示 ">
            <input type="button" name="b1" id="myb3" value=" 切换 ">
    </body>
</html>
```

按下键盘上的"Ctrl+S"组合键，把文件保存在"E:\Sublime"，文件名为"web21-5.html"。

打开 360 安全浏览器，然后在浏览器的地址栏中输入"file:/// E:\Sublime \ web21-5.html"，然后按回车键，效果如图 21.20 所示。

图 21.20　显示、隐藏和切换动画效果

单击"隐藏"按钮，就可以看到图像隐藏动画效果。

图像隐藏起来后，单击"显示"按钮，就可以看到图像显示动画效果。

如果图像是显示状态，单击"切换"按钮，图像就会隐藏起来；如果图像是隐藏状态，单击"切换"按钮，图像就会显示出来。

21.4.2　淡入和淡出动画效果

在 jQuery 中，可以使用 fadeIn() 方法来实现元素的淡入效果，使用 fadeOut() 方法来实现元素的淡出效果，语法格式如下：

```
$().fadeIn(speed , callback)
$().fadeOut(speed , callback)
```

speed 为可选参数，表示动画执行的速度，单位为毫秒。

callback 为可选参数，表示动画执行完成之后的回调函数。

在 jQuery 中，利用 fadeToggle() 方法可以在 fadeIn() 与 fadeOut() 方法之间进行切换。如果元素已淡出，则 fadeToggle() 会向元素添加淡入效果。如果元素已淡入，则 fadeToggle() 会向元素添加淡出效果。fadeToggle() 方法的语法格式如下：

```
$().fadeToggle(speed,callback)
```

在 jQuery 中，利用 fadeTo() 方法允许渐变为给定的不透明度（值介于 0 与 1 之间），其语法格式如下：

```
$().fadeTo(speed , opacity , callback)
```

"speed"为可选参数，表示动画执行的速度，单位为毫秒。"opacity"为必选参数，表示元素指定的透明度，取值范围为 0.0~1.0。"callback"为可选参数，表示动画执行完成之后的回调函数。

双击桌面上的 Sublime Text 快捷图标，打开软件，然后单击菜单栏中的"File/New File"命令（快捷键：Ctrl+N），新建一个文件，然后输入如下代码：

```html
<!DOCTYPE html>
<html>
    <head>
        <meta charset="utf-8">
        <title> 淡入和淡出动画效果 </title>
        <script src="jquery-3.4.1.min.js"></script>
        <script type="text/javascript">
            $(document).ready(function(){
                $("#myb1").click(function(){
                    $("img").fadeOut(3000);
                });
                $("#myb2").click(function(){
                    $("img").fadeIn(3000);
                });
                $("#myb3").click(function(){
                    $("img").fadeToggle(5000);
                });
                $("#myb4").click(function(){
                    $("img").fadeTo(5000,0.5);
                });
            });
        </script>
    </head>
    <body>
        <h2> 淡入和淡出动画效果 </h2>
        <hr>
        <img src="like1.jpg" width="300" height="200"><br>
        <input type="button" name="b1" id="myb1" value=" 淡出 ">
        <input type="button" name="b1" id="myb2" value=" 淡入 ">
        <input type="button" name="b1" id="myb3" value=" 切换 ">
        <input type="button" name="b1" id="myb4" value=" 设置半透明 ">
    </body>
</html>
```

按下键盘上的"Ctrl+S"组合键，把文件保存在"E:\Sublime"，文件名为"web21-6. html"。

打开 360 安全浏览器，然后在浏览器的地址栏中输入"file:/// E:\Sublime \ web21-6.html"，然后按回车键，效果如图 21.21 所示。

图 21.21　淡入和淡出动画效果

单击"淡出"按钮，就可以看到图像的透明度由 1，慢慢变成 0 的动画效果。

图像的透明度为 0，即图像完全看不见了。单击"淡入"按钮，就可以看到图像的透明度由 0，慢慢变成 1 的动画效果。

如果图像的透明度为 1，单击"切换"按钮，就会显示透明度慢慢变成 0 的动画效果，图像的透明度为 0，即图像完全看不见了。单击"切换"按钮，就会显示透明度慢慢变成 1 的动画效果。

单击"设置半透明"按钮，就可以看到图像的透明度由 1 慢慢变成 0.5 的动画效果。

21.4.3　滑动动画效果

在 jQuery 中，可以使用 slideUp() 实现元素的滑上动车效果，使用 slideDown() 方法来实现元素的滑下动车效果，语法格式如下：

```
$().slideDown(speed , callback)
$().slideUp(speed , callback)
```

在 jQuery 中，slideToggle() 方法可以在 slideDown() 与 slideUp() 方法之间进行切换。如果元素向下滑动，则 slideToggle() 可向上滑动它们。如果元素向上滑动，则 slideToggle() 可向下滑动它们。slideToggle() 方法的语法格式如下：

```
slideToggle(speed , callback)
```

双击桌面上的 Sublime Text 快捷图标，打开软件，然后单击菜单栏中的"File/New File"命令（快捷键：Ctrl+N），新建一个文件，然后输入如下代码：

```
<!DOCTYPE html>
<html>
    <head>
        <meta charset="utf-8">
        <title>滑动动画效果</title>
        <script src="jquery-3.4.1.min.js"></script>
        <script type="text/javascript">
        // 设置一个变量 flag 用于标记元素状态，是 "滑下" 还是 "滑上"
        var flag = 0;
        $(function () {
```

```
            $("h4").click(function () {
                if (flag == 0) {
                    $("p").slideDown(3000);
                    flag = 1;
                }
                else{
                    $("p").slideUp(3000);
                    flag = 0;
                }
            });
        $("h3").click(function () {
                $("#mya").slideToggle(5000);
            });
    })
 </script>
</head>
<body>
        <h2>滑动动画效果</h2>
        <hr>
        <h4>jQuery概述</h4>
        <p>jQuery是一个快速和简洁的JavaScript框架库,可以简化HTML 文档元素的遍历,
事件处理,动画和Ajax 交互以实现快速 Web 开发,它被设计用来改变编写 JavaScript 脚本的方式。
        jQuery 的文档非常丰富,因为其轻量级的特性,文档并不复杂,随着新版本的发布,可以
很快被翻译成多种语言,这也为 jQuery 的流行提供了条件。
        </p>
        <h3> jQuery 的常用事件方法</h3>
        <div id="mya">事件往往都是 HTML 页面的一些动作引起的,例如当用户按下鼠标或者提交表单,
甚至在页面移动鼠标时,事件都会出现。不同的用户行为会触发不同的事件。jQuery 封装了 JavaScript 中
所有的事件,使得其操作更加简单方便,并且使得这些事件能够兼容各大浏览器,减少我们大量代码的编写。</
div>
        </body>
    </html>
```

按下键盘上的 "Ctrl+S" 组合键,把文件保存在 "E:\Sublime",文件名为 "web21-7.
html"。

打开 360 安全浏览器,然后在浏览器的地址栏中输入 "file:/// E:\Sublime \
web21-7.html",然后按回车键,效果如图 21.22 所示。

单击 "jQuery 概述",其下的文字会慢慢向上滑动,直到消失,如图 21.23 所示。

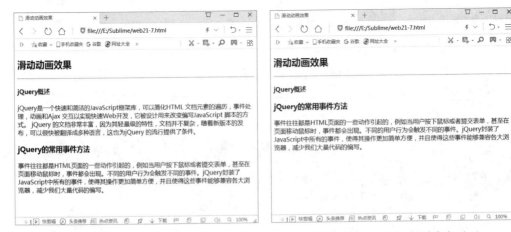

图 21.22　滑动动画效果　　　　　　图 21.23　上滑直到消失效果

再次单击"jQuery 概述"，就会出现下滑动画效果。

单击"jQuery 的常用事件方法"，其下的文字会慢慢向上滑动，直到消失。再次单击"jQuery 的常用事件方法"，就会出现下滑动画效果。

21.4.4　自定义动画

在 jQuery 中，使用 animate() 方法来实现自定义动画，其语法格式如下：

```
$().animate({params},speed,callback);
```

"params"参数是必选参数，用来定义形成动画的 CSS 属性。

双击桌面上的 Sublime Text 快捷图标，打开软件，然后单击菜单栏中的"File/New File"命令（快捷键：Ctrl+N），新建一个文件，然后输入如下代码：

```
<!DOCTYPE html>
<html>
    <head>
            <meta charset="utf-8">
            <title> 自定义动画 </title>
            <script src="jquery-3.4.1.min.js"></script>
            <script type="text/javascript">
            $(document).ready(function(){
                $("#myb1").click(function(){
                    $("#my1").animate({
                        width:"100px",
                        height:"100px"
                    },5000);
                });
                 $("#myb2").click(function(){
                    $("#my1").animate({
                        width:"150px",
                        height:"80px",
                        opacity:"0.5",
                    },3000);
                });
                $("#myb3").click(function(){
                    $("#my1").animate({
                        height:"toggle"
                    },5000);
                });
                $("#myb4").click(function(){
                        var div=$("#my1");
                        div.animate({height:'200px',opacity:'0.4'},"slow");
                        div.animate({width:'200px',opacity:'0.8'},"slow");
                        div.animate({height:'100px',opacity:'0.4'},"slow");
                        div.animate({width:'100px',opacity:'0.8'},"slow");
                });
                $("#myb5").click(function(){
                        $("#my1").stop();
                });
            });
        </script>
    </head>
    <body>
            <h2> 自定义动画 </h2>
            <hr>
            <div id="my1" style="background-
color:red;width:50px;height:50px;"></div><br>
```

```
            <input type="button" name="b1" id="myb1" value="改变图形大小动画">
            <input type="button" name="b1" id="myb2" value="改变图形大小和透明度动画">
             <input type="button" name="b1" id="myb3" value="使用预定义的动画效果
"><br><br>
            <input type="button" name="b1" id="myb4" value="队列动画效果">
            <input type="button" name="b1" id="myb5" value="停止">
      </body>
    </html>
```

按下键盘上的"Ctrl+S"组合键，把文件保存在"E:\Sublime"，文件名为"web21-8. html"。

打开 360 安全浏览器，然后在浏览器的地址栏中输入"file:/// E:\Sublime \ web21-8.html"，然后按回车键，效果如图 21.24 所示。

单击"改变图形大小动画"按钮，就可以看到图形变大的动画效果，如图 21.25 所示。

图 21.24　自定义动画

图 21.25　图形变大的动画效果

单击"改变图形大小和透明度动画"按钮，就可以看到图形在变大的过程中，透度明由 1 变到 0.5。

单击"使用预定义的动画效果"按钮，就可以看到图形的上滑和下滑动画效果。

单击"队列动画效果"按钮，就可以看到图形先变高，再变宽，再变矮，再变窄的动画效果。

单击"停止"按钮，在动画播放过程中，可以停止动画播放。